RETHINK

再思考

一部令人惊奇的创新进化史

（英）史蒂文·普尔 ◎ 著
盛杨燕 ◎ 译

The Surprising History of New Ideas

化学工业出版社
·北京·

Rethink, 1st edition by Steven Poole
ISBN 978-1-847-94757-4
Copyright © 2016 by Steven Poole. All rights reserved.
Authorized translation from the English language edition published by Random House Books.

本书中文简体字版由Steven Poole授权化学工业出版社独家出版发行。
本版本仅限在中国内地（大陆）销售，不得销往中国香港、澳门和台湾地区。未经许可，不得以任何方式复制或抄袭本书的任何部分，违者必究。

北京市版权局著作权合同登记号：01-2021-5574

图书在版编目（CIP）数据

再思考：一部令人惊奇的创新进化史/（英）史蒂文·普尔（Steven Poole）著；盛杨燕译．—北京：化学工业出版社，2021.10

书名原文：Rethink：The Surprising History of New Ideas

ISBN 978-7-122-39661-7

Ⅰ.①再… Ⅱ.①史…②盛… Ⅲ.①科学史-世界 Ⅳ.①G3

中国版本图书馆CIP数据核字（2021）第152918号

责任编辑：王冬军　张　盼	装帧设计：水玉银文化
责任校对：刘　颖	版权引进：金美英

出版发行：化学工业出版社（北京市东城区青年湖南街13号　邮政编码100011）
印　　装：凯德印刷（天津）有限公司
710mm×1000mm　1/16　印张 17$\frac{1}{4}$　字数 220千字　2022年1月北京第1版第1次印刷

购书咨询：010-64518888　　　　　售后服务：010-64518899
网　　址：http://www.cip.com.cn
凡购买本书，如有缺损质量问题，本社销售中心负责调换。

定　价：79.80元　　　　　　　　　　　　　　　版权所有　违者必究

目录

- **引言 重新发现的时代**
  正当其时 // 004
  后见之明 // 009

第一部分
论题

- **第 1 章 源自古老构思的意外创意**
  血液治疗的"新方法" // 018
  认知行为治疗 // 021

- **第 2 章 缺失的一块**
  柏林防御 // 027
  法国进化论之父 // 034
  至关重要的洗手方式 // 044

- **第 3 章 游戏的改变者**
  孙子兵法 // 048
  培根式管理方法 // 050
  假设性"探测器" // 053

- **第 4 章 目的地是否已在触手可及处?**
  原子论 // 058
  "超级食品" // 062
  编程语言的先驱 // 066

第二部分
对照

第 5 章　太阳下的新事物

站在巨人的肩膀上 // 075
无形的斯金纳箱 // 078
相互支撑的破坏 // 082
多元世界 // 083
重回现实 // 086
永远膨胀 // 087
不可证伪 // 088
重返柏拉图 // 090

第 6 章　结论尚待分晓

怦然心动的整理魔法 // 094
永远的贝多芬 // 096
为什么要有光？// 097
"所有东西都有智慧！" // 098
选择点 // 100
强迫将杀 // 102
长发的观点 // 104
头脑的黑匣子 // 105
争论的声音 // 108
无尽的循环 // 112
黑暗与思考 // 114

第 7 章　当僵尸思想来袭

无赖 // 117
世界是平的 // 123
阴谋市场 // 126
真相就在那里 // 128
传播或者灭亡 // 130
反对观点 // 134
请下注 // 135

第 8 章　学会犯错

周围有什么 // 139
违反常规 // 143
范式克星 // 145
回归正统 // 149
垫脚石 // 155
再次犯错 // 157
更加好奇 // 159

第 9 章　安慰剂效应

一切皆在大脑中 // 163
安慰剂观点 // 164
声音和视觉的礼物 // 166
"这只是一个猜测" // 168
不确定性原则 // 170
请取悦我 // 172
也许不真实 // 177
实用主义者 // 180
不可能自由 // 183

第三部分　预测

第 10 章　重回乌托邦

基本收入 // 193
空闲的穷人 // 196
从免费开始 // 200
社会红利 // 201
抽签 // 204
乌托邦的回归 // 206
为什么不呢？ // 208

第 11 章　超越善与恶

世人鄙夷的观念 // 211
更健康、更快乐 // 212
优生学之父 // 215

生命伦理学 // 217
将来的弃儿 // 220
自动驾驶 // 221
家庭计划 // 222
人口问题 // 224
未来视角 // 227

- **第 12 章　不要开始相信**

  快乐的怀疑论者 // 229
  悬搁 // 232
  没找到证据不等于没有 // 237
  水疗法 // 238
  斩断偏见 // 240

- **结语　回到未来**

  最后的前沿 // 244
  追梦 // 251

  致谢 // 253
  参考文献 // 254
  注释 // 258

引言 重新发现的时代

> "你可以抵抗军队的入侵,但正当其时的创意却无从抵抗。"
> ——**维克多·雨果**

"再思考"(Rethink)的定义:
1. 对一个想法进行再次思考;
2. 改变你对某个事物的看法。

未来是电动车的天下,这种趋势由来已久。1873年,英国阿伯丁(Aberdeen)化学家罗伯特·戴维森(Robert Davidson)率先制造出了第一辆电动车①。人们几乎已经忘记了,就在19世纪末,成群结队的"电动出租车"在伦敦街头载客穿梭的情景,这种电动出租车的引擎声非常有特点,因此被叫作"蜂鸟"。当时,伦敦警察厅的总监认为,这些电动出租车能够帮助伦敦解决日益严峻的交通拥堵问题,因为与马车相比,它们所占的道路空间不到后者的一半。类似的出租车在巴黎、柏林和纽约地区也盛极一时,到世纪之交,仅美国就有超过3万辆登记在册的电动车。噪声更小,而且没有尾气排放,所以电动车的风头大大盖过了汽油车,20世纪眼看就要成为电动车的天下。¹

但是好景不长,电动车蓬勃发展的势头仅仅维持了十几年,就日渐式

---

① 世界第一辆一次电池的电动汽车,但由于种种原因没有列入国际的确认范围。——编者注

微，最终完全停滞。伦敦的马车夫发起了一场声势浩大的运动，矛头直指电动车的故障以及由此引发的事故，造成了伦敦电动出租车公司（London Electric Cab Company）的破产。[2]（不可否认，当时的电动车确实存在一些技术问题，但是这些问题被竞争对手过分夸大了，正如前几年曼哈顿和伦敦的出租车司机们竭尽所能地丑化Uber①一样。）与此同时，大量油田的发现导致了石油价格的暴跌，而亨利·福特（Henry Ford）也开始出售汽油车，价格仅仅为电动车的一半。美国公路建设的发展鼓励人们长途旅行，而当时电动车的电量无法满足这一需求，因此，基于内燃机的汽油车成为20世纪汽车领域的霸主。

此后，我们终于迎来了科技型企业家埃隆·马斯克（Elon Musk）。他作为易贝（eBay）的联合创始人，靠易贝赚得盆满钵满，②然后在加利福尼亚把全部身家投入到制造复杂机器的事业中。2004年，他成为一家硅谷创业公司——特斯拉汽车公司（Tesla Motors）的早期投资人及董事长，当时几乎所有人都在唱衰电动车这个想法。"很多事情回过头去看的时候，人们总是忘了自己当时的想法——这简直是全世界最糟糕的商机。"特斯拉联合创始人J. B. 施特劳贝尔（J. B. Straubel）回忆说，"风险投资人对电动车唯恐避之不及。"[3] 但是马斯克好就好在能自己当自己的风险投资人。不久后，他就成为特斯拉的CEO（首席执行官）。2008年，特斯拉推出了其第一辆能够在公路上行驶的电动车——售价109000美元的Roadster。它用的是锂电池——和笔记本电脑、手机上的锂电池所用材料一样，Roadster充电一次能行驶200英里（约

---

①Uber中文译作"优步"，是一家美国硅谷的科技公司，创立于2009年，因旗下同名打车APP而名声大噪。——编者注

②1999年3月，埃隆·马斯克与两位来自硅谷的合伙人创办了一家在线金融服务和电子邮件支付业务公司"X.com"；2000年，X.com公司与Confinity公司合并，并于次年沿用Confinity公司的贝宝（Pay Pal），埃隆·马斯克成为贝宝的最大股东。2002年10月，专注移动支付领域的贝宝被易贝以15亿美元全资收购。——编者注

322公里）以上。最重要的是，它看上去可不像一辆笨重的新能源汽车，而像一辆时髦的跑车。马斯克推迟特斯拉新车的发布，就是因为他一再坚持特斯拉的第一款车要拥有碳纤维车身，时速从0到60英里的加速时间①要在4秒之内。就是通过这种对品质的苛求，马斯克让电动车成为众人追捧的明星产品，成为美国注重生态环保的精英富豪群体的地位象征之一。乔治·克鲁尼（George Clooney）、马特·达蒙（Matt Damon）、谷歌的拉里·佩奇（Larry Page）和谢尔盖·布林（Sergey Brin）都拥有属于自己的特斯拉Roadster。[4]

特斯拉的下一款产品是外观更为沉稳大气、更符合主流市场审美的Model S。S是箱式轿车（sedan）或豪华客车（saloon）的缩写，但它也蕴含着隐藏的历史意义。众所周知，亨利·福特创造了Model T。但是，就像S在字母表中排在T前面一样，电动车也出现在福特的汽车之前。"在某种程度上，我们兜了一个圈，又回到了原地。"马斯克告诉他的传记作者，"在Model T之前就已出现的电动车，正在21世纪的今天投入生产。"[5] Model S大获成功：它是美国公路安全机构测评过的最安全的汽车。[6] 截至2015年，特斯拉每年销售5万辆汽车。同时，日产和宝马等知名汽车公司也开始生产电动车。2016年，特斯拉发布了Model 3，基础售价仅为35000美元。24小时之内，特斯拉就收到了总价超过70亿美元的预订单。马斯克在推特（Twitter）上欢呼道："电动车的未来一片光明！"也许电动车的复兴会在这一次成功实现。

当代电动车的创意当然很棒，因为一些新技术的出现而更加可行，但这并不是什么新的想法。在消费科技领域真实发生的事情，在科学和其他思想领域同样也是真实的。人类理解世界的历史并不是一个循序渐进、逐步积

---

① 差不多相当于国内所说的百公里加速。——编者注

累、从无知到有知的平缓过程。令人兴奋的是,这个过程其实就像刺激的过山车一样,充满了循环往复和曲折跌宕。我们总是认为,过去的知识发展水平在许多方面都不如当下。然而,如果过去不仅包含着混乱和错误,还包含了一些从未被人们赏识过的惊人真理呢?好吧,事实证明就是如此。

这本书介绍的是那些卷土重来的创意。它们可能诞生于几百年甚至几千年前,但它们大放异彩的时代却在当下。这些创意中的绝大多数在很长一段时间内被人嘲笑、被人打压,直到有人以一种新的视角再次发现了它们。之后,它们枯木逢春,回到诸多领域的前沿:现代技术、生物学、宇宙学、政治思想、商业理论和哲学,等等。它们正在经历被重新发现和升级改造的过程。人类再一次想起了它们,以新的方式思考它们——正是所谓的"再思考"。"创造力"(Creativity)的定义是:结合不同领域的现有想法的能力。但是"创造力"也可以指:在一个不被众人重视的想法中发现其价值的想象力。我们今天的时代是一个创新的时代,同时也是一个重新发现价值的时代。出人意料的是,事实一再证明:创新靠的是过去的创意。

正当其时

所谓的"陈旧",是"焕然一新的创新"。(Old is the new new.)现在很多私人教练不再使用配重器械给学员进行力量训练,转而开始推荐传统的训练方式,如体操和壶铃;在餐饮行业,现在有一股潮流是烹调那种500年前贵族享用的精制大餐;在数字音乐充斥互联网的时代,歌手发布新专辑最酷的方式是发行唱片;人力黄包车在曼哈顿和伦敦的街道上来来往往;成人会购买涂色书,甚至连飞艇都再度流行起来。[英国制造的"天空登陆者10号"(Airlander 10),长达100米,其中充满了氦气。设计者想让它和直升机比试比试,看看在运输重型货物的负载能力上谁更有优势。还有人预言,载人飞艇将重新出现在天空中,美国航空航天局(NASA)也提出了一种飞艇的概念化设计,将来可以用它给漂浮在金星云层上的太空站输送补给。]

然而,不只有诸多层面的复古文化方兴未艾,人们对新生事物的关注度也非常高。智能手机、智能手表、健身追踪设备(fitness tracker)、创业文化和新式的全球摩天大楼比赛、Uber 和 WhatsApp①等新事物层出不穷——我们常说当今人类社会变革的速度已经超越历史上的任何时刻。过去常有数不清的错误,今天的我们懂得更多。历史不值一提,未来呼之欲出。"因循守旧是致命的,"《时代》周刊前执行主编说,"这是一个'想象不可能的时代'。"7

可是,以上这些关于文化的看法——即复古主义与未来主义,"陈旧是'焕然一新'的创新"与"这个时代专注于创新",这两派观点本身就是老生常谈。而即便同时持有这两种观点,它们针锋相对的那种紧张态势也没有什么新鲜的内容。虽然今天技术变革的步伐令人瞠目结舌,但 19 世纪的革新步伐其实更胜今日。1875 年至 1900 年的 25 年间,人类发明了冰箱、电话、电灯泡、汽车和无线电报。[更不用说 1899 年发明的回形针(paper clip)了——回形针发明于 1899 年,可以说是在最后关头挤进了 19 世纪的发明清单当中。]然而,在同一个时代,工艺美术运动②正毅然决然地推动人类回归到传统工艺设计的旧有观念之中。诗人在重述亚瑟王的传说。与此同时,文艺复兴被重新发现,当时的人们将其誉为"考验现代性的熔炉"(the crucible of modernity)。19 世纪末期的人类社会以当时前所未有的方式,一边在展望未来,一边在回首过去。

也许每一个时代都觉得自己与过去有着独特的复杂关系,但是却不能认

---

① WhatsApp Messenger(简称 Whats App),一款用于智能手机间通讯的应用程序。——编者注
② 工艺美术运动(the Arts and Crafts movement),19 世纪下半叶起源于英国的一场设计改良运动,又称作艺术与手工艺运动。工业化生产造成设计水准急剧下降,英国和其他国家的设计师希望能够复兴中世纪的手工艺传统,重新提高设计的品位。工艺美术运动广泛影响了欧洲的部分国家,是对工业化的巨大反思,并为之后的设计运动奠定了基础。——编者注

识到：至少从文艺复兴时期开始，每一个之前的时代，也是如此这般地看待自己与过去的独特关联。但是，如果在当今时代，我们不能清楚地看到"一个创意脱胎于一个旧的创意"，会造成什么后果呢？现在流行的一种构想是：凭借着我们所掌握的独特的现代智慧，我们就可以重新开始一切。这种想法有一个名字，叫"硅谷意识形态"（Silicon Valley ideology）。这种观点认为，（像"高等教育"这样）被奉为圭臬的社会机制有必要被科技公司彻底颠覆掉。在这里，"创新"的概念被简化成一个出奇浅薄的想法：一个特立独行的年轻企业家有了一丝灵感，然后就可以无中生有，发明一个新事物出来，从而改变世界。踏踏实实把事情做好的老办法都被扔在了一边。有一款APP（智能手机应用程序）叫Snapchat（色拉布），它的产品哲学就是如此，它的功能是向朋友发送照片和视频信息，所有分享的信息在对方查看的几秒之后会被永久删除。过去帮不上我们什么，所以过去必须消失得干干净净。

这个硅谷的破坏性发明梦，在2014年纽约大学举行的一个为期一天的活动上被嘲讽得体无完肤，这个活动名为"没人需要的破烂玩意儿以及糟糕透顶的烂主意黑客马拉松"（Stupid Shit No One Needs and Terrible Ideas Hackathon）。入围的项目包括一个让用户听指令呕吐的谷歌眼镜APP，以及一款为婴儿开发的Tinder[①]。如果有人想到了前无古人的创意，那只有两种可能：要么他是惊艳绝伦的旷世之才，要么这个创意本身从来都一文不值。 至于埃隆·马斯克，他从不认为自己是在行"破坏"之事。他说："人们在台上介绍我的时候，总是喜欢叫我'搞破坏的人'。而我上台以后首先要说的就是——'等等，我其实并不喜欢搞破坏，这听上去会……破坏我的形象！'我更喜欢这么说——'我们怎样才能把事物变得更加美好？'"[8]

正如我们将要看到的那样，创新者通常可以通过"复活"并改善过去的事物，让现有的事物变得更加美好，就像特斯拉电动车一样。科学哲学家保

---

① Tinder，国外的一款手机交友APP。——编者注

罗·费耶阿本德（Paul Feyerabend）观察到："没有哪项发明能在遗世独立的情况下完成"。⁹无论是独立于其他有识之士，还是独立于个人所处的时代，都不可能。你可以再思考一下：还有哪些久被遗忘的创意会被重新发现呢？

我们都喜欢好的创意，但是我们怎么分辨出一个创意是不是好的呢？"好"的判断标准是说"它有用"，是说"它有利可图"，是说"它彰显了美德"，还是说"它启发了其他的思想家"呢？这是个能有助于他人的想法，还是说这只是一个颠覆自己宇宙观的想法？似乎上述任何一种正面判断，都有可能意味着这是一个好的创意。先用"有没有用"来判断创意的好坏，听上去是有说服力的，但判断"有没有用"的范围可宽可窄：对什么有用？对谁有用？什么时候有用？把创意分出好坏优劣是一种非常生硬的做法，我们可以改进这一判断标准。

一方面，我们对一个创意的看法会随着时间而改变。这样就产生了所谓的"重新发现"。要解决马车带来的拥堵和（粪便）污染的问题，电动车是一个很好的创意。但是，再比较一下更便宜的汽油动力车所能做到的，电动车可就未必是一个好的创意了。人类创造的第一辆电动车充电一次只能行驶30英里左右（约48公里），而20世纪初的人类社会还并不急于摆脱化石燃料。时至今日，电池技术的进步和现代气候科学的发展，让一个问题缠身的旧创意变成了一个很好的新创意。

那么确切点说，到底什么是一个"创意"（idea）呢？它和一个想法（thought）、一个提议（proposition）是否相同？它是指最初的灵感，还是指最后的结论？它来自天才迸出的火花，还是来自漫长的辛勤探索？我们可能无法确定"创意"的精准定义，但是正如法官审视色情电影一样——当我们看到它的时候，我们就能分辨出来。"什么是创意？"这个话题本身就是一个值得再思考的主题。如果我们不去重新思考我们思考创意的方式，我们可能会与一些非同凡响的可能性失之交臂。

大家都知道，过去有些创意明显是坏的创意，它们甚至就是错的，后来新的发现永久地取代了它们。现在我们回过头去看它们，觉得那就是可笑的错误。在历史上所有被人厌弃的创意中，也许最臭名昭著的就是炼金术。炼金术号称可以把普通金属转变为黄金。这明显就是荒诞无稽的，但让我们感到遗憾的是，即使聪明如艾萨克·牛顿，也没能经受住研究炼金术的诱惑。放在当下来看，炼金术往好里说，就是一厢情愿的痴心妄想；往坏里说，就是高深的欺诈行径。炼金术是人们在探索科学世界之前所做的事情。

接下来，让我们以"点金树"（Philosopher's Tree）的创意为例。"点金树"也就是更著名的"点金石"（Philosopher's Stone）这一创意的前身。根据 17 世纪流传下来的实验笔记本上晦涩的只言片语记载，人们相信铅能变成黄金。笔记里写道：种下一颗特制的黄金种子，你可以收获一整棵黄金树，这就是"点金树"——一个听上去很美丽的虚构故事。

事情到这里还没有结束。十多年前，美国化学家、科学史学家劳伦斯·普林西比（Lawrence Principe）决定试一试点金树是否真的有效。他煮了一些点金水银（Philosophical Mercury），这种特殊水银是他根据罗伯特·波义耳（现代化学奠基人之一）所著的秘密炼金术文章中的指示所制作的。普林西比根据 17 世纪的炼金论文和实验笔记本中所记载的内容来改造配方，将点金水银与黄金混合，并将混合物密封在玻璃蛋中。他观察到这种混合物先是开始冒泡，然后像正在烘烤的面包一样膨胀变大，而后液化了。经过几天的加热，它变成了普林西比所说的"树状分形"（dendritic fractal），一种具有分枝的结构。在普林西比看来，这就是一棵黄金树。[10]

炼金术毕竟还没有达到荒谬透顶的程度。比方说现在的历史学家认为，罗伯特·波义耳通过公开谴责炼金行为毫无意义，"掠夺"了炼金术士可以取得宝贵洞察的工作成果。换句话说，罗伯特·波义耳进行的是一种不诚实的"再思考"——一边从过去的创意中获得创意，给它们披上新的外衣，另一边却反过来嘲笑那些首次提出这些创意的早期思想家们。现在的研究也证实了，古老的炼金配方对于萃取色素和油的积极作用。结果证明，当调查人员设法翻译旧文本中的编码术语时，很多奇怪难解的事情就消失了。例如，根据《化学与工程新闻》(Chemical & Engineering News) 2015年发表的一篇研究文献，"历史学家现在已经知道'龙的血液'是指硫化汞，而'点燃黑龙'(igniting the black dragon) 可能是指点燃细粉末状铅"。[11] 炼金术不是一种反科学的迷信思想，它只不过是当时的人们能够企及的最发达的科学而已。

过去的一个创意，错误如此明显，验证出的结果却是正确的。当我们面对这样的情形，我们可能不得不去反思我们对过去的想法——以及我们对创意本身的想法了。

后见之明

埃隆·马斯克的电动汽车公司以尼古拉·特斯拉（Nikola Tesla）的姓氏命名。这位活跃在19世纪末、20世纪初的塞尔维亚裔美籍工程师、发明家，首次提出了与托马斯·爱迪生的直流电（direct current，简称DC）截然相反的交流电（alternating-current，简称AC）。[特斯拉正是克里斯托弗·诺兰（Christopher Nolan）2006年执导的电影《致命魔术》(The Prestige) 中由大卫·鲍伊（David Bowie）扮演的人物原型。] 1888年，特斯拉获得了第一台交流感应电机（AC induction motor）的设计专利。一个多世纪后，特斯拉汽车公司的工程师们基于它设计了第一辆特斯拉汽车。

1926年，有人问尼古拉·特斯拉：50年后的世界会是什么样子？他说："当无线技术得到充分应用的时候，整个地球会变成一个巨型的大脑。"他还说："通过电视和电话，我们即便远隔千里，也能像面对面一样交流。而且与现在的电话比起来，那时候的工具会变得非常简便，人们能够把它随身放在口袋里。"[12]

哇！这就是智能手机啊！

特斯拉还预测道："飞机将实现无人驾驶和无线电导航。"

没错！这说的就是无人机！

接着，特斯拉还预言道："国际间的界限将几近消亡，人类将朝着种族间的和谐统一迈进一大步。"

好吧，算他说对了三分之二。

特斯拉对未来技术的展望非常准确。但这本书不是要讲述惊人的预测。一旦你开始搜寻这种预测，你不免会发现，过去充斥着大量令人兴奋的、关于现代创意的预测，但我们必须谨慎辨别。如果我们自以为是地总结道"日光之下并无新事"，那么对那些真正发现了全新事物的思想家，还有对那些凭空想象出了前所未有之物的思想家来说，这就是一种侮辱；而另一方面，如果成功地预测任何一个好创意都可以称之为才智过人，那么我们就有可能错误地把一些运气更好的人誉为天才。关于这一点，19世纪的德国科学家赫尔曼·冯·亥姆霍兹（Hermann von Helmholtz）就曾充分表达过他的观点。他抱怨称在他所处的时代，有很多未经证实的科学假说发表在杂志上："在这种创意多如牛毛的情况下，必然有一些创意最终会得到证实，它们部分正确，或者完全正确。毕竟猜对的概率总是有的，真想次次都猜错也不是那么容易。如果运气好一点猜对了的话，那个猜对的人就可以大肆宣扬说这是他先发现的；如果猜错的话，那些错误的结论只会湮没在浩瀚的假说中。"[13] 正是如此！所以说如果有人就靠随机猜测来预测未来，那也说得过去。毕竟，即使是轮盘赌玩家，也有大约一半的时候是赌对了的。所以单纯的预言并不能构成所谓的"英明之见"（heroic foresight）——我们经常称赞思想家们具有"英明之见"，是因为他们真正思考出了一些准确无误的想法。

正如我们所要看到的，科学本身既是一个目前正得到大量反思的领域，同时它也是迄今我们所掌握的所有工具里面可用于反思的最佳工具。但人们往往拒绝承认，它是一个具有局限性的工具。在当今时代，科学的卫士们带着美好的意图出发，却为科学绘制了一幅具有误导性质的图景。这或许不难理解，因为尚有超过 40% 的美国人认为，人类是上帝在 1 万年前的造物，气候科学的重要发现也常被不怀好意的政治操纵者所拒斥。因此，科学的拥护者往往会把科学描绘为平稳运行的机器——人性通过科学得到逐步的启蒙，科学是人类唯一可靠的知识来源。有人甚至试图证明，科学可以成为我们道德价值的源泉。在私下的场合里，许多科学的拥护者无疑是更加精于世故的，但在公开场合里，他们往往把事情弄得过于简化。

其实正如本书所要展示的那样，科学与其他学科（如哲学）的界限是可以互相渗透的，这是一件好事。一般来说，人类的理解和领悟能力往往只能通过积累错误经验的方式来得到提升。最重要的是，即便找到了好的创意，这些创意却往往要经历几十年、几百年甚至几千年的嘲讽和拒斥之后才得以重见天日。诚然，往事如谜，充满了错误与欺瞒——换句话说，就像现在一样。但过去同样也蕴藏着惊世的珍宝，它们默默地等待着有朝一日被人重新发现，而后华丽转身，成为不可磨灭的存在。

这本书中提到的一些创意最近重新出现在自然科学研究领域，例如人们认为老鼠可以遗传对樱桃气味的恐惧，还有我们的宇宙只是一个充满了杂多异质、各种异质即生即灭的永恒存在。另一方面，有些创意可能看似难以置信，比如有人提出电子（electron）具有自由意志，还有人提出世间之驴无穷无尽。这些创意听起来像是无稽之谈，但都是通过认真推理得来的。可以肯定的是，就像一个经典笑话所说的，只要是荒诞的想法，就不可能是哲学家们没提出过的。但正如我们将在本书第二部分所要看到的那样，荒诞的事情往往与看似合乎情理的事情同样重要。

不久的将来，我们自己也将成为历史的一部分。那然后呢？我们提出的想法，它们的未来如何？正如投资产品的广告中一定要提醒你的那样，想要预测未来，过去并不可靠。但过去是我们唯一可以依赖的已知物。虽然历史常常证明，在当时被主流社会或专家学者们所嘲笑的想法，往往是因为它走在了时代的前面，但这并不意味着今天的我们就得把过去的"垃圾"都捡起来。我们现在秉持的很多显然正确的观点，在未来长久的岁月中肯定会受到质疑和嘲笑，但我们绝对不能因为这种可能性就放弃我们对自身判断力的一切希望。亚里士多德认为奴隶制是可以接受的，因为有些人生来为奴。在这本书的最后，我会问你两个问题：就像亚里士多德眼中的奴隶制一样，我们现在所秉持的哪些传统"明见"，会让我们的后代替我们感到汗颜？而还有哪些看上去荒诞不经的想法，就是因为没有得到我们的严肃对待，从而与我们擦肩而过了呢？

关于再思考和再发现的艺术，其核心就是：对权威、知识、判断、对错以及思考过程本身提出质疑。创意不能像蝴蝶那样被固定为标本，创意来源于人类在历史长河中的生活经验和思考，千百年来通过人类世代繁衍得以相传。同一个创意在不同的时代可能遭遇完全相反的评价——在某个时代被誉为好的创意，而到另一个时代却被鄙弃为坏的创意。一个创意可能因为不正确而被斥为坏的创意，但考虑到坏的创意是更好的创意得以成功提出的垫脚石，那它在这种意义上就是好的。从更广泛的视野上看，"再思考"意味着：一个创意即便它在对错的维度上看是错的（坏的），但它在"是否有用"的维度上看是有用的（好的）。就像科学试验中的对照组所服下的"安慰剂"[①]一样，它可以看作是功过相抵的"安慰剂创意"（placebo idea）。令人感到气愤的是，有时候一个想法是真是假可能并不重要，可有些人却要为

[①] 安慰剂（placebo）是一种"模拟药物"，它的物理特性——比如外观、大小、颜色、剂型、重量、味道和气味等，都要尽量与试验药物相同，但不能含有试验药中的有效成分。——编者注

此争个不休。

技艺精湛的小说家亨利·詹姆斯（Henry James）的兄长、19世纪美国心理学的先锋人物威廉·詹姆斯（William James），因为对人们犹犹豫豫地接受一个想法的过程所进行的讽刺性评价而经常得到人们的称颂（其实究竟是谁提出了这个说法，学术界尚有争议），他说："当一个事物新出现的时候，人们会说'它不是真的'（It is not true）；后来，当它明显能站住脚的时候，人们会说'它不重要'（It is not important）；最后，当它的重要性已无可否认的时候，人们又会说'不管怎样，反正它已经没什么新鲜的了'（Anyway, it is not new）。"[14] 事实证明，这种转变可能需要花费漫长的时间，所以一路上都充满了坎坷曲折。

创意的世界就像一个移动的靶子，随后出现的才是一个稳定的框架。把所有创意打包，看成是可以做出明确判断的思想的集合，再把这些思想描绘成一幅静态的图是很容易做到的。但这并不是准确无误的做法。创意就像鲨鱼一样，需要不断地运动才能保持活力。一个创意是一个过程，就像一个事物的发展过程一样。这个过程鲜有长期的、线性的演变出现——仿佛可以一路向前，渐臻化境。如果我们不是对创意进行不断的再思考，我们就不是真正地在思考。就像人们说的"以退为进"（reculer pour mieux sauter）——如果你先退一步再前进，你就能走得更远。前进的最佳方式就是"挂倒挡"。最好的新创意往往是在历史上久经沉浮的旧创意。就像本书接下来所要谈到的，即便是在高精尖的显微外科手术和现代战争领域当中，这样的规律也同样适用。

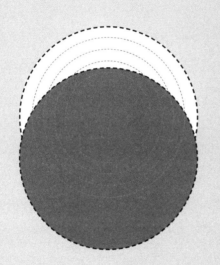

第一部分

论题

第 1 章　源自古老构思的意外创意

> 有时，新境况需要旧创意。

"如果我们以史为鉴，将会得到什么启示？"

塞缪尔·泰勒·柯尔律治
（Samuel Taylor Coleridge）

历史长河中的古老智慧仍然适用于当今社会，这不足为奇。然而，当环境改变时，我们的思维方式也必须随之变化。人们倾向于认为，新环境理所当然需要新创意。比如，20世纪早期坦克的发明客观上迫使人们改变了对战争的看法。在第一次世界大战期间出现的早期坦克造型笨重、用途受限，但有一些人如英国军官约翰·邦尼·富勒（John Boney Fuller），很快预见到机械化武器装备将彻底改变未来冲突的解决方式。[1]但是，全新的环境也可能为古老创意开启一个崭新的空间，并且这些古老的创意很可能会被证实是解决问题的最佳方式。有时候，解决新境况里遇到的新问题的最佳办法，竟然是回归旧创意，这不免让人倍感矛盾。

比如，21世纪早期，美国打算发起一场与以往全然不同的战争。美国政府没有派遣成千上万的地面部队入侵他国，而是让少量的特种部队潜入他国，并与该国内部的叛军结盟。在潜入他国的过程中，以绿色贝雷帽著称的美国陆军特种部队不但配备了充足的最新式致命武器，还以激光制导的空袭作为掩护。然而，为了圆满完成作战任务，他们还需要重新启用一项在美国军事史上沉睡了一个世纪之久的作战传统。坦克和其他搭载发动机的运载工具的出现曾经让骑兵彻底过时——或者说，看似如此。直到有一天，骑在马背上的美国士兵在他国行军布阵时，这种观点才得以改变。

军事学的学者们如何发展军事战略学？不可避免地，他们需要以史为鉴。有时候，人们嘲讽将军们总是在按上一场战争的作战计划来打仗，而并非就当前的这场战争制定谋略和战术，但是，实际上军事历史才是唯一可能引导军事未来发展的因素。因为理论学家们总是在反复思考过去的战役，并从中获取与当前或是未来的作战谋略相关的教训和经验，可以说军事学说的演变发展往往是因某种形式的再思考而得来的。在我们这个时代，军事思维的"智慧力量"被玩笑式地摒弃，正如一种存在久远的说法——"军事情报"是一种矛盾修辞法。但是，军事学说的演变发展是一项细致严谨的学术追求，研究者们持之以恒地在历史中探索。正如英国伦敦国王学院专攻战争研究的劳伦斯·弗里德曼（Lawrence Freedman）教授在其著作《战略：一部历史》（Strategy: A History）中讲述的，在危机爆发时期，现代的战略家们反复地刻意回到军事学说的经典著作中寻找智慧启蒙。

血液治疗的"新方法"

现代医学被看作和现代战争一般，是高科技的、近乎完全不带个人色彩的。药物基于分子层面进行研发；微创手术、计算机成像和机器人科学提供了神奇的、几乎完全不带侵入性的健康维护模式。那么，为什么还有医生会重新开始使用水蛭进行治疗呢？

医用水蛭有三个颌片和上百颗牙齿。依靠这样的生理优势，水蛭可以切开人体皮肤，注入麻醉物质，从而不受打扰尽情享用"美餐"；它也会注入一种扩张血管的化学物质，这有助于它吸取到更多好东西；同时，它还会注入抗凝血剂，阻止血液凝固，避免自己享用美餐时受到阻碍。接着，水蛭便开始吮吸。一只水蛭能吸取的人血量，可以达到其自身体重的十倍之多。很骇人听闻，对吧？

将水蛭用于医学治疗由来已久，早在古印度和古希腊的医学手册中便有相关记载。在中世纪和现代医学发展初期，人们认为，病人因为各种假定的体液不平衡才会流血。因为发烧而肤色发红？血液太多了，用水蛭治疗吧。有些心浮气躁，胡思乱想？应当是多血体质，也就是说体内血液太多了，用水蛭治疗吧。（当时由于经常利用"放血"作为治疗方案，医生们还被称作"水蛭"。）拿破仑一世时期，一名医生坚持认为所有疾病都是小肠炎症导致的，他相信通过绝食和放血，可以将身体内的"毒素"清空。在那之后，19世纪整个欧洲对于水蛭的使用非常狂热。从"慕男症"到结核病，水蛭疗法被当作各种疾病的理想疗法。美国从德国进口了成千上万的水蛭，因为美国产的水蛭吸血能力并不强。[2] 但是，最终化学和生物学的发展占了上风，到了20世纪初期，水蛭疗法被宣判为医学发展史中不科学的医疗手法，并且其使用令人反感。

然后在1985年，一名居住在波士顿郊区的5岁小男孩被狗咬断了耳朵。外科整形医生约瑟夫·厄普顿（Joseph Upton）几经周折，最终将孩子的断耳重新接上。但是，遗憾的是，耳朵开始发黑，并逐渐坏死——血液可以流入病耳，却不能流出，因为静脉中的血液开始凝固了。使用血液抗凝剂也没有改善症状，甚至将病耳切开放血也毫无效果。不过幸运的是，厄普顿记起他曾经读过一篇文章，文中提到过水蛭治疗充血组织的特效。他找到一家叫Biopharm的公司，该公司养殖和销售水蛭。[这家公司在几年前由一位名叫罗伊·索耶（Roy T. Sawyer）的动物学家创办。他曾经就水蛭的生物特性和行为特点写了三册权威的研究报告，并且他推测水蛭将在医学发展中再次得到重视和利用，因为水蛭的唾液中含有非常有趣的化学物质。]由于 Biopharm 公司远在威尔士，于是，30 只水蛭漂洋过海，横渡大西洋被运送到波士顿。约瑟夫·厄普顿将两只水蛭放到男孩充血的病耳上，几分钟后，耳朵便渐渐地恢复了健康的肤色。几天之后，器官的功能便恢复了。约瑟夫·厄普顿于是成为第一位成功利用外科显微手术为一个孩子重新接上断耳的医生。[3] 当然，在手术中还用了几只如吸血鬼般能吸血的水蛭。

约瑟夫·厄普顿的新发现其实晚于其他人的研究，上面提到，他曾经读到过一篇相关研究的文章。1960 年，南欧的两位整形外科医生在《英国整形外科杂志》(British Journal of Plastic Surgery) 上，曾发表过他们利用水蛭有效治疗静脉淤血的实验结果——虽然他们也在文章的结论中提到，可以试图寻找其他的替代治疗方法。[4] 1972 年，法国医生雅克·博代 (Jacques Baudet) 成功利用水蛭预防了术后凝血，并且他的治疗方法在法国和英国都被效仿。[5] 博代的治疗过程在 1981 年的《纽约时报》(New York Times) 中曾有报道，很可能正是这篇文章——而不是更早的相关主题的医学文章，令约瑟夫·厄普顿在四年之后面对一个男孩的病耳变黑时，想起来曾经读到过。[6] 无论如何，非常幸运的是，因为约瑟夫·厄普顿轰动一时的成功病例，水蛭的使用登上了头条，并最终真正开启了水蛭在医疗运用中的复兴。水蛭在美国得到了广泛使用，2004 年，美国食品药品监督管理局（FDA）批准水蛭可作为一种"医疗器械"使用，并允许其他国家的水蛭养殖公司进入美国市场。[7] 目前在美国，水蛭被频繁应用于器官重接手术、皮肤移植和再造整形外科手术，因为水蛭能保持病人的血液流入受损的部位，从而帮助静脉血管重新联通。

水蛭唾液中的活性抗凝剂是一种叫水蛭素的蛋白，可以单独制备。仍在持续经营的 Biopharm 公司已经从医用水蛭和其他品种的水蛭（包括体形巨大、令人望而生畏的亚马逊水蛭，这种水蛭有人的前臂那么长，会用六英寸①

---

① 1 英寸 =2.54 厘米。——编者注

长的针形长喙刺入猎物体内）中分离和合成了许多有效的活性化合物。但是，不起眼的传统医用水蛭仍然拥有优势显著的综合疗效，并且更便宜，还能自然繁殖。也许更令人惊讶的是，研究发现，水蛭敷到膝盖上还能缓解骨关节炎的症状，产生这一神奇疗效的原因是水蛭的唾液中含有抗炎成分和其他化合物成分，虽然这些成分还没有被充分了解。[8] 与非甾体抗炎药的标准治疗相比，用水蛭治疗具有副作用小的特点，并且在缓解疼痛和僵硬方面，水蛭比最好的局部用药还有效。[9] 因此，在阿育吠陀医学和其他医疗体系中，水蛭的一种传统用法——减轻疼痛和炎症，自始至终都是正确的。

事实上，约瑟夫·厄普顿之前便曾从过去的治疗方法中，重新挖掘利用一些旁人觉得令人作呕的医疗实践方法。在战争期间，他曾经在美国缅因州的奥古斯塔（Augusta）担任过军医，当时许多从战场归来的士兵身负重伤，伤口严重感染。厄普顿记得在美国内战时期，医生们曾经使用蛆虫治病——蛆虫以坏死的腐肉为食，因此可以有效地将伤口处的坏死肌肉组织清除（清理）。他冒险一试，利用蛆虫为伤员治疗。虽然取得了巨大的成功，但是后来一位将领级人物听说了他的行为，威胁要将他送上军事法庭。几年之后，当厄普顿想到了救治男孩耳朵的方法后，他想起了过往的经历，于是决定不把使用水蛭的计划告诉自己的上级主管。[10] 他只是悄悄执行了自己的治疗计划。有时候，要做一名"再思考者"，必须打破既有规则。

认知行为治疗

现代人需要最新、最前沿的心理治疗法，并且是专为他们极其忙碌和困惑的生活而设计的疗法。弗洛伊德心理疗法，一直都在努力证明它的临床疗效，该疗法指持续几年按每周一次或是更高的频率，对感受和个人经历进行询问。然而有多少人会有这么多时间呢？取而代之的当代治疗方法是认知行为疗法（Cognitive Behavioural Therapy，简称CBT）——一整套差不多能简化为一种算法的治疗规则和自我治愈技法。（事实上，有时候该治疗法就是由计算机进行监控执行的。）CBT训练患者分辨负面的思考模式——正是因为这种模式导致患者产生恐惧和焦虑，然后用更加实用和实际的评价代替原有负面判断。比如，有的人在经历了一次不愉快的社交活动后，会习惯性地认为："因为我是一个不受欢迎的人，所以大家总是对我不友善。"CBT治疗师则会鼓励患者从中立的角度重塑最初的判断（可能对方的无礼行为仅仅是因为他被其他的事物激怒了），并且克服不良的思维习惯——即对自我形象妄下总结式的负面评价。这种风格的心理咨询意见在临床上取得了显著的成功，也因此CBT成了英国国家卓越临床研究中心（UK's National Institute for Clinical Excellence）推荐的谈话疗法。这是一种严肃、"循证"的治疗方法，是最典型的现代疗法。但与此同时，它深深根植于近代科学诞生之前的时代，其最初的灵感正以自己的方式卷土重来。

你可能听过这样一句话："每一天，我的每一个方面都在变得越来越好。"听上去这是过于乐观的积极思考的最高境界。（在每一个方面？真的可以做到吗？）事实上，这句话出自一位迷人的历史人物——法国药剂师爱弥尔·库艾（Émile Coué），他是全球自我治愈文献的第一批作者之一。20世纪20年代，他出版的著作《通过有意识的自我暗示实现自我驾驭》（*Self-mastery through Conscious Autosuggestion*）在美国轰动一时，大获成功。他指出，重复对自己说这些正面的话语，会激发积极的"自我暗示"——一种富有成效的潜意识。这可以改善你的心理和身体健康。

如果以上说法听上去古里古怪的，那么考虑一下如下的观点。"假设我们的大脑是一块厚木板，上面钉着钉子。钉子代表我们的思想、习惯和本能，能决定我们的行动。"库艾建议，"如果我们发现一个人产生了一种不好的思想、一种不好的习惯、一种不好的本能，就如我们假设的一枚坏的钉子。于是，我们取出一枚代表一种好的思想、好的习惯、好的本能的钉子，并将它放在原有坏的钉子之上,并且用锤子轻轻敲击。假设新的钉子被钉入一英寸的长度,而原有旧钉子则会被震出相同的长度。直到连续锤击了多次之后,原来的钉子会被完全震出,由新的钉子取代。当这种替代过程结束时,个体便会依照新的'钉子'行事。"[11]

这和现代认知行为疗法背后的理念是一致的。这两种体系都训练患者识别自主产生的消极想法,并且有意识地用更加合理的反应取代它们,直到最终将不好的想法完全驱除。与库艾同一时代的神经病理学家保罗·杜波依斯(Paul Dubois)曾创立了心理治疗的"理性劝说"学派,其治疗原理也是如此。保罗·杜波依斯曾用此法治疗过马塞尔·普鲁斯特①。而这一治疗原理——聚焦于理性推论(认知)可以克服情绪障碍,已有2000多年的历史。它曾是斯多葛学派的哲学家提出的理论原理,现在它回来了。

在日常对话中,我们用"stoical"一词来描述一种不苟言笑、自我压抑、不抱怨地默默承受、近似不为情感所动的状态,就像斯波克②那样。但是,古代的斯多葛派学者们却远比这样快乐——或者至少他们曾努力如此。这一学派的观点可以通俗地理解为:你无法改变已经发生在自己身上的事,但是你可以改变自己如何思考这些事,也就是说,可以改变自己对这些事的看法和感受。

2000年后,阿尔伯特·艾利斯(Albert Ellis)——理性情绪行为疗法(Rational Emotive Behaviour Therapy,简称REBT)的创始人、公认的现代CBT的先驱之一[另一位是亚伦·贝克(Aaron Beck)]——于1962年写到,人不会被事物和事件本身所影响,但是"会被针对外界的事物和事件的个人看法、态度和内化的说法影响"。(此处提及的"内化的说法"相当于爱弥尔·库艾提

---

① 马塞尔·普鲁斯特(Marcel Proust),20世纪法国最伟大的小说家之一,意识流文学的先驱与大师。——编者注
② 斯波克(Spock)是《星际迷航》中的角色,作为半人类半瓦肯人,他有着超乎寻常的理性。——编者注

出的无意识自我暗示——用好的钉子将坏的钉子剔除。事实上，阿尔伯特·艾利斯本人就阅读过库艾的著作。）[12] 艾利斯承认这一原理"最初由古代斯多葛学派的哲学家们发现并阐明"。亚伦·贝克也曾明确指出其理论的历史根源，"认知行为疗法的哲学根源可以追溯到斯多葛学派的哲学家们所创立的学说，"他还指出，"通过改变个人主观看法，可以实现对最强烈情感的支配。"

严格来说，最初创立的斯多葛哲学和认知行为疗法并不是一回事。两者的一般原理和一些具体的操作方法非常相似，但斯多葛哲学自身包含一整套逻辑和形而上学体系，以及一些用于个人反思静想的方法。这些方法还不曾应用于现代的治疗中——尽管一些实践者认为这些方法应该被采用。《认知行为治疗理念》（*The Philosophy of Cognitive-Behavioural Therapy*）的作者、治疗专家唐纳德·罗伯森（Donald Robertson）曾写道："斯多葛文本中包含大量具体的心理技法和练习，其中大多数都和现代的认知行为疗法一致。并且，其中的一些已经被现代的心理师们遗忘或忽略了，虽然它们可能仍然有效。"[13] 罗伯森在自己的治疗实践中，还重新启用了另一种技法——鼓励病人对事物采用一种全景式的鸟瞰性思维，通过专注于"像是从高处俯瞰这个世界"，将自我从个人的焦虑中释放出来。[14]

或者可以每天早晨对自己说："今天，我可能会遇到不懂感恩的、暴力的、奸诈的、嫉妒的、没有慈悲心的人，但是我既不会被他们中的任何人伤害，也不会生他们的气或是憎恨他们，因为我们来到这个世界就是为了共同努力的。"或者也可以试一试"希罗克洛斯之圆"（Hierocles' circle），试着想象自己周边值得关注的事物是在不断扩展的，是友善的——先从自己的家人和朋友开始，接着扩展到邻居、所居住城市的所有人、所有的同胞，最终扩展到地球上的所有人和整个大自然。

其中最困难的，可能是"消灾静思"（premeditatio malorum），即对接下来可能发生的糟糕局面进行生动想象和静思，并采用一种平静的视角去感知。比如，试着具体地想象自己遭受了严重的身体伤害或情感挫折，并努力将其看作"不合心意的中性事件"。也就是说，如果这件事不发生，当然更好；但是，如果这件事确实发生了，它依旧是"中性的"，因为它不会损害你的道德价值或个人诚信。马西莫·皮戈里奇（Massimo Pigliucci）指出，这一技法"与认知行为治疗法中减轻患者对特定物体或事件的恐惧的方法非常相似"。

最后你还可以每天晚上对自己提出如下不易回答的问题："今天你纠正了哪种坏习惯？你抵抗了哪一种错误的行为？你今天在哪些层面做了更好的自己？"

我们可以看到，斯多葛哲学并不倡导一味地忍耐，也并非一种温和、模糊的哲学。（的确，弗里德里希·尼采评价这种学说为"对自我的专制"。）[15] 然而，斯多葛哲学不仅在 2500 多年前适用，在这个飞机和智能手机触手可及的新时代，它一样可以用于解决日常生活中的各种问题。当然，你可能不赞成斯多葛哲学的所有理念。

斯多葛哲学是一台巨大的理性发动机。它鼓励我们以一种完全不同的视角——照字面解释，一种鸟瞰式的视角——来看待个体在万物的伟大存在机制中的位置，并且提醒我们，个体的认知可以调控情感，即利用思想的力量改变思想。

时代环境和技术持续改变，但是在进化的过程中，2000 年只是一眨眼的工夫，人类的思维可能并没有发生巨大的改变。因此，古代的思想传统还可以重新挖掘，被当前最现代的人们再次利用，比如，古代的心理疗法对于现代患者是有效的。而在其他一些领域，比如战争和医学领域，过去的思想对现代社会的持续影响也比看起来更加明显。有一种假设认为现代社会需要完全崭新的思想，但是，人们却在这种假设之外看到了不同的场景，比如马背上的特种部队、吸取男孩耳朵淤血的水蛭，以及 2000 多年前的强大自我治愈技法被重新发现。

第 2 章　缺失的一块

> 像拼图游戏一般，解决问题时，当发现一块新的拼图碎片，旧的思路便会发挥新的作用。

在研究中，要获取任何有价值的发现，有时需要逆着追随者的思路而行。[1]

——

弗雷德·霍伊尔
（Fred Hoyle）

特斯拉汽车能让电动车重新振兴，部分原因是电池技术的发展。早期的电动车电池续航能力差，每次充电仅能支持电动车行驶很短的路程。与以汽油发动机作为动力的汽车相比，这一缺陷很大程度上让电动车失去了吸引力。但是，到了21世纪，锂离子技术的进步让电池技术实现了突飞猛进的发展，这在100年前是不可想象的。早期的特斯拉原型车实际上使用了联结在一起的上百块普通手机电池，而马斯克的公司革新这一想法，制造了让电动车可以一次行驶数百英里的电池组。电动车发展中长期存在的"里程焦虑"难题，终于解决了。

要让电动车这一创意变得切实可行，现代电池技术正是"这幅拼图"中缺失的那一块。在其他创意的发展过程中，类似的情节也都曾经出现——旧有的创意如果要再次变得可行，必须经过升级革新。就像拼图游戏中新发现了一块拼图碎片，或者揭示了被隐藏起来的解题机制，便可以将过去毫不受欢迎的，甚至被公众嘲笑的创意带回到理论发展的最前沿。这种情况不仅会出现在现代科学领域，也会发生在国际比赛中。

柏林防御

伦敦一个冬日的下午，天色灰暗。在奥林匹亚会议中心略显乏味的商业建筑内，10位世界顶级象棋选手正在进行为期一周的博弈，争夺伦敦国际象棋经典锦标赛的冠军。检查入场通行证的女士礼貌地轻声说："大师们正在礼堂比赛，请走这边。"同一时间，在旁边的大厅里，正在进行另一场锦标赛，并且是对公众开放的。在我寄存外套的时候，我听到身后的一位男士说："约翰，你会按我们昨晚讨论的战术进行比赛吗？"一个美国人回答道："嗯，我不确定，但是我觉得现在可能不能讨论比赛。"首先开口的那个人笑了笑，然后说道："这正是我一直努力保持低调的原因。"

在比赛评论室内，每个人都在讨论比赛——当然，是讨论大师们正在进行的比赛。并且讨论的声音不高，确保不让比赛人员听到。穿着时髦、留着拜伦式硬朗发型的英国人丹尼尔·金（Daniel King）和新面孔德国人让·古斯塔夫森（Jan Gustafsson）坐在一张白色桌子后面，仔细观看正在进行的五场比赛，琢磨每一局的早期局面，对可能发生的棋局进展做出提示，并发表意见。（作为大师级人物，他们完全有资格解释正在进行的赛事。当然，有时候他们也承认对"超级大师"的精湛棋法有些困惑。）两块巨大显示屏正在直播棋盘局面和棋手的情况，同时，比赛的评论也正在向全球观众现场直播。丹尼尔·金和让·古斯塔夫森与另外两个评论员将一起分组评论，直到比赛结束——差不多在七个小时之后。

在比赛礼堂内，空气里似乎弥漫着浓烈的智力比拼的火药味。在比赛台上，参赛者分五桌进行比赛，比赛的进展情况都投影到了后面的大屏幕上。沉默少言的俄罗斯参赛者亚历山大·格里斯丘克（Alexander Grischuk）已经结束了和前世界冠军维斯瓦纳坦·阿南德（Vishy Anand）的对弈，站到了下场比赛的对手面前。正面临棘手战况的美国参赛者中村光（Hikaru Nakamura），双手抱头，两脚交叉。他的对手是衣着时髦的亚美尼亚参赛者列冯·阿罗尼扬（Levon Aronian）。阿罗尼扬正四处闲逛，不时查看其他比赛组的进展情况。有一会儿，挪威天才棋手、世界冠军马格努斯·卡尔森（Magnus Carlsen）随意漫步走到中村光所在的棋桌边，站在他对手的空椅子后面观看棋局的进展。卡尔森观棋沉思几秒钟后，露出会意的微笑，然后悠然地走开了。

而同一时间，在评论室内，当比赛没有什么新的进展时，丹尼尔·金和让·古斯塔夫森便点评参赛者的个性特点和心理。比如，当一位参赛者用"阴冷"（bleak）一词描述另一位参赛者的比赛风格时，他的真实想法是什么？另一名参赛者是不太可能提前和棋的，因为他才刚刚吃了一根蛋白棒。一个人如果不是象棋狂，这时候走进来可能会感到困惑——因为大家正在讲一些很难意会的关于柏林的笑话。几天前，一些人还将这一次比赛戏称为"柏林象棋经典赛"。"是的，在比赛的休息时间，参赛者们开了一个会议。"让·古斯塔夫森干巴巴地说，"他们最终讨论决定，本次比赛不再会出现柏林现象。"而事实证明，这仅仅是一个乐观主义的玩笑——还会有很多的柏林现象出现。那么，为什么当时在伦敦赛场的每个人都对"柏林"这么不待见呢？

顶级国际象棋比赛的获胜取决于两个方面的成功。首先，必须在比赛过程中取得实时领先，与对手比赛时，要提前布局，战胜对手——这便是"棋盘的盘面比赛"。此外，参赛者们称为"赛前准备"的环节也同样重要。该环节包括提前研究开局战术。正如我们所知道的，白棋先走。根据白棋的走法，黑棋在走第二步棋时，有几种可行的走法。根据黑棋的走法，白棋在走第三步时又有很多可行的走法。以此类推。每一局开始的几步棋可以有不同的组合，也因此有了不同的开局战术，并且这些开局还有具体的名称，如后翼弃兵、西西里防御等。而这些不同的开局又分别衍生出变化多端的走法。棋局进行十多步后,根据国际象棋的布子规则(legal positions),便可能产生成千上万种棋盘局面。但是,局面好吗?你真的想在这样的位置继续布棋吗?在可能的变化中,哪些是真正可行的——绝不给对手任何占优势的可能,关于这些变化所积累的国际象棋智慧被称作"理论"。而在国际象棋比赛中,理论非常重要。

有人抱怨,现代职业象棋比赛全凭记忆。这种说法并不正确。有时候,确实有这样的情况,一名棋手可以根据赛前准备,在 20 多步内将对手击败。他不需要思考棋盘,因为他的对手迷失在复杂的战术理论中。另一方面,国际象棋的布子方法又复杂得令人心服口服,而且棋法变化多端,令人称奇。即使现代象棋理论建立在上百万场象棋比赛数据库的基础之上,仍完全可能在最初十步棋内,走出从不曾出现过的棋局。而这时,真正的实时现场对弈才正式开始。

如此看来,国际象棋比赛涉及两场战斗。棋局上的战斗仍然是最主要的。但是开局前的准备工作可以让一个志在必得的选手获得有利的先机,这在对抗赛中尤其如此,因为两位选手能在多场对弈中相互对抗决战;而在锦标赛中,一位选手通过和不同的对手对弈来积累分数,这种赛前准备的作用就不太明显。对抗赛是一对一的比赛,让选手有机会反复利用充分的赛前准备去迎战同一个对手。这也是世界冠军赛的赛制。正是 2000 年在伦敦举行的那场世界冠军赛,解释了为什么 15 年后,伦敦的评论员们还在津津乐道关于柏林的玩笑。

这是一位帝王级的、打遍天下无敌手的大师与他曾经的弟子兼助手之间的决斗。2000 年时,他便是世界上最了不起的国际象棋棋手,且被广泛认为是国际象棋历史上最好的棋手之一。37 岁的时候,他就已连续 14 年卫冕世界冠军，以凶悍的进攻风格战胜了所有的挑战者。而 25 岁的俄罗斯挑战者弗拉基米尔·克拉姆尼克（Vladimir Kramnik），需要找到一种方法来打败他。克拉姆尼克的父母一个是雕塑家，一个是音乐老师；他曾在这位大师门下学习，是一群才华横溢的年轻棋手中的一员。1995 年，他担任这位大师的后援（或称助手）之一，帮助这位冠军在那年成功卫冕。现在，两人要下十六局棋以确定世界冠军的归属，胜者将获得 200 万美元的奖金。这发生在十月份的伦敦。

几乎没有人认为克拉姆尼克有赢的机会。但是，克拉姆尼克从两年前另一支冰球界弱旅的故事中受到了鼓舞和启发。他打算运用从冰球故事中学来的经验教训。在 1998 年的日本冬奥会上，美国队、加拿大队和瑞典队是冰球比赛的冠军热门球队，谁也没觉得捷克队有多大希望。他们有一个不错的前锋，但没有其他真正世界级的球员——除了守门员多米尼克·哈谢克（Dominik Hašek）。像这样，如果你最好的球员是个守门员，你应该采用什么样的策略呢？垫伏在防线上，让他们全线出动向你进攻，然后通过反击得分。这正是捷克队的做法。在四分之一决赛中，他们以 4∶1 的比分击败了美国队。正如受挫的美国队教练罗恩·威尔逊（Ron Wilson）所说："在我们这项运动中，有时一个人就能让结果产生很大不同。一个好的守门员可以打败一支球队。"[2] 在捷克队对阵加拿大队的半决赛中，类似情况再次发生，加时赛后比分仍然僵持在 1∶1。然后是点球大战，而多米尼克·哈谢克拦下了加拿大五名球员的全部点射。在布拉格，球迷们拉起了写着"哈谢克做总统"的横幅。[3] 而最让人印象深刻的是，在对阵俄罗斯队的决赛中，同样的情况又一次发生。俄罗斯队前锋帕维尔·布雷尔（Pavel Bure）在半决赛对芬兰队时单枪匹马进了 5 个球，但在决赛时，捷克队的守门员挡住了每个射门。捷克队最后以 1∶0 获胜。多米尼克·哈谢克主导了这一切。没有人能越过他。

这让年轻的挑战者克拉姆尼克思索：怎么才能在国际象棋比赛中做到如此？如果你面对的对手专长于可怕的进攻，你所需要的就是坚不可摧的防守：这相当于国际象棋中的主导者哈谢克。而这正是克拉姆尼克在准备比赛时提出的关键思路（还有其他几个）：寻找执黑时可以用于防守的办法，以削弱对手进攻的力度。在团队的帮助下，克拉姆尼克重新研究了鲁伊·洛佩兹开局（Ruy Lopez，又叫西班牙开局）的一个古老又相对不为人知的变例。这种开局，黑方得以推动早期交换后（Q），从而使白方无法开展复杂的全面攻击。由此，这一变例让双方早早就进入残局。但大家长期以来都认为，这样的残局对黑方不利，因为黑方将很难取得和棋，很可能输掉。因此，几十年来这种开局在顶级比赛中几乎没人用过。它被认为是一条演化的死胡同。但克拉姆尼克对此却有着不同的看法。

克拉姆尼克知道，这种开局可以避开白方任何大举进攻的计划。他的对手也不太可能预见他的这种选择并为之准备应对方案。所以，虽然克拉姆尼克不得不进入稍差的残局，至少他知道比赛结果将取决于真正的智慧较量。克拉姆尼克后来说道："我知道残局对白方更有利，但是他必须要在棋盘上取胜，而不是靠出色的局外准备——这一点至关重要！"[4]［后来知道，在比赛的准备过程中，当时的世界冠军忽略了助手尤里·多克霍安（Yury Dokhoian）的警告，即克拉姆尼克可能试图把棋局引向"不起眼的局面，减少棋盘上的棋子数目"。][5] 最重要的是，因为鲁伊·洛佩兹开局的这一变例没有优势，所以已经很久没人认真尝试过，而以前关于哪种可能的走法更为有利的分析早已过时，因而可以用现在的知识加以改进。克拉姆尼克和他的团队准备了一些新的走法和思路，接入这一古老的开局体系。在第一场比赛中，克拉姆尼克就用上了这一方法。他的对手惊讶而困惑，最终同意了和棋。这个开局叫什么名字？为什么是柏林防御？这个名字记录了第一次有人采用这个开局的地方——1840年在柏林举行的一场比赛。但在伦敦的这场比赛之后，这一开局再次变得闻名。

事实上，当时的世界冠军和他的挑战者在选择赛间营养品方面也有着不同的思路。赛后一位赛事官员称，克拉姆尼克有着"由教练科学选择的多种多样的饮料和零食"。[6] 克拉姆尼克还参加了高强度的健身训练，包括游泳、重量训练和排球。（"这大大增强了我在比赛中的耐力。"克拉姆尼克说道。）但是柏林防御才是真正的决定性因素。随着比赛进程的推进，世界冠军一次又一次地发起进攻，但"柏林墙"一次也没被攻破。克拉姆尼克执黑时一局也没有输掉，而执白时漂亮地赢了两局，战胜了士气越发低落的对手。这样，弗拉基米尔·克拉姆尼克成了新的国际象棋世界冠军。

他的秘密武器是一个当时被认为早已过时的旧方法，而他对之重新评估并进行了升级。克拉姆尼克后来解释说："通过柏林防御，我建起了一座堡垒——他可以靠近，但无法攻破。其他人和他下棋时，总想不让他攻过来。我让他靠近，但是我知道限度在哪里……有人甚至把这比作拳王阿里（Muhammad Ali）在对乔治·福尔曼（George Foreman）的拳击比赛中所采用的'倚绳战术'[①]——这个类比很贴切！采用柏林防御，我可以让他靠近，但不会让他太接近，而且设定了这个堡垒，我就知道他靠近的限度在哪里。在某个时间点上，他似乎失去了能够突破'柏林墙'的信心。他仍然在以只有他才能做到的方式战斗，但我从他的眼睛里看出，他已经知道他这次赢不了这种开局的棋局了……而正是这一点在心理上摧垮了他。"

在弗拉基米尔·克拉姆尼克对之进行再思考之前，柏林防御已经有几十年几乎没被采用过了。事后，这一防御风靡一时。很久以后，他的对手将这一改进后的变例称为一个"巧妙的发明"："说是柏林防御使我在2000年对

---

① 所谓的倚绳战术（rope-a-dope），最初发生在拳击比赛中。在1974年的世界拳王大赛上，阿里靠在拳击围绳上任由福尔曼攻击，因为拳坛四周是有绳子围着的，倚靠着绳子，即使挨打，也不至于掉下去，同时可以一直寻找反击的机会。阿里一直挨到第8回合，终于瞄准机会将福尔曼一举击倒。——编者注

克拉姆尼克的比赛中失去了世界冠军头衔，这一点也不为过。"[7] 十多年过去了，在伦敦国际象棋经典赛上，世界顶尖选手仍在使用这一开局。这一开局现在已经分裂出许多现代的子变体，就像树的枝杈一样，有些非常坚固，有些则尖突又不平衡。在国际象棋中，各种开局变体流行的程度时升时降，但这却并不是一个新问题。相反，最好的棋手们一起努力，在国际象棋的理论前沿上达成共识——他们往往着迷于某种特别的棋法，就像一个竞争性的研究小组，努力从黑、白两方探索该种棋法所有的可能性。

而新近流行的开局总是产生于对过去的、已被抛弃的思路进行的克拉姆尼克式的反思。你重新打量一个理论上认为不好的布局，加进一个新的走法、一个新的思路，然后你就改进了这一理论。在国际象棋中，创新离不开在过去中深入探寻。一位特级大师会重新审视教科书中某种早已被遗忘了的旧思路，然后在第10步或第16步上采用一个"新奇"的走法，从而让旧思路重获新生；然后这位大师会在某个重要的比赛中运用自己的新发现并以此获胜。之后，大家蜂拥而至，试图洞悉与新发现有关的真相。（在当代，从事此类研究的特级大师们也会借助于在强大的计算机上运行的国际象棋软件；但是有一点很重要，他们必须知道何时相信计算机给出的意见，何时忽视它们。）在2015年伦敦国际象棋经典赛的一个使用柏林防御的重磅回合中，英国特级大师乔恩·斯佩尔曼（Jon Speelman）为一局比赛的执黑方提出了一种可能有利的走法，之后说道："呃，我并不懂柏林防御。谁理解柏林防御呢？"观众笑了起来。让·古斯塔夫森苦笑着回答说："没有人懂。也没人懂执白应该怎么走。"

所以他们就继续使用柏林防御，直到把它搞明白为止。

国际象棋中一个被废弃的开局，加进某个新的方案，就可转变成一个威力强大的新式武器。很晚才出现的那个有关生物体分子作用的发现，如同缺失的拼图，成为一个被嘲笑了一百年的科学思想得以复兴的关键。

法国进化论之父

如果在巴黎某个春光明媚的下午，你从后门进入法国国家自然历史博物馆的植物园，你会见到一些 18 世纪和 19 世纪法国科学家的铜像。在这里，化学家、早期肥皂的发明者米歇尔·欧仁·谢弗勒尔（Michel Eugène Chevreul）面朝着现在的一个停车场招手，仿佛在说："请一定要把您的车停在这里。"绕过一条弯曲的小路，你会看到动物学家贝尔纳丹·德·圣皮埃尔（Bernardin de Saint-Pierre）在一片绿色空地上做着罗丹式①的思考。坐在进化大厅前面的是百科全书式的博物学家布冯伯爵（Comte du Buffon），他正摆弄着一只鸽子，脸上带着一丝邦德般的微笑。沿着弯曲的小路继续前行，最后你会看到主持前门的明星：植物学家兼动物学家让-巴蒂斯特·拉马克（Jean-Baptiste Lamarck），在他的基座上正以沉思状望向远方。

雕像正面的法文题词是："向进化论的创始人致敬。"这让每个认为只有查尔斯·达尔文才最有资格获得这一称号的人，都倍感惊异。可转到铜像的后面，你将看到带一点儿忧郁色彩的致敬。一幅青铜浮雕显示，一名年轻女子对瘫在椅子上的年老而哀伤的拉马克安慰道："后人会钦佩你。"那个女子向他保证："后人会为你平反的，父亲。"但作为启蒙运动中最伟大的科学家之一，有什么需要平反的呢？

拉马克出生于 1744 年，经历军队服役、在巴黎做银行职员后，他成了一名业余植物学家。1778 年，他出版了一本关于法国植物区系的书，且因此被任命为自然历史博物馆的助理植物学家。在法国大革命刚刚过去不久，他产生了一个政治上符合时宜的想法，要给皇家花园（Jardin du Roi）改名，这样便有了巴黎植物园。拉马克从助理植物学家晋升为昆虫和蠕虫方面的自然史

---

① 奥古斯特·罗丹（Auguste Rodin，1840~1917），法国雕刻艺术家，其创作对欧洲近代雕塑的发展有较大影响，是欧洲雕刻"三大支柱"之一。——编者注

教授，但他对这一领域一无所知。不过，他现在有时间进行深入思考了。而正是拉马克创造了"生物学"（biology）这个词，他也是第一个提出连贯的进化论的人。[8]

他说到，生物倾向于以越来越复杂的方式进行自我组织，这一点可以通过比较变形虫和狗来证实；而且物种逐渐适应其特定的环境，获得或抛弃某些特性。（例如，北极熊在北极环境中进化出了白色的毛皮，以利于其伪装。）这一观点在拉马克生前引起了极大的争议，且基本上被否定了。这不仅仅是因为作为最早的关于生命发展的纯粹唯物主义的描述之一，它没有为"上帝"留下任何空间。这种想法也让像著名古生物学家乔治·奎维尔（Georges Cuvier）这样的人感到非常震惊；奎维尔是第一个将某些带翅膀的化石鉴定为古老飞行蜥蜴的人，并为之创造了翼手龙（pterodactyl）这一名称，而且他认为在很久以前一定发生过某种灾难（类似于圣经中所讲的大洪水），导致很多物种灭绝。（两百年后，研究证明确实曾有过这样的灾难：小行星撞击地球，导致恐龙大灭绝。①）然而奎维尔粗鲁地嘲笑了拉马克关于动物可以自我改造的观点，并坚定捍卫了物种固定这一"常识"。[9]

拉马克所著的关于进化论的书籍一直未能获得成功，在专业上也没有得到像奎维尔和其他一些人所享有的那种尊重。他最终失明，于1829年在巴黎去世。在他去世时，他家里穷困潦倒，所以卖掉了他的书，也没有为他买棺材，只是将他埋在一个石灰坑里，坑里之物定期被掘出并转到巴黎的地下墓穴中。30年后，查尔斯·达尔文的《物种起源》提供了缺失的关键机制——自然选择，使拉马克的想法得以完善。就像他的女儿所预言的那样，后人为他"平反"了，尽管他的名气现在被达尔文的名气掩盖了。

然而，拉马克的声誉依然没有稳固；事实上，几十年后，他的声誉陷入

---

① 大部分古动物学家同意在6550万年前曾发生小行星撞击地球，但是否还有其他因素，仍在研讨、探究中。——编者注

了最黑暗的深渊。在整个 20 世纪，拉马克的名字成了一种不祥的笑话，成了错误且荒唐的生物学理论的代名词。对于已开始基因研究的生物学来说，"拉马克主义"到处被指责为无法想象的谬误。那么，在他所提出的进化论里，到底有什么是如此荒谬的呢？

长颈鹿的长脖子是怎么来的？正是这个像孩童的想法一样简单的问题，使让-巴蒂斯特·拉马克带来了那个神奇的理论。人们所听到的关于他的理论的故事通常是这样的。拉马克推想，很久以前长颈鹿的脖子都很短。它们快乐地吃着树上低垂的叶子。但是，一旦某棵树上所有低垂的树叶被吃光了，长颈鹿就会长久地望着那些够不着的叶子。它希望自己有个稍长的脖子。它渴望有一个更长的脖子。所以，出于渴望，它经常尽可能地伸长脖子，以便吃到下一片更高一些的叶子。多年的努力伸展使长颈鹿的脖子发生了永久性的变化，变得比最初时长了一点儿。而下一代的小长颈鹿就会继承这个略微长些的脖子。这样，过了很久很久，经历无数世代的传承，长颈鹿就有了很长的脖子。

这巧妙地解释了长颈鹿为什么有长脖子。不幸的是，这个解释是错误的。早在 1865 年，当奥古斯丁僧侣格雷戈尔·孟德尔（Gergor Mendel）向布鲁恩自然历史学会介绍自己的革命性工作时，人们就意识到了这一点。孟德尔在豌豆杂交育种中仔细地进行了实验，证明一些"看不见的因素"以数学上可预测的方式决定了可见性状的外观，像花的颜色、植株高度和种子形状。正是孟德尔创造了"隐性"和"显性"的术语，用以描述某些性状；而他所提到的"看不见的因素"后来于 1909 年被丹麦植物学家威廉·约翰森（Wilhelm Johannsen）命名为"基因"（genes，在希腊语里，genos 的意思是"出生"）。但是布鲁恩自然历史学会的会刊似乎并不是每个人必订的刊物，孟德尔的成就沉寂了 34 年，无人知晓。达尔文从未读到过它。正如物理学家埃尔温·薛定谔（Erwin Schrödinger）于1944年所评论的："似乎没有人对那位修士的爱好有特别的兴趣，当然也没有人想到他的发现会在20世纪成为一个全新的科学分支的指路星，从而成为我们这个时代最有趣的科学。"[10] 最终，孟德尔的成果（和他开创性的论文）在20世纪之交被其他研究者独立地重新发现了。[11] 很快，生物学家就认定，进化不会以拉马克所讲的方式进行。孟德尔的研究表明，基因控制性状，而基因似乎在出生时就被固定。所以，动物一生中发生的任何事情都不会影响到它传给后代的基因信息。它只会给后代传递自己出生时的DNA。

为大家所接受的故事变成了这样：遗传密码的随机突变使得一些长颈鹿有着比其他长颈鹿更长的脖子。这些脖子更长的长颈鹿会比没有发生这种有益基因突变的长颈鹿留下更多的后代，因为那些长颈鹿不能吃到同样多的食物，所以就更可能在繁殖前饿死或产下患病和营养不良的后代。通过漫长且残酷的包含机会与死亡的循环，不断重复"冲涮"。这就是进化的过程。基因就是命运。拉马克认为动物的生活经历可以改变其遗传特性的想法，也就是说动物后天所获得的特性可以被继承——现在到处被指摘，大家都认为这是不知晓基因这一真正遗传机制的人所犯的严重错误。

然而，查尔斯·达尔文本人一直设想后天特征的遗传是可能的，而且，尽管遗传学已成为主流，仍然有些人认为，拉马克的想法一定也有其可取之处。西格蒙德·弗洛伊德（Sigmund Freud）就一直坚持捍卫拉马克的想法。弗洛伊德是在19世纪晚期拉马克的进化理论推想达到顶峰时被培养成为生物学家的。但是后来新的遗传学出现了，拉马克学说在很大程度上被放弃了。直到1939年，弗洛伊德在他最后出版的作品《摩西与一神教》（*Moses and Monotheism*）中指出，"当前生物科学的看法"否定了"后天获得的品质可以传递给后代这种想法"。然而，弗洛伊德本人对此并不认同。他写道："我怀着谦卑之心承认，尽管这样，我无法想象生物发展的过程完全脱离拉马克学说。"[12]

到了20世纪20年代，拉马克主义在主流生物学中已经成了异端邪说。它被认为不仅是错误的，还是危险的。在巴黎的雕像后面，拉马克双目失明，沮丧地坐在椅子上，想着女儿的话到底是不是说错了。

快进到2003年，出现了一个名叫伊莎贝尔·曼苏伊（Isabelle Mansuy）的年轻法国科学家。她当时在苏黎世大学大脑研究所工作，正试图在小鼠身上建立一个边缘性人格障碍的模型。她设置了一系列看似极具虐待性的实验。在没有预示的时间间隔内，她把一群雌性小鼠（有幼崽的母鼠）扔到冰冷的水中（它们讨厌水），或者将它们与其幼崽分开几个小时，或者抓住其尾巴将它们拉起从高处抛下。通过这种方式，曼苏伊将小鼠置于慢性压力之下，从而创造了一些非常抑郁的母鼠。（如果实验室小鼠表现出宿命行为，比如不挣扎逃离游泳测试，或者失去了感觉快乐的能力——如对糖水和普通水没有任何偏好，则被认为是抑郁的。）[13] 随着曼苏伊那些抑郁母鼠的幼崽的长大成熟，很明显它们也变得抑郁起来。到此为止，这些都可以理解：一个不幸的童年对老鼠和对人一样，都不是什么好事。但是，当那些抑郁的雄性幼鼠长大（却仍然抑郁）并与一群快乐的雌性小鼠交配后，出人意料的结果出现了。这些交配所产生的后代，尽管从没有与它们不幸的父亲有过任何接触，却从出生起就是抑郁的小老鼠。

等等，那可真的不是该发生的事情。成年雄鼠的抑郁症是一种后天获得的特征，源自它们童年的特殊经历。如果它们的下一代生下来就抑郁，那就意味着后天获得的特征遗传给了下一代。而这正是拉马克主义"异端邪说"所描述的。

但这确实发生了。那些小鼠通过表观遗传学的方式从其父母处继承了心理压力。表观遗传学（epigenetics，源自希腊语，意思是"基因周围"）领域研究动物体内的化学过程如何响应环境因素，开启或者关闭 DNA 中的某些基因。特别是曼苏伊等人发现，慢性压力通过一种被称为甲基化的过程使大脑中的某些基因沉默，导致长期抑郁。而且这将通过生殖细胞（精子和卵子）传给不幸的后代，对小鼠如此——可能对人类也是如此。因此，某种形式的拉马克主义确实是可能存在的。

伊莎贝尔·曼苏伊后来说到，在进行这些实验的同时（其他地方也用小鼠进行的实验取得了类似的结果，为她的实验提供了支持），她读了拉马克的手稿，那些手稿给她带来了一种不可言状的兴奋感。她说："在阅读那些古老的专著时，我的感觉是，他是如此正确。他是对的。"[14]

拉马克的理论在原则上毕竟不是错误的。但是后天获得的特征究竟是如何传给后代的呢？没有人知道。然后，遗传学出现了：现在好像已经彻底了解了遗传过程，且这一过程中不包含任何拉马克元素。但仍有一些尚待发现的机制：表观遗传学理论。而这正是"缺失的那一块"。

某个午后，曼苏伊教授（她现在的称呼）在她的苏黎世公寓里，通过 Skype 对着我们微笑，鸟儿在背景中叽喳地叫。她解释说，拉马克比她开始想象的还要正确。后来发现，拉马克从未说过长颈鹿是因为有意的努力才获得了长脖子。这个误解源于错误的翻译。"我重读了原文，"曼苏伊说道，"他并没有谈到长颈鹿的渴望或希望，而只是说那是所发生的事情——是对外部环境的适应过程。对于长颈鹿长出长脖子的'有意识的愿望'，过去存在很大的误解。拉马克只是说，这是对这一环境习惯化的结果。"

但这听起来和后来达尔文的自然选择理论非常相似，对吗？

"是的，绝对是！"

她继续说道："与当今的许多其他人一样，我确实认为，拉马克有着一些更为成熟的想法，而且比达尔文早很多——早了将近五十年。他不走运，我也不知道。"她遗憾地笑了笑:"当人们对我说'哦,你的事业只是新拉马克主义,你只是在复活这个奇怪而愚蠢的法国人的想法',我会觉得有些被冒犯。当你真正读到他的作品时,你会发现,他的成就完全是革命性的,而且他的观点充满了勇气。"

曼苏伊目前在她实验室里指导神经表观遗传学方面的研究,也可能会带来革命性的成果。("你知道,在实验室做实验就像做饭一样,"她愉快地说道,"你需要非常有创意,同时也要做到精确。")因为如果发生在小鼠身上的事情也会发生在人类身上,那么我们这些想法的影响会是巨大的——在医学上如此,在道德意义上也是如此。

但是,我们究竟如何确定压力和抑郁的遗传会发生在人类身上呢?我们显然不能在人类婴儿身上做与小鼠幼崽相同的实验。所以,我们要寻找科学家所称的"自然实验";这种实验中,偶然事件和环境因素为我们创造了可以进行有用的比较的机会。有些不幸的群体在早年就面临创伤性压力,因为他们生活在战乱的国家,或者因为他们出生在充满暴力的家庭或在年轻时受到虐待。比如,曼苏伊的团队一直在与一些医生合作,这些医生负责救治一些遭受创伤的士兵和一群在卢旺达大屠杀中幸存下来的人。研究人员从这些人身上采集了血液、唾液甚至精子,以便进行分析。曼苏伊说,现在还处于研究的早期,但是"我抱有很大的希望,相信我们在小鼠身上所看到的,也将能够在人类身上观察到"。事实上,"我们一开始是纯粹基于对人类的研究开发出了小鼠模型。我们所开发的,是与人类生命早期所受创伤性压力关系最为密切的模式。所以,我们只是回到了近十五年前出发的那个起点"。

如果压力可以在人类身上遗传,那么不好的行为是不是比我们所想象的还要糟糕?"绝对是。"曼苏伊答道。因为这一机制会使有害行为的后果倍增。如果你导致一个人感到压力或变得抑郁,你不仅伤害了那一个人,还可能伤害了他的后代。其他表观遗传学研究发现，大屠杀幸存者的后裔与那些没有这种家庭创伤的人相比，有着不同的压力荷尔蒙水平，这使得他们更容易患上焦虑症。而在2015年一项对犹太家庭的研究中，有些家庭成员在第二次世界大战期间遭受此类创伤，有些则与大屠杀没有直接的联系；该项研究声称已经在大屠杀幸存者和其后代身上发现了某个特定的压力相关基因的表观遗传标签。首席研究员雷切尔·耶胡达（Rachel Yehuda）说道："据我们所知，这首次证实了人类受孕前所受压力之结果的传递，而这将导致直接受害父母及其后代在表观遗传方面出现变化。"[15]

但想一想有史以来人类所经历的所有创伤。为什么我们没有变得一直抑郁呢？事实证明，尚有一线"生机"。曼苏伊说，表观遗传变化是可以逆转的。如果你早年受过创伤，但后来生活在一个充满爱的家庭或其他积极的环境中，你就可以摆脱分子遗传所带来的命运。曼苏伊的实验室用受过创伤的雄性小鼠的第二代测试了这一想法，将它们放在一个"丰富的环境"中：笼子中有玩具、跑轮和社会群体，就像一间豪华的老鼠旅馆。它确实起到了作用。"我们可以看到环境丰富后症状的逆转。"曼苏伊满意地报告，"那些父辈受过心理创伤、曾经抑郁并有反社会倾向的雄性小鼠，在经历丰富环境治疗后，不再能够将自己的不良表型（或者叫个体特征，在这个例子中是抑郁症）传递给自己的后代。"这像是对小鼠原罪的一种救赎。所以，所谓"希望"，似乎有着生物学基础。

"黑匣子"是工程学中的一个概念，它描述了一个内部机制不透明的设备。你可以看到进去的以及出来的是什么，但你却看不到其内部工作过程。有些想法也可以是黑匣子。拉马克关于后天特征可以遗传的最初想法就是一个黑匣子：他那时候不知道表观遗传学，所以他不能确定他的想法在因果层面是如何运作的。发现基因之后，拉马克主义缺乏任何可能的解释，似乎就有足够的理由完全否定它。事实上，德国生物学家奥古斯特·魏斯曼（August Weismann）在其1904年出版的具有影响力的著作《进化论》（*The Evolution Theory*）中指出，由于科学家们不仅无法证明任何特定的后天特征是可遗传的，而且也不能形成任何有关某个"假设过程"的"清晰构想"使这种遗传成为可能，所以他们有充分的理由拒绝拉马克的假说。[16] 在这种情况下，人们花了两百年的时间才开始确定拉马克的想法背后的正确机制。现在看来，创伤很可能被"印在"表观基因组上。但这究竟是如何发生的呢？曼苏伊说，这是另一个"我们还不知道的机制"，也是进一步研究的重点。所以，几个世纪之后，我们终于打开了拉马克的黑匣子——只是打开后，我们发现其中还有另一个黑匣子。

我向伊莎贝尔·曼苏伊建议，也许有一天，某些建立在其神经表观遗传学研究基础上的智能新药，是否可能解决与压力和抑郁症有关的化学路径？她的回答令人惊讶。"但也许这就是心理疗法已经在做的事情，对吗？我们不知道！现在对此还没有任何纵向、大规模的研究。但我确实认为，心理疗法可能改变表观基因组。"

事实上，心理疗法在目前可能是我们赖以治疗精神痛苦的最准确的方法；这里的心理疗法指代任何一种交谈疗法，包括认知行为疗法。曼苏伊解释说，就目前的情况而言，"很多时候，药物通过激活某个替代路径而发挥作用，这一替代路径并不一定能修复大脑中被破坏的部分，但却能代替完成其功能。我倾向于认为，心理疗法更有可能解决真正的问题。因为如果有人出现了抑郁的情况，假如他们学会控制抑郁——进行正面思考，努力做得更好——那么其作用目标就是正确的大脑区域和正确的大脑过程。我认为心理疗法也许能够实现更多的特殊性"。（弗洛伊德会同意的，他曾写道："它只是纯粹的心理治疗技术；这一理论绝不是要忽视神经疾病的病理基础。"）[17] 曼苏伊提出，静思也可能是调节表观基因组的一种方法："这些想法类型相同：

人可以利用自己的大脑来修复潜在的问题。"因此，尽管她在神经表观遗传学方面的研究可能最终会带来新的、有针对性的化学疗法，但仍有一些其他路径可以实现相同的目标。而治疗哲学的伟大传统——可以追溯到古代斯多葛学派——本身可能就是一个黑匣子，也许有朝一日表观遗传学会让我们窥见其中的奥秘。

然而，即使是现在，表观遗传学仍然会遭遇一些高调科学家的抵制，这些科学家坚持认为基因是不可改变的生物宿命，出生即已固定。曼苏伊回忆起20世纪90年代和21世纪初对人类基因组计划的大肆宣传："那时人们总是说，当我们了解了基因组，我们也就知道了一切。"但到目前为止，结果相当令人失望。曼苏伊指出："比如，在精神病学领域，对于像抑郁症、精神分裂症、反社会行为甚至自杀这类疾病，全基因组关联研究几乎没有取得任何进展。人们花费了大量的精力和金钱试图找出特定的基因和这些疾病之间的关联，但到目前为止，还没有找到任何能帮助我们更好地诊断和治疗这些疾病的方法。"（这就是说，科学中的负面结果可能是非常重要的，这一点我们后面会看到。至少科学家们现在知道，没有控制"精神分裂症"或许多其他精神疾病的单一基因；相反，倒有许多变体基因簇似乎与这些疾病相关联。这是一个值得注意的问题。）

改变态度需要时间。曼苏伊说："你仍然会听到一些非常显要的遗传学家（尤其是在美国）这样说：大多数疾病都是遗传的，如果我们还没有找到与之相关联的基因，那么很快会找到。"如果你的声望取决于保持某个黑匣子不被打开，也许就很难接受再思考的挑战。理查德·道金斯（Richard Dawkins）在1982年写道："我想不出有什么事情会比证明需要回到传统上归功于拉马克的进化论更能颠覆我的世界观了。"[18] 直到2014年，道金斯仍然在为此挣扎，提到了"被过度炒作的所谓'表观遗传'"。然而，表观遗传学是遗传学理论的扩展，而不是其竞争对手。与此同时，DNA编码本身无疑还有很多待探索的内容，其中大部分至今仍属黑匣子。我们当然应该在尽可能多的"匣子"里继续翻找。

至关重要的洗手方式

有些想法必须不止一次地被重新提起，才能坚持下去，即使我们对黑匣子的运作方式已经充分理解。以年轻的奥地利医生伊格纳茨·塞麦尔维斯（Ignaz Semmelweis）为例，他从1846年起被任命为维也纳总医院的产科副主任。

该医院有两个产科门诊，其死亡率有着明显的不同。在第一个门诊中，约有10%的产妇死于产褥热，这一比例是第二个门诊的2.5倍。事实上，到医院生产的产妇们恳求被分配到第二个门诊，因为第一个门诊名声极差；有些产妇甚至故意在街上分娩，然后假装是在去医院的路上发生的特殊情况。伊格纳茨·塞麦尔维斯下决心弄清楚为什么在第一个门诊有这么多产妇死亡。他对两个门诊之间他所能想出的每个不同之处进行了比较。他考虑了设备、陈设、拥挤程度、气候，甚至考虑了工作人员的宗教习俗。哪个看起来都不像是造成前述差别的罪魁祸首。

直到1874年，那家医院的另一位医生，也是塞麦尔维斯的朋友去世。他和一位学生在进行验尸剖检时，意外地被学生的手术刀割伤了。这名不幸医生的尸检结果显示，他的病理症状与在第一产科门诊中死于产褥热的妇女的症状相似。第一产科门诊也是医学生的教学门诊，而第二产科门诊只教助产士。塞麦尔维斯头脑中完成了巨大的逻辑飞跃：医学生在楼下完成尸体解剖后，马上来到第一门诊照料临产妇。他推断，这些学生的手上一定带着看不见的"尸体粒子"，然后传染给了那些他们照料的母亲们。他立即下令，学生们在完成与尸体有关的工作后，必须用氯石灰（次氯酸钙）溶液洗手，而不只是用普通的肥皂和水洗手。氯石灰是一种漂白剂，可以彻底地清洁。塞麦尔维斯发现这是消除死亡组织所发出的腐臭味的最有效方法；所以，他推断，氯石灰在消除腐臭味的同时也能消灭"尸体粒子"。（正如我们现在所说的，它确有消毒作用。）这样，第一门诊的产妇死亡率立即下降了90%；之后的某些月份，死亡率甚至是零。

塞麦尔维斯开始尽可能广泛地传播这一信息。可他的努力得到了什么？敌视和嘲弄。欧洲最伟大的产科医生称他的观点不科学、缺乏证据，也没有任何可信的理论支持。没有人知道为什么洗手预防了感染，所以人们很容易判定洗手不是避免了感染的原因。更糟糕的是，塞麦尔维斯的观点意味着，是医生自己（不知不觉中）杀死了他们的病人。

塞麦尔维斯越来越沮丧、愤怒，他写信指责他的对手们是杀人凶手，甚至连他的妻子都认为他快要疯了。1865年，47岁的他被强制关进了一家精神病院。两周后，他死在了那里，死因可能是被看守殴打而造成的感染。和拉马克一样，他的"平反"要等到他死后——路易斯·巴斯德（Louis Pasteur）提出疾病的细菌理论之时。塞麦尔维斯一直以来基本是正确的：他所谓的"尸体粒子"就是那些学生进行解剖的尸体中所繁殖的细菌。

令人惊讶的是，即使在刚刚过去的十多年里，这一信息也不得不再次被提起。儿科医生唐·贝里克（Don Berwick）是"循证医学"新运动的先驱者之一。他也是位于波士顿的美国健康照护改善学会的共同创始人。贝里克注意到，美国的医院里每年有数千名重症监护病人在胸腔插入导管后因感染而死亡。2004年，他发现一项不知名的研究表明，改善医院工作人员的个人卫生，也就是更频繁、更彻底地洗手，再加上对病人使用消毒湿巾等做法，可以将此类感染的风险降低90%以上。于是，贝里克大力呼吁，如果立即采取这些改革措施，每年可以挽救2.5万人的生命，但他仍然遇到了阻力和冷漠：他新提议的做法只被缓慢地、逐步地采用了，而不是合乎逻辑、经济和简单的人性的要求，一夜之间马上被采用了。但是在采用了的地方，其结果是引人注目的。据估计，在那些接受他对现有机制的挑战并采纳他提出的改革措施的美国医院里，18个月内就共计避免了起码10万名病人的死亡。[19]但是，当今仍有许多医生就像在19世纪40年代一样，表现得像高傲的神职人员，仅仅因为有人提出他们不是最佳的工作状态就觉得被冒犯。

嘲笑塞麦尔维斯洗手方式的产科医生抱怨说，这没有任何可靠的理论支持。他们是正确的：确实没有。这在当时是一个黑匣子。没有人知道，正确的理论——即细菌传播疾病——即将到来。现在看来，在科学发现的历史长河中，黑匣子是十分常见的。人们可能早就发现了某种治病良药（比如中国古代治疗疟疾的药方），但却要到很久之后才能通过分子生物学解释其作用原理。还有，世界上第一台现代蒸汽机是由机械师和发明家拼凑起来的；但对蒸汽机的工作机理做出完整的科学解释要等到一个世纪后，即科学家们完成热力学定律的阐述之后。在那之前，蒸汽机也是黑匣子。鉴于这些已知的例子，如果有人说没有什么别的正确的旧创意——因为我们不理解它们之所以正确的原理，我们肯定会觉得难以置信。我们不知道某种事物的工作机制，并不意味着它行不通。因此，一个老旧的、被摈弃的创意，可能会激发某个思想家去找寻那块缺失的重要碎片，而这块拼图碎片可以说明那个曾被摈弃的创意原来是正确的，就像拉马克的著作启发了伊莎贝尔·曼苏伊继续推进她的实验，从而支撑了拉马克的想法，也像弗拉基米尔·克拉姆尼克对不起眼的柏林防御重新进行分析，最后将这一"旧武器"进行了升级，并借以打败了世界冠军。

第3章　游戏的改变者

> 在新境况里重拾旧创意就能实现创新——用新瓶装老酒。

"移植到另一个心灵中的许多创意比在它们萌生的那个心灵中更容易成型。"

——奥列弗·温戴尔·霍尔姆斯
（Oliver Wendell Holmes）

发明通常是旧技术的再利用。显微镜就是将望远镜倒转了。古腾堡的印刷机采用了葡萄榨汁机的基本原理。在制药业，寻求旧事物的新用途是一种明确的创新战略，并称之为"重定位"。通常情况下，这种创新会由一个"美丽的意外"而促成。例如，轰动的蓝色药丸"伟哥"最初研发出来是用于治疗心绞痛，直到男性测试对象报告了一种特殊的副作用，并坚决拒绝退回多余的药片时，辉瑞制药公司的研究员克里斯·韦尔曼（Chris Wayman）才研究了它的替代用途，并最终以此用途投向市场。[1] 另一种非常成功的药物"利他林"，最初被设计为抗抑郁药，后来人们发现它对治疗多动症（ADHD）有效果，因此现在越来越多地被学生和其他想要增强可靠认知的人超适应证（off-label）使用。

如果你想推进自己的创意，或许可以睁开双眼看看四周，也许你的周围就有现成的可以帮助你实现愿望的创意。亨利·福特就是从芝加哥肉制品包装车间内悬挂在流水线上的奶牛胴体得到启发,想出了汽车生产装配线的概念。当游戏规则被改变,同一个产品可以由失败转为成功。比如,培乐多彩泥最初是在 1933 年作为一种墙纸清洁剂发明的。20 年后,它几近淘汰,销量急剧下滑。当时,它的发明者有个侄子叫乔·麦克维可(Joe McVicker),从他嫂子凯·祖福尔(Kay Zufall)那里得知她开办的保育院里的孩子们刚刚拿着公司产品玩得不亦乐乎。这种产品比他们用的普通塑形黏土强多了。凯对乔说,他应该把黏糊糊的墙纸清洁剂做成玩具推向市场。她还建议玩具的名字就叫"培乐多"²。四年后,这种玩具的销售额达到了三百万美元。

把现有的产品改换另一种用途,就能发生惊人的改变。创意也是如此。将旧的创意用在新境况中,就能迸发出巨大的力量。

孙子兵法

有一部现存最为古老的兵书,其中用大量的篇幅描述了如何在一些特定地形中布阵。"凡处军相敌:绝山依谷,视生处高。"① 兵书中这样忠告。同时,应当完全避免有悬崖或丛林的地方。³ 对于指挥现代作战而言,这些说法大部分都不再适用了,即使对特种部队的骑兵而言也失去了指导意义。然而,到了 20 世纪 50 年代,这些战术建议在一群根本不需要知道阵地战怎么打的人中间,引发了激烈的讨论。

这是由于书中最为经久不衰的思想是,最绝妙的战术在于隐秘地取胜。书中所坚持的思想是"不战而屈人之兵"②。⁴ 因此,数千年来,不光是军队指挥官,几乎每个人都在时常温习和重新理解这本书。虽然其中大部分的作战

---

① 译文:凡军队行军作战和观察判断敌情,应该注意:在通过山地时要靠近有水草的谷地;驻止时,要选择"生地",居高向阳。——编者注
② 出自《孙子兵法·谋攻》,原意为让敌人的军队丧失战斗能力,从而使己方达到完胜的目的。现多指不通过双方军队的兵刃交锋,便能使敌人屈服。——编者注

战术建议已经过时,但《孙子兵法》(Sun Tzu's The Art of War,在国外一般译为《战争的艺术》)一书仍在发扬光大。

孙子生于公元前约545年,后成为中国春秋时期吴王阖闾的重将。他在与其他诸侯国的几场著名战役中获胜,其对成功战术的总结成为有史以来最有影响力的兵学著作。从17世纪到19世纪,几乎所有的军事论著都叫《战争的艺术》(或许是由于马基雅维利在1519年所著的同名论著使《孙子兵法》的英文书名变得知名)。[5] 然而,孙子的真正影响力超越了战争本身。虽然他的兵书是他作为战将总结出的作战要略,但他在策略方面的思想更为普遍地展现出经久不衰的魅力,并在之后的几个世纪中被应用于几乎所有的人类活动中。

20世纪80年代,西方明显出现了一场有关孙子的文化复兴,或许是因为当时的政治环境提倡和鼓励玩弄权术。《华尔街日报》中,戈登·盖柯(Gordon Gekko)就曾赞许地提到:"读一读《孙子兵法》吧。每场战役都是不战而胜。"很久之后,美国电视连续剧《黑道家族》(The Sopranos)中,托尼·索普拉诺(Tony Soprano)的治疗师梅尔菲医生饶有讽刺意味地建议他应该读一读《孙子兵法》。后来有一集中,托尼兴奋地说:"我要说,一名中国战将在2400年前就写了这个,它的绝大部分放在今天也适用!"[6] 这一时期,不论是银行家、黑手党成员,还是管理学家、商人和体育教练,都成了孙子的狂热追随者。

然而,在全球权力争相角逐的阴暗世界中,《孙子兵法》被看作一本有关间谍之术的手册。其中孙子说道:"知己知彼,百战不殆;不知彼而知己,一胜一负;不知彼,不知己,每战必殆。"[7] 换言之,所有的战役都可看作情报之战。孙子当然不知道20世纪时会有隐藏式麦克风、微缩胶片相机以及高科技的暗杀手段,但是,他关于在长矛短剑的冷兵器时代运用情报活动的教诲,可以在20世纪的全球媒体和地缘政治中得到有益的全新诠释。有时,一个旧思想会在完全不同于其最初构想的环境中复活。正是基于这个原因，一位现代经济学教授重读了现代科学方法奠基人的著作，并寻求启示。

培根式管理方法

那是一个冬日的夜晚，在伦敦市中心的一座玻璃幕墙建筑内，我们坐在铺有柔软地毯的公司研讨室里。西服革履的高管们正在用提供的印有剑桥大学贾奇商学院标志的圆珠笔潦草地记录。你不会想到在这样的场景下会听到有着四百年历史的哲学思想。而这却是正在发生的事情。发言人说，21世纪商业生活中不可预测的挑战，最好采用17世纪科学家弗朗西斯·培根（Francis Bacon）的方法来应对。

约亨·朗德（Jochen Runde）教授，一个身穿藏蓝西装的高大金发男子，带着观众回顾了不同商业领域中丰富多彩的关于不确定性的例子，并解释人们可能会受到的认知偏差，这些偏差会损害他们的决策。我们倾向于把很容易进入脑海中的事情的普遍性扩大化——而实际上它并没有那么寻常。这种偏差被称为"可得性启发"（availability heuristic）。所以，如果近期的新闻报道中出现了恐怖袭击事件，人们很可能会高估自己受到恐怖袭击的风险——相比自己开车上班途中的风险。我们还倾向于只注意那些可以证实我们心中信念的信息。这叫"证实偏差"（confirmation bias）。如果一个人产生这样的想法——她知道某个特定的朋友什么时候会给自己打电话，那么，她会清楚地记得那些她想对了的时候，而不记得所有她想错了的时候。因此，她的思维最终被证实偏差所强化。这些偏差不仅会强化错误的观念，还会影响我们决策的方式。

那么，在规划未来时，我们应当怎样正确思考？朗德教授指出，商学院都在讲可能性，但这样做的前提是假设你有一份完整的可能性清单，那样你就可以给每一种可能性分配一个分数，确保加起来达到1。不过在现实世界里，没有人会有这样一份完整清单。总有一些可能性是我们根本没有想到的。或者，换句话说，总有"不知道的未知"（unknow unknowns）——这是朗德教授从一位名人那里借用的说法。在一场理据充分但被广泛嘲讽为废话连篇的演讲中，他曾提到："我们知道一些我们知道的事情。我们还知道一些很明显的未知事情；那就是说，我们知道有些事情我们不知道。但也有没人知道的未知事情——也就是我们不知道的未知事情。"在政治、商业乃至日常生活中，都是如此。

那么，从可能性的角度考虑，完全可以。但是，我们总有可能被"不知道的未知"突袭。因此，鉴于我们无法知道所有的可能性，一个很重要的问题是：我们如何智慧地预测已知和未知，然后采取行动？一个人在不了解自身的知识掌握情况时就采取行动是很容易的；相对地，在预测可能性时陷入困境而不采取行动也很容易。但是，我们想拥有一切——既想预测可能性，又想有所行动。因此，约亨·朗德的问题是：一个人如何制定一个行动计划，使其在被不知道的未知因素推翻时受影响最小？

试图预测，或者说至少未雨绸缪，一般属于所谓的归纳问题。演绎是根据现有的事实进行逻辑推理（就像侦探福尔摩斯），而归纳是在现有知识的基础上对未来之事进行假设。这不是新问题，弗朗西斯·培根早在1620年就写道：

必须设计出另一种归纳法，超越迄今为止所采用的归纳法；它不仅要用来证明和发现第一原理（如它们被命名的那样），还要用来证明和发现较小的公理、中间的公理，甚至所有的公理。通过简单列举进行的归纳是幼稚的，其结论是不稳定的，而且还面临可能出现矛盾实例的危险。而且一般来说，它是在为数不多的——仅仅是唾手可得的事实的基础上得出结论。但是，用于发现和证明科学和艺术的归纳法必须通过适当的拒绝和排除来分析本质；然后，经过足够数量的否定之后，从肯定的事例中得出结论……[8]

这通常被认为是关于现代科学方法的早期陈述。因为它提出任何积极的真理之前，首先试图验证假设（"通过适当的拒绝和排除"）。这也是朗德所说的"管理决策的培根式方法"背后的指导原则。

这种培根式的管理方法简单得令人释然，对想象力天马行空的那些人而言还颇为有趣。这种方法首先要考虑你可以设想的三个主要情境作为计划的结果。然后，你把它们全部放在一个"有利的尺度"上，基本上是一条直线，最有利的在最右边，最不利的在最左边。那么我们假设你打算开一家新的有机果汁冰激凌工厂。你认为最有利的结果是产量上升，在超市货架的可见度提高促进销量增加。不太有利的结果是产量上升，但需求量没有立即增加。最不希望的结果是工厂在生产方面出现问题，而你不得不在解决问题的同时承受损失。

朗德解释说，现在大多数人在这样做时，会发现他们设想的前三个结果都朝着有利的那一头聚集（这很自然，因为我们对自己的计划都很乐观）。所以，接下来你应该试着设想一个真正灾难性的新情境，你可以把它放在尺度的最左端。你是否想到，工厂可能被纵火犯烧毁？还有，在这发生之前，可能会因为生产线的小故障，导致许多消费者中毒？

这很有意思，对吧？朗德说，但关键的一步是：现在你要做的是积极地走出去，试图找到证据，证明这个能想象到的最恐怖的情境具有积极的可能性（比如你可能会想，是不是有人讨厌你的公司以至于把工厂烧毁，然后你会收集社交媒体上反对吃果汁冰激凌的那群人对你公司的差评）。朗德说，当人们受到鼓励而这样做时，他们会收获一些以前根本不会关注的实实在在的信息。换言之，"不知道的未知"被发现了。当然，他们必须虚构出最初的情境，不过一旦开始证明它，新的事实就会出现，还可能影响决策。如果那些消息评论是负面的（反对吃果汁冰激凌的活动者成千上万），那么现在这种极度不利的情境就成了你立意的基础，可不要泄气。朗德说："这时你再看极其有利的方面。"以同样的方法积极地尝试确定一个假设，你会有更多新发现（或许很多人都会到超市购买你的果汁冰激凌产品）。

思考未来听起来可能像是毫无头绪的臆测，但这种思维是相当讲究实际的。它并不依赖于任何占卜问卦。朗德说："你并不是在做预测，而是在思考可能性空间。"你只需照这个简单的方法做，就可以揭示不知道的未知。但是，这一方法还没有被用在商业或者日常生活中。

假设性"探测器"

几个月后，约亨·朗德坐在一大盘鱼和薯条面前笑着说："回顾培根是一个相当陈旧的想法，但是我们要对他做的事却很新颖。"我们当时正在剑桥郡的一间小馆儿里吃午饭，谈论他和他的合著者阿尔贝托·费佐齐（Alberto Feduzi）如何决定为现代商业重新塑造一位文艺复兴时期的哲学家。当然，培根从未被完全遗忘，但是，朗德和费佐齐将其思想改换用途，就像用洗碗机做菜一样。朗德对一般的改换用途非常感兴趣。他曾写过一篇文章，讲述没有人预料到唱盘在被用作刮碟时就成了一种乐器。（那是一个文化上不知道的未知。）用洗碗机做菜呢？朗德指出："它非常适用于低温烹饪，因为你可以控制加热周期，控制温度，而且对环境影响不大。"（互联网提供了丰富的洗碗机烹饪食谱，比如酒浸虾、草莓肉桂酱等。）再举一个"改换用途"再利用的例子。他回忆起一位电视制片人告诉他，某游戏节目组偶然想到将摄像机放在鸡头上，因为鸡会自然地保持头部完全水平。嘿，这就变成了"鸡头式摄像机稳定器"。

对培根方法进行再利用被证明是相当实用的。"对我来说有意思的是，我的工作多是跟理论打交道，在商学院工作我感到很愉快，因为它在很大程度上是跨学科的工作。但是我从未想过，我要做的事会与商界人士有关！"朗德解释说。

有一个老笑话这样说：在实践中这是个好主意，可在理论上绝对行不通。可如果一个理论又非常实用，会怎样呢？朗德说："当我去跟商界人士讨论这个想法时，我很惊讶得到了相当积极的回应。"他在给商界的高管授课时，要求他们真正按程序进行。"提出一个新的创意，然后想想会有什么事情可能毁了你的计划。他们照做了，当然这还不是重点所在。重点是告诉他们：'好，现在好好琢磨一下你觉得可能会发生的那件怪事。'这才是他们开始学习的时候。这些假设的事情就像深入未知空间的探测器。"探测器可能什么也找不到，然后就被搁置了。"不过，不变的一点是，他们从中学到的东西开始引导他们对起初所做的商业计划进行调整。"

通常我们认为，想象力只在它想工作时才会以某种神秘的方式发挥：仿佛是通过魔法而不是经过深思熟虑出来的。但是这种新的培根式的方法——系统地形成假设，然后尝试证实它——实际上是一种锻炼想象力的严格方法，为了形成最初的那些假设性"探测器"。

朗德对培根式方法所做的关键改变是把我们所有人的人性缺陷考虑进去了。朗德解释道，在培根的归纳方法中，"你试图否定替代性假设"——排除其他的假设，直到只有一个假设成立。但"对我们而言，它是关于确认替代性假设的。这就是我们所改变的，我们转了个方向"。你没有想法时，就试图证明那是错的；你有一个想法时，就尽力证明它会如何发生。

出现这种转向的原因是，由于证实偏差的存在，推翻替代性假设很可能太容易了。如果你想到一种令人惊慌的情境（比如消费者中毒，然后工厂被烧成灰烬），自然地就会认为："嗯，当然不会发生，因为我们的安全程序是如此可靠……"因此，在商业情境中，教人们找出他们假设的灾难不会发生的原因会适得其反。如果你想出一种情境，只是作为一种廉价的猜测，则很可能不相信它会发生。但是，如果你真的尝试去相信它，你可能会发现一些不知道的未知。"如果你是老板，员工就会来找你，"朗德说，"然后他们会说：

'是的，我们已经完成了工作，这些替代性假设不可能发生。'而你对他们这样说会更有成效：'如果你们给我提供相信这些替代性假设的理由，我会给你们奖励。'因为这样他们才会真正像样地正视这些信息。"

现在让我们来回顾一下。弗朗西斯·培根提出了一种解决科学问题的方法。在约亨·朗德看来，问题的关键不在于解决问题（我们无法知道将来会发生什么），而在于找到从所有角度看待问题的方法，以便更好地了解问题——包括发现不知道的未知。这是一种再思考归纳过程的方式。不过，当你奖励试图说服你相信最糟糕情况的员工的时候，它在管理决策中也有了实际应用。适当的激励措施似乎真的可以解放商业中对灾难的想象力。

1626 年 4 月，在伦敦北部的海格特（Highgate），积雪很厚。根据约翰·奥布里（John Aubrey）在半个世纪后所著的《名人小传》（*Brief Lives*）一书中的叙述，弗朗西斯·培根当时正和国王的医生坐在马车上，一个创意灵光一现：如果人们能用冰保存肉类，会怎么样？（"为什么肉不能像放在盐里那样保存在雪中？"）[9] 培根觉得他必须弄明白这个问题。他们让马车停下，走进了当地一名妇女的家中，培根说服她杀了一只鸡。然后，他走出去，把雪塞进除去内脏的鸡体内。不幸的是，他做这件事的时候感上风寒，几天后就死于肺炎。可怜的培根，他没有看到后来发生的事情。

后来，上面提到的那只鸡被成功地保存下来，是培根发明了冷冻食品。然而，当时似乎没有其他人对这一现象感兴趣，培根的这个一次性成果也没有得到进一步的发展。直到 20 世纪初，现代冷冻食品的先驱克拉伦斯·伯宰（Clarence Birdseye）在见证了一种可能早于培根试验的古老做法后，最终重新发现了培根的创意。1912 年至 1915 年间，伯宰作为昆虫学家和捕鱼者在加拿大拉布拉多省的冰雪野外中工作。[10] 他看到因纽特人将新鲜的鱼挂在屋外，鱼在零下气温里迅速冻结。他了解到，这些鱼将在几个月后被吃掉。伯宰回家后，用机械冷冻方法做了试验。在经历了几次失败后，他发明了一种新型的食品快速冷冻机，并于1924年创立了通用海产公司，就是鸟眼冷冻食品公司的前身。接下来发生的事情都被载入了史册。

伯宰对他的成就很谦虚。"我并没有发明快速冷冻方法。"他说，"因纽特人使用冷冻方法已有几个世纪的历史，而欧洲的科学家们和我同时做了试验。"[11]因此，三百年后，弗朗西斯·培根的最后一个卓尔不凡的创意终于开花结果。

孙子的经典著作《孙子兵法》主要是关于在不同地形进行对阵战役的方方面面，但它已被各行各业之人奉为自助经典，反复重新利用。弗朗西斯·培根的归纳方法也被重新用于帮助商业人士识别最不利的情境，从而不再畏惧。如果一个想法看起来早已过时或者毫不相干，也许只需要将其置入一个全新的游戏，就能使它再次焕发活力。

第 4 章　目的地是否已在触手可及处？

> 唯有改变态度，一个旧创意才有可能被视为具备可行性。

"一个新的科学真理并不是靠说服它的对手并使其看见真理之光而取胜，而是由于它的对手死了，新的一代熟悉它的人成长起来了。"

——

马克斯·普朗克
（Max Planck）

　　很简单，一些想法本来就是超前的。当它们第一次被提出时，当时的文化、社会或经济秩序无法拥抱它们，因为它们对当时强大的利益集团构成威胁，或者因为当时似乎还不需要这样超前的想法，抑或是在当时，这些超前的想法意味着过于惊世骇俗的概念变革。这在政治和道德上是常见的，比如人类花费了很长的时间才废除奴隶制。然而，科学、技术和餐饮习惯方面的具体想法也同样会遭遇激烈的阻力。一个想法可能太激进、太具威胁性，或者在特定的文化背景下无法被接受，甚至只是因为提出想法的人不被大家认可。想法的提出者有可能在有生之年能够消除一些人对这个想法的偏见，也可能需要数百年甚至是数千年的时间才能还它公正。而过于长久的等待不仅让人沮丧，还很危险。

　　人类历史上最伟大的想法之一，曾经都被人类历史上最伟大的哲学家之一抨击过。而那个想法最终在两千五百年后才得到证实。

原子论

如果你不断把东西一分为二，会发生什么呢？你可以将一块面包切成两半，然后不断重复这个操作。当你把这块面包切到只剩下面包屑的时候，你可以拿一把更精细的刀，继续把它们平分。总有个时候，面包屑小得无法再进行进一步切分。但是，如果你有神一般的眼力和无限薄的刀片呢？你能一直切分下去吗？

雅典思想家德谟克利特（Democritus）因为对人类的愚蠢行为一直保持有趣的态度，而被人们称为"含笑的哲学家"（the laughing philosopher）。他也是那个时代最伟大的博学家之一，曾到埃及、巴比伦、波斯等地游历，学习所有他能学到的知识。经历这些旅途之后，他更喜欢独自研究，把自己关在花园的小棚子里，偶尔踏上参观墓室的冒险之旅。[1]他在亚历山大的作品目录包括六十多篇论文，涉猎物理学、医学、植物学、音乐理论、绘画等领域，但几乎所有的论文都没能保存下来。（德谟克利特如此非凡的知识生产力也许有赖于他不赞成性爱，他给出的理由是性爱会让大脑无法思考。）[2]

我们所知道的是，仅仅依靠他的推理能力，德谟克利特就认定可以永远对一个东西进行切割的想法是荒谬的。最后他得出结论，你会遇上一些根本不可分割的东西。不能被一分为二的东西，他称为"不能被分割的东西"，或者在希腊语中被称为"a-tomos"。对，就是原子。

德谟克利特认定，我们看到的一切都由原子构成。但是，他对基本现实的描述还需要另外一个因素。显然，我们周围的事物会发生变化。面包会发霉，水塘会干涸。德谟克利特推断，这种变化必然是添加或减少原子造成的结果。比如说，一个仆人拿着面包等小吃进入你的房间，其实在面包放到你的桌子上之前，你就已经闻到了面包的味道。这必然意味着一些面包原子在整块面包到你面前之前就先来到了你的身边。因此，本质上现实世界不能完全挤满原子，否则它们无法相互移动和交换场所。因此，也必须存在原子可以进入的空白空间。德谟克利特称这个空白空间为"虚空"。他写道:"一切的存在都是原子和虚空。"其余的一切都只是推测。

德谟克利特认为,原子的相互作用也必然能从根本上解释生物体,甚至是人类心灵的运行。这是一种危险而激进的想法。但他坚持认为,人们将事物描绘成热或冷,甜或苦,或具有某种特定颜色,只是遵循一种惯例。实际上,一切都只是原子在虚空中碰撞造成的。这里面不存在什么神明的干预或设计,也没有什么灵魂的作用。正如量子物理学家尼尔斯·玻尔(Niels Bohr)后来指出的那样,德谟克利特的思想在与他同时代的人看来,是具有"空想特征"的"极端唯物主义观点"。[3] 他当时所处的文化环境根本没有准备好迎接这样的想法。在德谟克利特和其他的原子论者［第一个可能是他的老师留基伯(Leucippus),其中具体哪些想法归于哪一人则无法确认］提出原子假说后不久,这个想法就遭到了在接下来的两千年对西方文明影响最大的古哲学家亚里士多德的抨击。亚里士多德坚持认为,原子论令人匪夷所思,因为它似乎破坏了整个世界的神圣统一。一方面,亚里士多德坚持认为,组成世界的元素必须是平滑的连续物质,而不是各个细小部分的拥挤集合。另一方面,原子论似乎没有为本质上的目的论留下任何空间(这个思想我们后面还将谈到)。总而言之,原子论从随机性和严重性的角度来说都是不可接受的。据说柏拉图曾想焚毁德谟克利特所著的所有书籍,但由于它们在当时已经广泛流传,所以他没能如愿。不过柏拉图满足于从不在自己的任何文章中提及德谟克利特。就这样,原子论或多或少地受到了压制,而物理学的发展由此被时间冻结。

很久之后,伯特兰·罗素(Bertrand Russell)宣称哲学在德谟克利特之后就开始走下坡路,直到文艺复兴时期才得以恢复。正如斯蒂芬·格林布拉特(Stephen Greenblatt)在《大转向:世界如何步入现代》(*The Swerve: How the*

World Became Modern）一书中所提到的,文艺复兴时期哲学得以复兴的一个重要原因是,原子论者卢克莱修(Lucretius)的哲学诗《物性论》(De Rerum Natura)在文艺复兴之初被重新发现,而卢克莱修生活在德谟克利特时代四百年之后。20世纪的物理学家理查德·费曼(Richard Feynman)说,如果他必须选择一条科学单行线传递至未来的末世文明,那将是原子假说。很多东西都源自于它。德谟克利特是正确的:至少根据我们目前最被认可的理论,的确存在终极的、不可分割的物质粒子。它们不是我们所说的"原子",而是构成原子的更小的粒子,被称为夸克和轻子。这只是一个历史的偶然:19世纪初的化学家们发现了原子,其中首先是英国人约翰·道尔顿(John Dalton),当时,他们真的认为他们已经找到了物质的基本组成部分,为了纪念希腊人,他们将其命名为原子。["毋庸置疑,"托马斯·库恩(Thomas Kuhn)讽刺地指出,"道尔顿的结论在第一次公布时受到了广泛的抨击。"]4 德谟克利特在那么久以前做了什么?他非常认真地思考了这个问题,并得出了正确的答案。这就是一个"纸上谈兵式思考"(armchair thinking),或者称之为理性主义的最完美例子,也是一个我们终会回过头去拥抱它的想法。

然而,一些现代人并不像费曼或罗素那样,为德谟克利特的推理壮举深深折服。比如诺贝尔物理学奖得主史蒂文·温伯格(Steven Weinberg)就在他的科学史著作《给世界的答案》(To Explain the World)中对此颇有微词:"我认为不应过分强调古老的或古典希腊科学的现代方面。特别是对德谟克利特,在他留存下来的书籍片段中,我们没有看到任何为证明物质由原子构成而做的努力。如今,我们通过运用已提出的理论来测试我们对自然的猜测,得出或多或少精确并经得起观察检验的结论。早期的希腊人或其后继者并未这样做过,原因很简单:他们从未见过这样做。"5

在科学的学术史上有一种罪过,叫"现在主义"(presentism),根据其反对者的说法,它错误地以现在的标准评判过去。在《给世界的答案》一书中,史蒂文·温伯格在批评德谟克利特没有进行实验时，就很明显犯了现在主义的错误。但是，反过来说，如果完全拒绝现在主义，则无法还那些受到不公平诽谤的思想家们以应有的公正。只有通过现在的标准，我们才知道德谟克利特确实是正确的。是的，正如温伯格所指出的，德谟克利特没有成长在以科学实验为标准规范的文化背景下，那个时代也没有可以让他测试其理论的精确校准的科学仪器。即使如此，他提出了正确的观点。但他发现自己所处的文化背景并没有为他的想法做好准备。首先，同时代最有影响力的思想家们坚持的原则——如灵魂和目的，似乎被他提出的由原子和虚空组成的极简主义世界所破坏了。其次，德谟克利特所处的时代在物理上根本无法让他证明其思想的真实性。

令人惊讶的是，直到近代，原子论才被普遍接受。甚至19世纪末到20世纪初的一些著名的科学家也拒绝承认原子的存在。他们有一个在他们看来完全站得住脚的理由：没有人见过原子。"几乎直到今天，"尼尔斯·玻尔在1954年写道，"原子想法基本上依然被认为是一种假设，因为我们似乎无法通过观察来直接确认原子的存在，而我们粗糙的感官和工具本身就是由无数的原子构成的。"[6]

直到1905年阿尔伯特·爱因斯坦发表了关于布朗运动的论文，争议才开始平息。该论文将液体中微粒的无规则运动解释为微粒与分子的碰撞。这似乎终结了反原子论者认为物质是自然连续体，无法被分裂成各组成部分的论调。然而，一些知名科学家仍然坚持不懈。他们是严格意义上的经验主义者，拒绝接受不能通过感官证实的现象的存在。就像你可以承认一种液体是热的，但是却无法认可它的热量受液体中不可见的原子运动的影响，因为这未经证实。伟大的物理学家恩斯特·马赫（Ernst Mach，速度与音速的比值即马赫数就是以他命名的）坚持认为，尽管原子论可能很有用，但是人们不能相信无法直接观察到的事情。原子对他来说不过是"精神策略"，或者你可以说只是想法而已。不过,另一名坚持者在 1908 年屈服了。在进一步的实验支持了爱因斯坦的解释之后,化学家威廉·奥斯特瓦尔德(Wilhelm Ostwald)宣布德谟克利特一直是正确的:"我现在相信,我们最近已经掌握了物质的离散性或粒子属性的实验证据,也就是原子假说在成百上千年的时间里一直苦苦探寻却不得的证据。"[7]

然而,值得注意的是,马赫和奥斯特瓦尔德都不是凭空怀疑原子论,他们都有站得住脚的哲学理由。"在这一点上,我们现在倾向于把马赫和奥斯特瓦尔德视为迂腐的学究,"科学史家菲利普·鲍尔(Philip Ball)指出,"但是倒不如说他们只是对这种'超自然'的神秘学有所怀疑。"[8]科学史上关于"神秘力量"(即我们无法直接观察的事物)的争论由来已久。许多早期批评艾萨克·牛顿的评论家都抱怨说,牛顿把引力说成一种可以跨越遥远距离瞬时产生作用的东西,并不科学——而这种批判并非无理。他们认为牛顿是不科学的,因为他正在恢复早期科学家们决心要消灭的"神秘力量"学派。[9]直到 20 世纪,科学家们才普遍接受了"看不见的原子"是真实存在的这一观点。这本身就是长期文化变革的结果。在实现了这种转变后,德谟克利特才最终得到正名。

"超级食品"

当我还是学生的时候,一位朋友给了我一本她在二手书店淘来的旧册子。这本旧册子的标题是《为什么不吃昆虫?》(Why Not Eat Insects?)。一种维多利亚时代精彩的、虚张声势的提问方式,它似乎有一个非常明显的反驳——那就是"为什么"。我清楚地记得我对其中一个食谱的厌恶,它被直截了当地取名为"烤面包上的飞蛾"。然而,这本令人不甚愉悦的小册子的作者却超越了他的时代。如今,在一家供应墨西哥街头食品的英国连锁餐厅,蟋蟀赫然出现在菜单上,而且每周要卖出数千盘。[10]另外还有一家只供应昆虫的餐馆，叫昆虫厨房（Grub Kitchen）。而在 2014 年，联合国组织了一次关于食用昆虫的全球会议，提出通过食用昆虫来解决全球粮食和饲料短缺问题。食用昆虫这个想法也终于等来了它的春天吗？

《为什么不吃昆虫？》首次出版于 1885 年，作者是一个乐观的英国人，名叫维克多·霍尔特（Victor M. Holt），他试图说服他的同胞相信将昆虫摆上餐桌的好处。"昆虫无处不在，"霍尔特在引言中解释说，"我的昆虫都以蔬菜为食，干净、可口、健康，而且在进食方面显然比我们更讲究。我相信，在发现它们有多美妙之后，总有一天我们会很乐意去烹饪并食用它们。"显然，今天他的一些英国同胞们已经开始这样做了。

当然，欧洲以外的人们早就食用昆虫了。据估计，现在全球有 20 亿人食用昆虫。人们普遍认为，它在欧洲从未流行的原因是，欧洲的温带气候导致周围容易捕捉的昆虫越来越少，且越来越小，而大型畜牧业的成功使得昆虫作为替代食物来源无关紧要。当然，这丝毫不影响昆虫在其他地方成为美味佳肴，比如在日本，人们可以找到蜜蜂幼虫罐头（hachinoko）和油炸蚱蜢（inago）。而在其他地方，昆虫们是不起眼的酒吧小吃，比如在马拉维（Malawi），酒吧会提供辣椒青柠白蚁作为伴啤酒的小食——企业家沙弥·拉迪亚（Shami Radia）在伦敦创办 Grub 公司（一家专门向餐馆提供食用昆虫的企业）的灵感就来源于此。[11]

维克多·霍尔特也指出了全球范围内一些食用昆虫的例子，尽管是以一种散发着 19 世纪英国人普遍理解的方式。他写道："我们模仿野蛮民族使用很多药物、香料和调味品。为什么不更进一步呢？"他乐观地认为，他的同胞们最终会理解他这样说的意义。"我预见有一天，"他写道，"蛞蝓在英国的受欢迎程度会赶上海参，而黄油煎蚱蜢也会成为农民们喜爱的美味，如同蝗虫是阿拉伯人或者霍屯督人（Hottentot）的美味一样。"

但为什么要尝试吃昆虫呢？霍尔特提出了几个他的读者应该改变饮食习

惯的原因。首先,他明智地建议:"哲学要求我们不要忽视任何有益于健康的食物来源。"为什么浪费那些可以证明是有营养的食物呢?他给出的第二个原因对他鼓励的对象来说可能不那么有说服力。他热切地说:"从劳动者们一成不变的面包、猪油、培根(或只有面包、猪油,或只有面包),到一盘美味的油炸金龟子或者油炸蚱蜢,这是多么令人身心愉悦的变化啊。"这当然是一个变化,但是劳动者们或许并不会认可这是一个愉快的变化。霍尔特还指出,收获昆虫作为食物也可以减少它们对农民种植的农作物的危害。这里也存在对口味的一种纯粹的偏见:那些讲究饮食的人对食用生牡蛎嗤之以鼻,那他们为什么也看不上煮熟的毛毛虫幼虫呢?霍尔特写道:"我们可能需要强烈的意志力来摆脱那些阻碍我们很多年的愚蠢偏见,如果我们不能像在不断前进的知识浪潮中抛弃那些理所当然的陈旧理论一样,把那些愚蠢的偏见抛之脑后,那么时代进步的意义在哪里?"

这个过程非常漫长,但是这些偏见终于在现代西方感受到了沉重的压力。Grub Kitchen 在其宣传材料中承诺,将向喜欢冒险的美食家们介绍"令人兴奋的食用昆虫新做法"。当然,这些做法其实和人类山河一样古老。据说古罗马人就喜欢吃肥美的幼虫。但是现代支持食用昆虫的人提出的论据与霍尔特不同。新的食虫倡导者们提出了"蛋白质挑战",即如果在未来几十年里,地球上还会增加数十亿人,每个人将如何获得足够的蛋白质?其实从很久以前,人们就开始担忧现有土地能否供养不断增长的人口,后面我们还将讨论这个问题。不过,现代的食虫爱好者用一种特别现代的语言来应对这个问题——环境的"可持续性"和"食品安全"。

2014年5月,全球首次以食用昆虫为主题的大型国际会议在瓦格宁根大学(Wageningen University)和联合国粮食及农业组织(UN's Food and Agriculture Organization,FAO)的主持下召开,大会的名称为"昆虫喂养世界"(Insects to Feed the World)。大会的召集人宣布:"这次会议的基本原则是，昆虫将为不断增长的世界人口对动物蛋白的需求产生可持续的解决方案。"[12] 奶牛和其他牲畜在将植物物质转化为人类所需的蛋白质方面，效率低下是出了名的：它们需要大量的水和土地。昆虫需要的显然要少得多。据说，昆虫甚至是一种"超级食品"，在小小的身体内蕴含着丰富的营养。所以，人们尝试将可食用昆虫称为"迷你家畜"，以推广目前还是会让很多人望而却步的想法。[13] 这个名字会让一些人立即想到"盆景牛"或1英尺长的猪，但实际上我们指的不是这一类，而是有六条腿和触角的"迷你家畜"。还有一些人会说"收获"昆虫，仿佛它们根本不是真正的动物一样。巧妙的改名是有帮助的：如果蜡虫（waxworms）被当作食物售卖，那它们会被称为"蜜宝"（honey bugs）或"蜂巢毛虫"（honeycomb caterpillars），因为"虫子"（worm）听起来很可怕。一位昆虫学家提出，我们应该把昆虫称为"陆地虾"（land shrimp）。[14]

然而，对于那些有足够（非昆虫）食物的幸运儿来说，要让他们克服对昆虫食物的厌恶，仅仅向他们宣扬可持续发展和食品安全的价值观是不够的。这可能还需要大量的公关工作，包括词汇的微妙转变和更直接的干预措施，例如快闪餐厅，或者甚至像一些会议与会者所建议的，在超市中设置"昆虫通道"。[15] 食用昆虫爱好者们指出，英国人和美国人曾一度无法理解吃生鱼，但现在寿司在英美却非常受欢迎。他们说同样的情况也会发生在昆虫身上——如果这个想法被恰到好处地营销给那些渴望不断尝试新食物的"美食家们"。由主厨雷哲皮（Rene Redzepi）创立的具有传奇色彩的北欧食品实验室（Nordic Food Lab），在联合国会议上提供了昆虫小吃，其研究人员开发了包括飞蛾慕斯、蟋蟀肉汤和烤蝗虫等一系列食谱。这些北欧的美食冒险家们也不忘运用自然界的谬论——在关于不同口味的蚂蚁的公报中，他们指出黑猩猩吃白蚁，并写道："吃类似的昆虫是我们进化遗产的一部分。"[16] 还有一些人试图通过掩盖食品的来源来让胆小的西方人食用昆虫。因此，美国六食公司（Six Foods）推出了 Chirps，它有点像薯片，但原料是蟋蟀粉。不过，六食公司的劳拉·达·阿萨罗（Laura D'Asaro）希望一切都能明明白白：她希望有一天我们能够进入一家连锁快餐店，然后点一份"昆虫"汉堡。[17] 有人认为，以前不吃昆虫的人开始吃昆虫甚至是一种道义上的义务。昆虫学家阿德纳·外伊（Adena Why）在"昆虫喂养世界"大会上告诉记者："从道德层面来说，特别是美国人，有责任不再消耗那么多的资源，如果食用昆虫是减少资源消耗的一种方式的话，那么越早开始越好。"[18]

不习惯吃昆虫的人对食用昆虫的厌恶反感似乎是一个真正的障碍。目前全球三分之二的人不吃昆虫，我们可能会找到一个折中的解决办法。如果专家们同意，至少将昆虫作为动物饲料是有意义的。FAO 指出，鸡本来就会吃地上的蠕虫和幼虫。昆虫外骨骼中含有一种被称为甲壳质的物质，人们认为这种物质可以加强食用性动物的免疫系统，从而减少抗生素的使用，进而有助于减少抗药性的产生。[19] 这可能是"可持续"的一个很好的定义。

另一方面，让更多的人食用昆虫的呼声，可能会一次又一次地出现，但不会真正坚持下去。即使如此，这个例子也表明，仅仅通过时间的推移和随之而来的社会态度的变化，一个古老的想法就会变得更加可行。维克多·霍尔特在 1885 年出版《为什么不吃昆虫？》的时候，它可能会被视为引人发笑的怪癖或者显然不会在英国流行起来的有趣想法。在 19 世纪末的英国，没有人认为吃昆虫是必要的。然而到了 2014 年，"昆虫喂养世界"大会上的发言人明确表示，食用昆虫可能是养活未来人口的唯一可行办法。由于这样的现代关切，联合国组织了一次全球会议来讨论这个想法，对许多人来说，这个想法不再是异国情调的异想天开，而是一个紧急的道德呼吁。

编程语言的先驱

埃拉娜（Elana）是一名年轻的互动设计师，来自乌兹别克斯坦，青少年时期移居伦敦,现在在伦敦肖尔迪奇(Shoreditch)的一家时尚媒体机构工作。在一个夏天的晚上,她告诉我,她和几个朋友正在做一个项目,这个项目的目标是让程序员能够用俄文、法文甚至中文编写程序。就目前的情况来看,所有现代编程语言都是基于英语(诸如"if""then"等命令)。"为什么要一直是英文?"埃拉娜问道。

这并不是说她是一个激烈的反英语主义者,只是她觉得,如果程序员们在与计算机互动的时候能够使用自己的母语,那将会是一件很酷的事情!

"这是个好主意!"我说。

事实证明,这也是一个旧创意。

今天,我们为平板电脑、手机和笔记本电脑的直观易用性而欢呼。计算机被设计为可供所有人使用。然而,半个世纪前,高科技界希望保护一直以来的复杂方式,强烈抵制使计算机大众化的提议。如果不是一位反叛先驱——传奇人物格雷丝·霍珀(Grace Hopper)的出现,今天可能就没有iPhone和社交媒体。

在第二次世界大战期间,哈佛计算实验室装备了用于解决弹道问题的早期计算机。这些机器必须通过字面上的插入和拔出数百根物理电缆进行编程。格雷丝·霍珀是美国海军指派到该实验室的一名年轻中尉。她的小组还包括不久之后名声大噪的数学家约翰·冯·诺依曼(John von Neumann),他们共同奠定了一些基本的计算机原理。(实际上,有些历史学家认为冯·诺依曼冒用了霍珀当时的一些想法。)

但是,霍珀影响深远的想法真正出现,是在战争之后。那时,计算机已经实现以机器代码编程,在未经训练的人看来,就像十六进制乱码,如B0 61 E3 79等,但是这和丛林般的电缆相比,已经是一种进步。霍珀想使编程更加容易。如果用户可以在计算机中输入比纯机器代码更容易记忆的指令,会如何呢?如果程序能自动执行烦琐的工作,将这些指令翻译成机器可以理解的语言，会怎么样呢？这将是一种自动编程。然后，霍珀梦想着程序员可以从编写机器代码所需的数百小时的乏味算术操作中解脱出来，集中精力对程序的目的进行更高层次的、创造性的思考。

霍珀让她的梦想变成了现实！1951 年，她创建了第一个"编译器"，一个可以将新的、更人性化的指令集合自动翻译成机器代码的程序。这是一个相当高效的系统。在一次测试中，采用老式的编程方法来解开一道简单的几何方程，花了三个人超过 14 个小时的时间，其中整整 8 个小时都在使用代码手册将程序翻译成机器可读的指令。然而，使用霍珀发明的编译器，一个人在不到一个小时的时间内便将相同的方程式转化成了功能性程序。

编程界是否为格雷丝·霍珀的辉煌革命而倾倒欢呼？没有。事实上，恰恰相反。通用电气公司的计算机操作主管赫伯·格罗斯切（Herb Grosch）带头发起了一场声势浩大的抵制运动，多年来他一直认为编程是一项太过精细和巧妙的工作，其任何部分让计算机自身来完成都是不合理的。霍珀很清楚，程序员们显然把自己视为"大祭司"，警惕地守护着他们作为普通人和神秘计算机大脑之间的中间人的身份，所以认为她的编译器对他们是一种威胁。同时，霍珀要想劝服她所在的埃克特—莫克利计算机公司（Eckert-Mauchly Computer Corporation）的高层相信她的想法的优越性，更是难上加难。霍珀回忆说："对每个人来说，计算机显然只能做算术；它们无法编写程序。不管你如何解释他们并不是真的在写程序，而只是在拼凑，人们就是不明白。"[20]

霍珀最终成功地说服她的下一任雇主雷明顿·兰德公司（Remington Rand），成立了一个新的部门来研究自动编程。但是，霍珀为数不多的盟友之一、（现在被认为具有传奇色彩的）程序员约翰·巴科斯（John Backus）回忆称，即使到了 20 世纪 50 年代中期，人们对于自动编程的感觉依然是："想象任何机械过程都可能完成编写有效代码的神秘发明，显然是一个愚蠢且自大的梦想。"[21]

当霍珀决定放弃说服程序员们，转而将橄榄枝抛向企业高管——也就是她的产品的潜在用户之后，形势最终发生了变化。她向他们承诺，她的产品可以实现更快的速度、更高的效率和更便捷的操作。她的其中一个早期编译器被称为"商业语言版本0"，这反映了她的想法，即编程可以足够简单和易懂，以便商界人士了解。霍珀希望使计算大众化，并倡导类似于自然语言的编程习惯，这就是为什么今天的主流编程语言包含普通英语单词，如"if"和"stop"。她的策略产生了效用。到20世纪50年代末期，美国各军事部门和工业企业都在用霍珀的FLOW-MATIC语言编写工资和库存应用程序——厉害的程序员们对这种语言系统依然嗤之以鼻，因为它过于简单易懂。

显然，大多数程序员过于接近这一创新，反而忽视了它的必要性。他们对惯常做事方式投入了太多的精力，以至于他们无法理解霍珀在扩大计算机范围和应用方面的创意的优点。他们太执着于既定的程序进程，而霍珀拥有其他人很少能关注到的结果视角。正因为霍珀和她为数不多的盟友在这十年中坚持不懈，今天互联网论坛上的程序员们才可以对那些推崇Python的编程新手们进行极其详尽的反击解说。霍珀发明了编程语言这个概念。同时，也正因为她推动了计算机可访问性的革命，后来，非数学家们才可以开始玩弄图形用户界面等概念。所以，如果没有霍珀，就不会有iPhone。为了表彰她的非凡成就，格雷丝·霍珀后来被提拔为美国海军少将，但很难说她的名字家喻户晓。即便如此，她确实发明了一项关键的技术，帮助建立了我们周围的世界。

即使一个伟大的创意最终成功了，人们还是可能错过其他与它一起提出的好创意。霍珀在那个时代提出的另一个创新之所以在如今看来意义非凡，是因为它从未迎来春天。

在她早期关于编程的思考中，霍珀已经意识到编写编译器的人实际上也是一个语言学家。她可以自由地选择新的编程语言的结构和语法，她认为编程语言可以以任何她认为有效且灵活的方式工作。编译器本身将始终把该语言翻译成神秘的数字，供计算机的"大脑"使用。因此，最初编译器基于何种现实语言并不重要，为什么不给用户多个选项呢？

因此，在给管理层的一次演示中，霍珀写了一个编译器，它允许人们使用英语，还可以根据喜好使用法语或德语编程：系统会自动将三种输入语言中的任何一种翻译成相同的机器代码。因此，键入"IF GREATER GO TO OPERATION 1"（如果大于，操作1）在功能上等同于键入"SI PLUS GRAND ALLEZ À OPÉRATION 1"或"WENN GRÖSSER GEHEN ZU BEDIENUNG 1"。她的公司管理层们对此大吃一惊。霍珀后来说到，对他们来说，很显然，"一台在宾夕法尼亚州创建的美国计算机不可能用法语或德语编程"。[22]霍珀不得不向管理层承诺，以后该程序将仅接受英文输入。

一个世界性的计算机小梦想由此被扼杀了。只是在半个世纪后，它在伦敦东区重生了。也许这是另一个迎来了春天的创意。

格雷丝·霍珀对纯粹的传统总是透着强烈的不满。在20世纪60年代末，她成为五角大楼海军编程语言小组的组长。到任后，她发现没有人想到要帮她的新部门添置用具。所以，一天晚上，她和她的同事从其他办公室"偷"来了他们需要的家具。当有人抱怨时，霍珀只是微笑着指出，桌椅并没有被钉子钉牢，所以没什么不能搬动的。

在她自己的办公室里，她挂了一面海盗旗，还有一个逆时针运行的奇怪时钟。一旦你学会了看这个时钟，你会发现这是一个功能完善的时钟，但有别于时钟通常的工作方式。为什么要展示这样一个奇怪的时钟？为了对抗人类对改变讳莫如深的现实。"他们喜欢说我们一直都是这样做的。"霍珀解释说，"我试图与这种思想相对抗。"[23]事实上，她也做到了！

我们也许可以将霍珀的多语言编译器定义为一个赋能型创意。视频游戏中的能量提升是指你的角色找到的东西,通过赋予你额外的能力使你更强大:也许是一种新的武器,能够提升健康水平或实现更强大的跳跃。有些创意也是如此。对于那些第一语言不是英语的人来说,能够使用任何语言进行计算机编程就是提升了他们的能量。同样,约亨·朗德试图为灾难性结果找到证据的方法可能成为企业家们的赋能工具。

当然,如果你给一个特定的群体提供能量,那你可能会削弱其他群体的能量。因此,通常情况下,赋能型的创意是会遇到阻力的。所以,当霍珀介绍她的第一个编译器时,早期那些从事编程工作的"大祭司"们形成了阻碍。即使后来霍珀发明的编译器只能使用英文,这依然是一个她希望能借此将计算机大众化的赋能物。但是,如果一个商业人士可以使用类似英语的东西进行计算机编程,那么对于机器代码的中间人,也就是程序员们来说,他们自然会感受到威胁。所以,不让这个创意流行起来,符合程序员的利益。

有时候人们只是不喜欢那个先驱本人。如果你怀疑最初霍珀的伟大创新之所以受到那么强烈的抵制,可能是因为她是女性,那你想对了。1960年,霍珀与其他几位女性计算机先驱一起参与了计算语言COBOL(面向商业的通用语)的开发。据一位科技史家所说,针对这种最新推出的计算语言,许多人持怀疑、否定的态度,他们"断言,这样一个由女性主导的、非结构化的计算过程所产生的成果不可能存活,更不用说繁荣发展了"。[24] 尽管有这样的负面预言,到2000年,据估计在全球3000亿行计算机代码中,COBOL约占2400亿行。

杰拉尔德·温伯格(Gerald M. Weinberg)在1971年出版的开创性著作《程序开发心理学》(*The Psychology of Computer Programming*)中,批评了计算机行业的性别歧视。"在许多项目中,女性被系统性地排除了就任中高层管理职位的可能性。"他在书中写道,"当然,男性管理者可以为这种政策提供各种合理化的建议,但这种合理化伴随着各式各样的偏见。"温伯格总结说:

"对女性的偏见在编程方面如此常见,值得引起大众的关注。想要最大程度缓解编程人才和编程管理人才短缺的简单办法,就是真正在这个行业内尊重女性,实现男女平等。"[25] 温伯格如此直接地提出这个问题,是一种多么勇敢的行为! 1969 年,当格雷丝·霍珀获得数据处理管理协会(Data Processing Management Association)颁发的"年度人物"奖(Man of the Year)时,在我看来,她应该会高兴吧。[26]

最终,霍珀赢了。但是,她最初的赋能型创意没有被采纳,一部分原因是它威胁到了当时的现状,还有一部分原因应该是它来自"错误的人",即一名女性。(直到今天,性别歧视在计算机行业依然是一股强大的力量,2016 年的一项研究证实,相比男性编写的代码,女性编写的代码更容易得到其他程序员的认可——前提是大家不知道这段代码来自女性。)[27] 在格雷丝·霍珀的时代之前,赋予所有女性投票权也是一种赋能,而争取的过程中遇到了巨大的阻力。这种情况有多么常见——人们之所以抗拒一些赋能想法,就只是因为提出者是弱势的一方?

早期计算机行业的性别歧视和狭隘主义经历了很长一段时间才得以改观。如果霍珀和其他先驱者的工作能在最初提出的时候就被认可、接受,那么计算机技术可能比现在还要进步许多。在其他领域,一个新创意如果必须等到社会发展赶上了思想进步的话,可能被威胁、受到伤害的就是人们宝贵的生命。同样地,长期以来对原子论的抗拒很可能推迟了拯救人类生命的重大技术的发展,不过至少现在我们有幸能够在分子药理学等领域享受到原子论带来的好处。根据食用昆虫支持者的说法,未来人们拥抱可食用昆虫的行为可能有助于预防大规模饥荒。文化态度的变化可能会出奇缓慢,以至于稍显遗憾,但是当这种变化终于来临,再思考便拥有了挽救生命的力量。

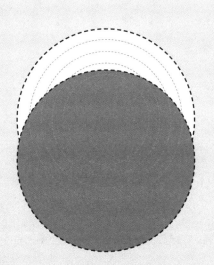

第二部分

对照

第 5 章　太阳下的新事物

> 不是所有的创意都曾出现过。但是,通常情况下,即使显然是新生的创意,其中也蕴藏着人们未完全意识到的旧时智慧。

已有的事,后必再有;已行的事,后必再行。
日光之下并无新事。

——

《传道书》
(Ecclesiastes)

站在巨人的肩膀上

正如我们所看到的,创新往往是基于旧创意的重新发现和不断完善。但是,由此便推断太阳下没有新事物,那就错了。事实上,这样想的话,就是思想史的巨大退步。在 16 世纪和 17 世纪的科学革命之前,思想史的主流观点认为所有新想法都来源于旧想法。正如 1380 年杰弗里·乔叟(Geoffrey Chaucer)在他的"家禽议会"(Parliament of Fowls)中所说,就像新的玉米是从旧的田地上种植出来一样,"所有这些新科学"也都是从旧书中得来的。[1] 人们通常认为,古人已经掌握了所有要知道的事情,但他们的一些智慧随着时间的推移没能传承下来。因此,所有的发现实际上都只是重新发现。并不存在什么史无前例的、全新的想法。正如蒙田(Montaigne)在 1580 年写道:"亚里士多德说过,人类所有的观点都曾存在过,并将在未来无限次地出现;柏拉图说,在三万六千年后,它们将被更新并重新出现。"[2]

但有时候太阳下真的有新事物。毕竟曾经，机械表、指南针和望远镜根本就不存在。在我们所处的这个时代，表观遗传学是一门新的科学，同时拉马克思想也再次变得可行。事实上，从16世纪末期开始，伴随着数理天文学的发展以及新的科学仪器的发明，人类在古典时期就已经知晓一切事物的观点变得越来越难以服众。这就是科学史家大卫·沃顿（David Wootton）所说的数学家对抗哲学家的时代，因为大多数哲学家长期以来认为亚里士多德永远是正确的。[3] 而事实证明，亚里士多德并不是真理的化身。即使是有了这样的对抗，对于古代权威的迷信还需要一段时间才消亡，甚至在那些真正提出惊人的新理论的人中也是如此。

艾萨克·牛顿本人也无法免于古代权威的牵制。众所周知，他在一封信中写道："如果我看得比别人更远些，那是因为我站在巨人的肩膀上。"［这个比喻可追溯到12世纪的法国哲学家沙特尔的伯尔纳（Bernard of Chartres），他将同时代的人比作站在雕像般的古人身上的小矮人。］但是，正如沃顿令人信服的论证，这只是一种"虚伪的谦虚"。[4] 因为牛顿的万有引力理论确实是史无前例的：这是过去从来没有出现过的创意，是完全新的东西，而与他同时代的人们也为他这全新的理论欢欣鼓舞。

然而，牛顿发表了他的开创性著作《自然哲学的数学原理》（*Philosophiae Naturalis Principia Mathematica*，简称《原理》）之后，开始怀疑他的理论是否真的能成为前所未有、完全崭新的创意。他认为伟大的希腊哲学家们肯定也了解重力。至于牛顿的动机，我们只能推测，这可能是真正的谦虚（否则牛顿会把自己抬高到那些伟大哲学家的水平之上）和骄傲的自我肯定（借此表达他提出的理论肯定是正确的，因为古人已经有了这样的认识，虽然除了他之外没人意识到）两种心态的矛盾性融合。但他也确实对他的虔诚论点深信不疑：上帝曾经揭示关于他的创造——宇宙运行的完美真理；这些真理后来遗失了，但又被一些伟大的古圣贤寻回并理解。1691年，牛顿的助手法蒂奥（Fatio de Duillier）写信给天文学家克里斯蒂安·惠更斯（Christiaan Huygens）解释称，牛顿相信毕达哥拉斯、柏拉图和其他古圣贤已经理解了基于平方反比定律的"真正的世界体系"，即万有引力，但是他们把这一发现隐藏在"神秘"的面纱下，只以深奥的术语来表达。[5]

惠更斯本人礼貌地回信称，他不同意这种看法。惠更斯指出，虽然古人（至少其中一些人）知道地球绕着太阳转，而不是反过来，但他们缺乏描述椭圆轨道的数学知识，而现在人们知道行星是遵循这种轨道的。即便如此，牛顿依然坚持他的观点。17世纪90年代，牛顿在第二版的《原理》上做了很多笔记（现在被称为"经典旁注"），他想借此证明自己的开创性想法是有非常合理的古老根据的。当然，古代哲学中确实有一些精彩的演绎科学的时刻，牛顿在他的笔记中就特别提到了原子论者的原子和虚空理论。但是，牛顿在这些旁注中声称毕达哥拉斯在振弦的和声中发现了平方反比定律，而且内心里知道它还可以应用于天体运动。牛顿最亲密的好友继续"纵容"他这种神秘的历史冒险，但是推出第二版《原理》的计划却从未实现。

像所有创新思想家一样，牛顿能够提出自己的想法，是基于他所处时代的人类知识和技术状况，如在牛顿进一步发展之前已经存在的数学工具，以及玻璃棱镜的可用性，等等。从这个意义上来说，没有思想家能够超脱历史提出自己的想法，他们都站在巨人的肩膀上。尽管如此，万有引力理论确实是全新提出的。正如沃顿指出的那样，牛顿在提出这一理论之前，并没有在古代哲学中寻找线索，他只是在提出之后试图以古代哲学为线索来重构理论。[6]也许是因为他所发现的宇宙运行的奥秘过于惊世骇俗，它需要被一种思想驯服，一种早就存在思想。

然而，正是自牛顿以来科学发现和技术创新上的伟大成功，才有了今天的文化——过于看重求新和瓦解。今天关于创新的主流观念是，它必须不惜一切代价是原创的、前所未有的，与过去决裂的。它的拥护者已经忘记了，发明在很多时候就是重新发现而已。这并不意味着我们应该回到前近代时期信奉一切都曾在过去出现的文化氛围，完全迷信古代哲学家且信服于历史和观点永远在周期性轮回的说法。不过，当下确实是天平该朝着另一端倾斜的时候了。

无形的斯金纳箱

我坐在公寓的沙发上，戴着一个哑光橡胶头带，它会使用一系列柔性电极来读取我的脑电波，并将读取的数据无线传输到我的智能手机。这是一种前所未有的技术状况：就在几年前，它听起来完全像是在幻想。然而，这个充满着未来主义色彩的小工具也体现了一系列比蓝牙历史更悠久的想法。

这个头带是一种商业化的消费型脑电图（EEG）装置，叫缪斯（Muse）。它包装高级，推销强硬。缪斯通过教你如何保持平静，帮助你"用大脑做更多的事情"。它的包装盒上解释说："一旦你的头脑平静下来，你的焦点就会变得清晰，你的感知力变得更加敏锐，你的想法可以更容易、更有目的性地流动。"这当然会受到欢迎。所以，我调整了缪斯的位置，把它戴在了我的前额中间，把它的两端放在我的耳朵后面。通过耳机，我听到在海滩上轻轻拍打的浪花声，以及偶尔的风声。我应该集中精力在我的呼吸上，默默计数。如果我的大脑出现了任何的游离，头带会注意到大脑活动的渐强，风就会吹得更大声。然后，一个女性的声音会以威胁的语气轻声提醒："如果你放松注意力，缪斯会感觉到。"当这种情况发生时，我必须重新将注意力聚焦到我的呼吸上，此时风声会再次减弱。

目前，尚未有业界的研究结果证实缪斯的有效性。但是，根据我手机上的统计数据，我确实在缪斯监测的所有事情上表现得更好了。几天之内，在一个三分钟的时间段里，60%的时间我是"平静的"，只有11%的时间是"活跃的"，其余时候是"中间状态"。缪斯总部可能知道，因为它的智能手机应用程序会将你的数据传送到其服务器上——而谁知道在那里会进行什么美国国家安全局（NSA）风格的解读操作，所以它可以很容易收集到更多的用户信息。也许让投资者们激动不已的是缪斯收集到的潜在用户群，即那些非常平静、依从和易受暗示的消费者。

然而，缪斯的情绪管理办法背后的假设却是值得怀疑的。虽然缪斯确实有助于我们根据需要平静大脑，但是缪斯使用的负反馈（即风噪声）办法与警告人们不要试图进入任何特定状态的静思传统大相径庭。更重要的是，对我——或者对你们来说，像僵尸一样平静的"专注"并不是我们真正需要的"专注"。如果你戴着缪斯深度思考一个复杂的主题，它会用一场风暴来惩罚你。但那是能让人产生想法的大脑活动，而在缪斯看来，完美的精神状态是单一地关注于不可分割的简单主题。内心永远保持平静是"知识隐士"的追求。这与思考是对立的。

缪斯是一项令人眼花缭乱的新奇技术。然而，它属于一种基于古老的心理学传统的现代设备和应用程序，人们不见得都欢迎它的回归。

1925年，发明家雨果·根斯巴克（Hugo Gernsback）在他的杂志《科学与发明》（*Science and Invention in Pictures*）的封面上刊登了他发明的"隔离器"。它是一个金属制成的全脸头盔，有点像潜水头盔，通过一根橡胶软管连接到氧气罐。隔离器的发明是为了防止人们分心，帮助集中注意力。

根斯巴克写到，现代生活的问题是，"思考的节奏会不定时地被电话或门铃的响声所打断"。在隔离器里面，外界被消音了。而它的小孔眼让你看不到你正前方之外的任何东西。根斯巴克还提供了一张他自己戴着隔离器坐在桌子旁边的照片，看起来就像是《神秘博士》[①]中的赛博人。"作者在隔离器的帮

[①]《神秘博士》（*Doctor Who*）是一部由英国BBC出品的科幻电视剧，赛博人（cyberman）是剧中一种虚拟机器化生物。——编者注

助下在私人书房中工作。"照片的附注写道,"外界的噪音被隔绝,工作者可以轻松地集中精力处理手头的事情。"[7]

现代的防分心工具,如禁用互联网连接的计算机软件,或模仿老式 DOS 屏幕、在黑色背景上只有绿色文字的文字处理器,以及监测大脑活动的缪斯头带,都只是一个看似由来已久的人类愿望的最新形式而已,即希望通过技术手段强制实现大脑的平静。但是,假如我们逐渐失去自己冷静的能力,而变得依赖于这样的小工具,会怎样呢?

除了缪斯,一大批号称不仅可以帮助优化大脑,还能优化整个身体的应用程序的出现,又将心理学中一些长期被忽视的假设重新摆在了我们面前。它们最初受到了以下推理的驱动。没有人知道大脑是如何运作的,所以为什么不把它看作一个黑匣子,而只将我们的关注点放在输入和输出上呢?输入指的是我们听到和看到的事物,等等;而输出指的是我们的言论和行为,也就是我们的身体行为。于是,20 世纪 20 年代中期,心理学中出现了"行为主义"学派,他们认为人类与实验室小鼠一样容易被机械干预。

在极端情况下,行为主义不仅假设对内心的猜测是无用的,它实际上还完全否认精神的存在。但行为主义最终被心理学中的"认知革命"所排挤。诸如 CBT 这样的干预措施侧重于个人的认知——也就是被行为主义视为仅仅是假设构念的思想和信念,而且取得了明显的临床成功。毕竟,精神是很重要的。

然而,行为主义的旧假设正在悄然回归。苹果公司于 2014 年下半年推出了 Apple Watch,它配置了心率监测器、能测算行走步数的测量仪,还有一套关于健康和提高效率的应用程序。它是一个现代产业的构成部分,这个产业还包括其他"可穿戴"设备。即使在我们睡着的时候,这些"可穿戴"设备也能够对我们的生理状态进行不间断的精准监测,当我们在一个几天或者几周的周期内改善运动作息或者降低静止心率(Resting Heart Rate)时,会给予我们正面的反馈。当然,帮助我们变得更健康无可厚非。不过,当我们被自己的数据流吸引时,我们在做什么?

行为主义科学的范式形象是"斯金纳箱"(Skinner box),它以行为主义的主要理论家之一伯尔赫斯·弗雷德里克·斯金纳(Burrhus Frederic Skinner)命名。(它还有一个官方名称,即"操作性条件反射室"。)斯金纳箱有各种不同的样式,但一个经典的斯金纳箱是带有导电地板和两个杠杆的箱子。一只小鼠被困在箱子里,当某盏特定的灯亮起时,它必须按下正确的杠杆。如果小鼠做对了,它就会得到食物。如果小鼠按下错误的杠杆,它就会被陷阱遍布的导电地板电击。在这种奖惩面前,小鼠很快就学会按下正确的杠杆。但是,如果实验者无预兆地改变杠杆的功能,那么小鼠就会变得困惑、退缩和沮丧。

斯金纳箱的实验不仅在小鼠身上取得成功,在鸟类和灵长类动物身上也获得了成功。那么,当我们通过小工具和应用程序这些技术手段来实现自我完善时,我们到底在做什么?当我们操控屏幕来获得信心和鼓励,乖乖地点击广告,或者为我们没能比昨天更好这一严重的挫败皱眉蹙额时,我们也把自己当成了需要操作性条件反射来改善的对象。[8]我们自愿爬进了一个巨大的斯金纳箱里。

然而,对于这种无情地将提升幸福感的责任转嫁给个人的方式,从政治上和社会学上都有理由抵制。在这种情况下,重点是要明确指出,一个新创意只是对一个有争议的旧想法的重新包装而已,这样就对其支持者提出了更明确的辩护要求。虽然能够感知大脑运动的缪斯头带展示的是一种全新的通过技术增强的自我管理方式,但它也只是现代社会让我们对自己进行操作性调节以消除焦虑和不满,成为更有成效的普通消费者的一种最新方式而已。也许我们会认为以技术为支撑的行为主义是好的,但是我们应该清楚我们在争论什么。再思考应该摆到台面上来进行。

相互支撑的破坏

想当然地认为新情况的出现会让一切旧规则过时是极其危险的。缪斯头带和其他可穿戴的小工具表面上看是新颖的机器设备，实则复苏了心理学中的旧观点。战争中同样如此，前所未有的新技术，通常也可能直接融入人类思维的连续性中。对飞机的军事用途最有影响力的早期想法只是对海军作战的一种类比学习：就像舰队渴望掌控海洋一样，空军渴望掌控天空。[9]现代无人机是一种全新的作战方式，它提供了一种方便且无风险的远程暗杀方式，但它并不能改变百年来不曾改变的事实，即单凭空战并不能让你赢得战争，甚至做不到让一个坚定的作战领导者改变作战路线。这个事实在军用航空发展的早期就得到了大家的认可，但在今时今日却常被一些热血冲昏了头脑的领导人有意或无意地遗忘。另一方面，第一次世界大战在后面几年，向人们展示了坦克会如何彻底改变未来解决冲突的方式。[10]

说起战争中出现的新技术使早期的思想变得毫无意义，例子只有一个，但却极具说服力：那就是原子弹。美国军事历史学家和理论家伯纳德·布罗迪（Bernd Brodie）在第一时间听到广岛和长崎的核袭击时，便告诉他的妻子："我所写的一切都已经过时了。"[11]

布罗迪迅速意识到，全面的核战争是不可想象的，他成为"威慑"战略的主要倡导者，即发展能够消灭敌人的核武库，以确保敌人永远不会前来进攻。1946 年，布罗迪出版了《绝对武器：原子能与世界秩序》（The Absolute Weapon: Atomic Power and World Order）一书，书中有他的名言："截至目前，我军的主要目的是为了赢得战争。而从现在开始，它的主要目的必然是避免战争。除此之外，其他目的对它而言几乎都是无用的。"[12]整个 20 世纪 50 年代，兰德公司（RAND Corporation）和美国政府中不乏将经济学理论和博弈论应用于核对抗可能性的新一代平民战略家。

博弈论是合作与冲突的数学分析。正如我们所知道的，这是伟大的数学家约翰·冯·诺伊曼在战争期间与格雷丝·霍珀以及经济学家奥斯卡·莫根斯坦（Oskar Morgenstern）共同提出的。事实上，冯·诺依曼向艾森豪威尔总统极力辩称：美国和苏联之间的核对抗是一场"囚徒困境"（Prisoner's Dilemma）的博弈，其中任何一方的唯一理性选择是事先发动一场大规模的袭击，以消灭对方。所以他认为美国应该立即发动全面的核袭击。[13] 我们也许应该庆幸冯·诺依曼在那个时代并非影响彻底。当时社会上主流的思想更为冷静，包括托马斯·谢林（Thomas Schelling），他在 2005 年被授予诺贝尔经济学奖，以表彰他在 20 世纪中期的危机年代"通过博弈论的分析增强了人们对冲突与合作的理解"。实际上，谢林成了在不实际引爆核弹头的前提下研究核武器使用方法的理论学家。

谢林认为，核武器首先应被看作一种政治胁迫工具，其主要作用就是威慑（deterrence，阻止敌人进攻），用当时的行话来说，也是一种威逼（compellence）：能够迫使敌人改变策略。谢林开创了对核"升级"概念的详细分析，即有可能避免全面战争；他还开创了直接和间接沟通策略，供剑拔弩张的政府之间沟通时采用，即便双方已经采取了升级的措施，也是有可能避免末日来临的。万幸的是，所有这些分析从未派上实际用场。然而，这恰恰是它的实际效果：通过阻止可能采取的进一步措施，强调对手之间的紧张关系、谈判以及沟通，谢林的分析改变了军方和政治家们的思维，避免了从传统的陆军和空军的交战跃升为单一的大规模核武器决战。

多元世界

物理学领域，新鲜的想法似乎总是层出不穷，成为产生诸如超弦理论、超膜理论、黑洞理论等诸多新奇理论的智能引擎。现代宇宙学领域更是充满了奇思妙想。近来，一些研究宇宙原理的人开始怀疑一个宇宙的设定。他们认定存在多个宇宙，也许是无限多。欢迎来到多元宇宙世界。

我们很高兴能有专家研究这种疯狂的科幻概念。对于大众而言，虽然听着有些奇怪，但某种程度上也是一种安慰。2015年，泽恩·马利克（Zayn Malik）退出单向组合①后，史蒂芬·霍金为歌迷们提供了一些建议。他说："对于每一位心碎的年轻女孩，我的建议是，密切关注理论物理学的研究。总有一天我们有可能会找到多元宇宙的证据……在我们所处的宇宙之外的某个地方，还存在另外的宇宙。而在那个宇宙中，泽恩仍然是单向组合的成员。还有女孩可能想听到，在另一个可能的宇宙中，她和泽恩幸福地步入了婚姻的殿堂。"[14] 多个宇宙存在的可能性似乎是21世纪科学思维提升的一个缩影。但千年前就有思想家发现了这一点。多元宇宙观的历史也比它看起来更悠久。

年轻的宇宙学家安德鲁·彭岑（Andrew Pontzen）在伦敦大学学院的前厅迎接我，并领我到阳光充足的公共休息室一角的桌子前，讨论万物的起源。彭岑戴着时髦的黑框眼镜，对于过去的思想，他的态度比一些科普巨头更具有同情心。在一档广播节目中，彭岑不经意间提到，宇宙学中的稳恒态理论某种程度上又回归了。等等，真的吗？但是现在几乎每个人都知道，宇宙的稳恒态的设想是错误的。

这个概念最初在20世纪中叶由英国天文学家弗雷德·霍伊尔（Fred Hoyle）提出。他率先发现恒星内部重元素的合成方式，但出于不可知的原因，他没有获得诺贝尔奖。霍伊尔并不相信宇宙大爆炸理论（Big Bang）。但事实上，"大爆炸"这个名字却是他首次使用的，本意是为了取笑大爆炸理论。那时，所有人都知道宇宙正在膨胀。那么，如果时间回到过去，宇宙看起来不是在膨胀而是在收缩，那意味着什么呢？对许多人来说，这意味着在很久以前的某个时刻，宇宙一定是从一个致密炽热的奇点开始的，也就是大爆炸的时刻。霍伊尔将这一想法描述为"假设……宇宙是在某个特定的时间前以一次巨大的爆炸开始它的生命的"。这一理论最初是由天主教神父乔

---

① 单向组合（One Direction），英国流行乐男子组合，现有四名成员。——编者注

治·勒马特（Georges Lemaître）提出的。[15] 霍伊尔并不认同这一理论，其他人也大多不认同；事实上，早期对宇宙大爆炸理论的抵制大多是出于一种怀疑态度，人们认为宇宙大爆炸理论不过是披着科学外衣的宗教理论。[这个理论受到了教皇庇护十二世（Pope Pius XII）的拥护，他宣称大爆炸理论证实了"让世界充满光"这一说法。"同物质一起，亮晃晃的光和辐射突然出现，同时化学元素的粒子分裂，形成数百万个星系"。][16]

相反，霍伊尔和他的支持者更倾向于"稳恒态"理论。是的，宇宙不断膨胀，但新的物质不断被创造出来填补真空。安德鲁·彭岑解释说："因此，两个星系分离，但与此同时，新的星系在新产生的真空中诞生了，所以整个宇宙始终看起来是一样的。"万物都以某种方式运行着，稳定而永恒。宇宙没有开端。

20世纪60年代，宇宙微波背景（Cosmic Microwave Background，CMB）的发现打消了这一想法。宇宙微波背景是弥漫在太空中的微弱背景噪声，我们将其解释为宇宙大爆炸本身的微弱余晖或回声。（旧的模拟电视调台时：你在屏幕上看到的天电干扰实际上是由CMB引起的，换句话说，是由大爆炸引起的。）该发现颇具说服力，基于此，大多数科学家放弃了稳恒态理论。一方面，亨曼·邦迪（Hermann Bondi）称CMB是大爆炸的"化石"；[17] 而另一方面，在一些同行的唏嘘和嘲笑声中，霍伊尔一直坚持他的稳恒态理论，直至2001年去世。

宇宙微波背景成为有史以来最确凿的证据。（CMB无法带我们回到宇宙大爆炸的年代，因为它起源于大爆炸发生30万年后，但大多数人认为这个证据非常令人信服，宇宙大爆炸确实发生了……）然而，一种永恒存在的、没有确定开端的"稳恒态"宇宙理论又重新回到了人们的视野，与霍伊尔提出的理论极为相似，而不同于"宇宙大爆炸"理论。奇怪的是，这两种想法似乎可以共存。或许不是在同一个宇宙里——但至少是在同一个多元宇宙里。

重回现实

我们所使用的"宇宙"(universe)一词来自拉丁语"universum",意思是"全部"或"一切存在事物的总和"。然而,现代科学家们开始怀疑我们的宇宙只是众多宇宙中的一个,因此不能称之为一切存在事物的总和。这种多元宇宙的想法——即有多个宇宙存在,其中每个宇宙都像我们所处的宇宙一样巨大,巨大到超出我们的想象——有一种奇异的现代感。(现代宇宙学中的"膨胀多元宇宙"模型直到20世纪80年代才出现。)[18] 但在古希腊自然哲学诞生之时,它就已经存在。

德谟克利特——我们的含笑哲学家,并非止步于对面包和原子的思考。他雄心勃勃。他疑惑:到底有多少个宇宙?问题看上去很奇怪。为什么一个宇宙还不够?如果你试图想象宇宙之外还有什么的话,那么这个概念首先就会造成困扰。(如果在宇宙之外还有事物,那么所谓的"宇宙"应该被定义为宇宙加上那个真空。但是在宇宙之外有什么事物呢?)如果你好奇什么事物于宇宙之前出现,困扰就更多了。(另一个宇宙?还是什么都没有?如果是,宇宙从何而来?)

德谟克利特和他的原子论朋友们为第一个问题所困扰,即宇宙之外是什么?他们认为在无限的空间里,一定会有大量的宇宙(或者称为kosmoi),能量攒动,有时还会发生破坏性的碰撞。

这些有趣但显然具有不确定性的宇宙学理论,即使在希腊哲学中也从未成为主流。柏拉图痛恨多元宇宙的想法。他宣称,宇宙必须是唯一的,因为完美生物的理想形态是唯一的。从那时起,对大多数人来说,一个宇宙就足够了,即使到了20世纪也是如此。对大多数科学家来说,宇宙多元性的概念显得不够谨慎且无法证实——直至最近才有所改观。

永远膨胀

宇宙大爆炸理论自身也存在未解之谜。它并没有解释为什么宇宙起源于该种特定的状态。事实证明，要解释清楚当前宇宙表面的平滑现象尤其困难。彭岑说："如果我们观察太空，就会发现，整体来讲，事物是均匀分布的，前提是观察的范围足够大。"[用专业术语来说，宇宙似乎是"均匀的"（homogeneous）、平滑分布的，而且是"各向同性的"（isotropic），不会因方向的不同而有所变化。]人们尝试使用许多不同的观点来解释这种平稳性，而诸多理论中膨胀说最为合理。彭岑说，"正是这种想法，即某些怪异的物理现象确实在早期迅速促进宇宙分裂"，保证了我们今天所观察到的"均匀性"。他自嘲般指出，宇宙膨胀"似乎是捏造出来的"。"它不是我们可以去实验室测试的东西。另一方面，膨胀理论做了大量的预测，其中一个预测是关于在CMB中看到的某种确切的模式，这一预测后来得到了证实。"

到目前为止似乎没问题。但事实证明，这种怪异且极具生命力的膨胀理论存在着自身的问题，即它有一种越跑越远的趋势。"人们开始意识到宇宙膨胀很难阻止。"彭岑说，"如果存在某种物质极力推动宇宙分裂，那么要去除这种物质，把它变成我们所了解和喜爱的正常粒子和物质，确实是困难的。因此人们意识到，实际上在各种各样的情况下，如果膨胀理论是正确的，那么膨胀一定是永恒的。它一定会永远膨胀下去，只有在非常幸运的地方它才会停止。"

让我们稍作暂停，感恩我们生活在一个幸运的地方。在我们能直接观测的范围之外，其余部分正在继续膨胀。结果证明，从数学上讲，这个理论"与霍伊尔的稳恒态设想极其相似，区别在于其研究对象是宇宙而不是星系"。所以，正如霍伊尔认为永恒的宇宙在膨胀，新的星系出现填补了真空一样，新的理论认为永恒的多元宇宙也在膨胀，新的宇宙出现填补了真空。

那么，令人高兴的是，我们有了一个再思考之上再思考的例子：弗雷德·霍伊尔的稳恒态理论与他所蔑视的大爆炸理论截然相反，且一度沉沦，结果却出奇地成功描述了曾经被他蔑视的多元宇宙的想法。在某种程度上，霍伊尔的想法只是需要在更广阔的范围内重新利用，便可发挥作用。

不可证伪

但是，我们如何得知多元宇宙是否真实存在呢？受观察所限，我们只能着眼于我们的宇宙。这种情况下，任何多元宇宙理论似乎都是无法证实的，或者更确切地说，正如科学哲学中的传统说法，是不可证伪的（unfalsifiable）。可证伪理论的支持者认为，如果无法想象出反证据来证明一个理论是错误的，那么这个理论根本就不值得尊重。

一些科学家认为，可证伪理论就更不值得一提了。有趣的是，物理学家弗兰克·维尔泽克（Frank Wilczek）从喜剧演员斯蒂芬·科尔伯特（Stephen Colbert）创造的"感实性"（truthiness，以为真实而非事实）这个词中得到了启发。他提出，可靠的理论应该是"可证真的"（truthifiable），而不是"可证伪的"。如果这个理论提出了进一步可检验的实验和想法，那么即使它是错误的，它也是有价值的。"证真的理论可能会犯错误，"维尔泽克写道，"但如果是一个可靠的理论，所犯的错误就可以为进步做铺垫。"[19]这样看来，可证真理论就像是约亨·朗德对培根科学方法的逆转。你不是在试图反驳你的假设，而是寻找可能支持它的证据。这一过程中，你可能会发现有价值的新事物，即使假设本身是不准确的。

著名的宇宙学家肖恩·卡罗尔（Sean Carroll）则认为，既然科学能够如此深入地探索基本现实，那么任何科学理论都要求实验可验证的传统即使不被放弃，至少也应该被削弱。毕竟，多元宇宙并不在乎我们的哲学顾忌。如果宇宙是这样的，那么它就是这样的，不管我们是否有能力去证实。换句话说，是时候反思关于科学如何取得进展的概念设想了。实验很好，但问题在于有时候无法进行实验；而这并不意味着你不再从事科学研究了。另一些人则强烈反对：2014年底，数学家乔治·埃利斯（George Ellis）和物理学家乔·西尔克（Joe Silk）在《自然》（Nature）杂志上发表了一封信，谴责多元宇宙和弦理论免于实验检验的企图，并坚持认为"后实证科学（post-empirical science）就是一个矛盾"。他们警告说："科学方法岌岌可危。"[20] 辩论如火如荼。

"肖恩·卡罗尔在某种程度上肯定是对的。"安德鲁·彭岑若有所思，"如果宇宙是那样的，那它就是那样的，虽然我们不能对它进行验证真的是一种奇耻大辱，但这并不意味着它是错误的。"然而，令人欣慰的是，也许存在一种方法可以解决这种分歧。彭岑说："在我看来，更让人兴奋的是，也许有可能对此进行验证。""因为在多元宇宙中，如果这些宇宙从不同位置突然冒出，那么有时两个宇宙可能撞在一起。"（回想一下原子论者的宇宙碰撞说。）如果这在我们宇宙的生命周期内发生，那么在CMB中应该会有一个以微弱模式的形式存在的遗物：由两个宇宙气泡的碰撞而产生的"扰动环"。

这个可能的检验将宇宙学中的现代（和古代）多元宇宙概念与哲学中一个相关但令人难以置信的概念，即模态实在论区分开来。模态实在论是20世纪80年代由英国哲学家大卫·刘易斯（David Lewis）提出的。该理论认为，我们所能想象到的任何可能存在的世界都是真实存在的世界。其中"世界"就是指整个宇宙，而"可能"只是不涉及逻辑矛盾。这个论点表述的简洁程度令人吃惊："一个世界可能存在的每一种方式都是其他世界存在的方式。"[21]

换句话说，想象有另外一个世界，一切事物都和我们的世界一模一样，唯一的不同就是从现在开始这本书全部都是猫的图片，而这个另外的世界不仅仅是假设的；它是真实存在的，正如我们的世界一样。为了打消大家的疑虑，让他的话听上去更有说服力，刘易斯还坚持认为驴是无限多的。他高兴地写道："除了存在于我们世界上的驴，还有无数其他的驴分布在无数的世界上。"[22]

此类例子还有很多，但关键是你要抓到重点。（在"另一个宇宙里"，我继续讲。）有无限多的世界存在。但你会发现它们永远不会相撞。因为根据刘易斯的观点，世界之间是完全隔离的。"不同世界的事物之间没有任何时空关系。在一个世界发生的任何事情不会引起另一个世界发生任何事情。"[23] 所以：不存在宇宙之间的碰撞；CMB 中没有干扰环。从理论上讲，似乎其他的宇宙永远不会泄露它们存在的证据。那为什么要相信它们存在呢？刘易斯认为，这只是因为假设自有其用处。他指出，20 世纪 70 年代关于可能世界的讨论使哲学取得了巨大进展。（推进了模态逻辑分析，即对某些真理的可能性或必然性的讨论。）刘易斯写道："这个假设派上了用场，这是让我们相信它正确的一个理由。"[24] 这一说法令人吃惊。刘易斯并没有论证一个想法的有用性是证实它的正确性的充分理由；这只是"一个理由"。然而，有些假设即使是错误的，也可能是有用的。正如我们稍后将看到的，一个想法的有用性就足以让它超越认定其是真理或谬误的判断。

与此同时，现代宇宙学家所能做的，是一项看似相对更狭义的任务，即试图弄清楚我们的宇宙到底是不是众多宇宙中的一个。而这也是他们正在做的。彭岑说："我们正试图计算其中两个宇宙发生碰撞的可能性，因为我们真的不知道这种情况是非常罕见还是非常普遍。"

没错：我也不知道。但看吧：多元宇宙，最初只是纯粹的逻辑推测，现在正进行严格的数学建模。这是对不切实际的旧想法的高科技再思考。这才是多元宇宙无数太阳下真正的新鲜事。古人没有今天的数学进展，所以他们不可能像现代宇宙学家那样拥有更成熟的多元宇宙理论。然而，困扰原子论者的基本问题——宇宙之外会是什么？在宇宙存在之前又存在什么？——在两千年后的今天，仍在激励着科学家们继续探索。

重返柏拉图

理性主义是一种非常古老的观念，认为我们可以通过纯粹的思考来理解现实的基本方面，正如德谟克利特在理解原子的必要性时所采用的方式。理性主义通常在修辞学上与经验主义（依赖于经验或实验）相对立。在我们所处的大数据时代，一切皆以证据为基础，经验主义似乎就是一切，而理性主义则是过去时代的迷信。"经验"几乎成了可靠或真实的同义词。而另一方面，"纸上谈兵式思考"通常是一个被滥用的术语：光靠它是不会让你有任何收获的。但通常情况是，它常常让你有所收获。

一方面，数学作为一种纯粹思想的阐述，与现实的关系极为神秘。数学上关于素数的分布或费马大定理的真理的发现，似乎是完全正确的，不依赖于我们对周围世界的任何发现。真正奇怪的是，数学也是一种语言，我们可以用它写下自然界的物理"定律"，用它来预测未来，从而使整个科学和工程取得进展成为可能。[更为奇怪的是，1960年，诺贝尔奖获得者、物理学家尤金·维格纳（Eugene Wigner）发表了一篇著名的论文，题为《数学在自然科学中的不合理有效性》（The Unreasonable Effectiveness of Mathematics in the Natural Sciences）。]此外，正如弗兰克·维尔泽克所言，对数学中美的欣赏，经常引导我们找到最有用的想法，这很奇妙。通常，基于对数学对称性（对维尔泽克所使用的"美"的极为具体的定义）的偏爱而构建的理论，早于最终可能验证它们的时刻。例如，詹姆斯·克拉克·麦克斯韦（James Clerk Maxwell）预言了"不可见光波"，之前从没有人探测到，直到赫兹产出无线电波并证明他是对的；保罗·狄拉克（Paul Dirac）预言了反粒子的存在。类似的例子比比皆是。[25]确实，在历史上许多科学家看来，对于宇宙的运行原理，人类的理性是完全可以理解的，这使他们中的许多人包括牛顿，断言一定存在一位"理性的设计师"，不一定是神，但至少是一个存在（即所谓自然神论者的观点），他首先依据理性原则设置世间万物，以便像我们这样的理性存在者能够理解。即使大家不相信造物主的概念，自然将继续被我们的理性力量所理解，这种假设仍是我们所坚信的。

同样，"纸上谈兵式思考"最终也产生了宇宙膨胀理论，正如安德鲁·彭岑所说，这一理论看起来"像是虚构的"，但随后却做出了非常精确的预测。历史上最伟大的纸上谈兵式思考的成功案例，是爱因斯坦的相对论。正如彭岑所说："爱因斯坦的引力公式来自纯粹的思考，然后他说：'看吧，它解释了水星的轨道、光的偏转，以及所有这些东西。'"

　　另一方面，暗物质的概念的提出，纯粹是出于靠现有证据无法有效解释宇宙运行的原理。暗物质是一种我们看不到的奇异物质，我们假设它的存在使引力方程相加。彭岑说："你得解释为什么星系会以目前的方式运行，暗物质似乎发挥了作用，然后理论家们开始说：'好吧，也许它与这方面相关，也许它以这种方式产生的，接下来会发生……'然后你做了一些新的预测，接下来你再去检验它们。"这样一来，理性主义和经验主义就像一对完美搭档有效地运作起来，而不再是充满敌意的对立的哲学思想。几千年前的纸上谈兵式思考（在原子和多元宇宙的背景之下）在今天科学的前沿反而站稳了脚：基于信念的理性主义，和对证据和数据的关注并不矛盾。

　　现代计算机介导的科学尤其如此，它涉及广泛的数学模型和模拟，现在这对于进行实验来说往往是必不可少的。例如，生物数学是一个巨大且不断发展的领域，它使用模型来模拟细胞的行为，其细节比其他可能的方式要具体得多。而且在现代高能物理中，很难在理论和实验之间划清界线。物理学的实验在过去的一百年里发生了根本的变化。我们可以想象19世纪晚期的科学家在实验室里进行实验，用桌面装置制造电磁波，用伽马射线敲击金片，以及通过巨大的黄铜望远镜测量光线。而现在高能物理学家需要一个27公里的地下超导磁体环，即欧洲核子研究中心的大型强子对撞机。该设备不同凡响，测量仪器本身是一系列极其复杂的装置，根据许多理论设计而成。测量的数据根据仪器运行的计算机模型来解释。反过来，也有亚原子粒子自身行为的计算机模型，以及解读计算机产生大量数据的计算机模型。因此，科学"观察"的概念比桌面物理实验时代复杂得多：观察产生于许多相互依赖的模型和理论的相互作用。因此，科学哲学家玛格丽特·莫里森（Margaret Morrison）认为，也许"我们需要重新思考我们看待实验测量的方式"。[26]

当你在模拟中用数学来为现实的方方面面建模，然后通过模拟的结果告诉自己在实验中发生了什么，那么大数据和纯理性就以一种前所未有的共生融合存在。在我们这个时代，实验与理论之间清晰的界线经过反思已经不复存在。正如多元宇宙论既是前沿的宇宙学理论也是古老逻辑的必然一样，大型强子对撞机既是现代工业科学研究的大型工具，也是纯粹柏拉图主义的机器。

毫无疑问，有时候太阳之下会有一些新的事物：望远镜、电脑、网上约会。但是现在看来，最新颖的理论和技术可能在久远之前就有迹可循。可穿戴技术引领硅谷创新的一大浪潮，但行为主义的不可置信的假设也在悄悄复活。核武器似乎使所有先前的军事理论一夜之间变得过时，然而，指导核战略新思维的谈判理论和威胁心理对希腊的色诺芬将军来说是再熟悉不过的了。宇宙大爆炸的余震——即宇宙微波背景——渗透到现实的想法真的很新奇，就像牛顿的万有引力理论一样。前人从来没有对此产生过质疑。虽然这一想法的影响进程缓慢，但毋庸置疑，它将科学家们引向了多元宇宙理论，就其理论雏形而言，并不会让古希腊的哲学家们感到不可思议。像科学革命之前人们的想法一样，所有的发现都是再发现，这点无需争辩。而且，最闪亮的新思想仍然可以在前人身上追根溯源。

第6章　结论尚待分晓

> 即使可能永远无法证实，有些创意也会不断反复出现。

> 我看见了身躯，它们在思考，它们能感知。我的意思是，身躯：有人类的，也有动物的。那些我看不见摸不着的，无从觉察、无从知晓的，就不能被称作身躯。于是我说："物质自己能够思考，它们也有感觉。千真万确。"
>
> ——贾科莫·莱奥帕尔迪
> （Giacomo Leopardi）

怦然心动的整理魔法

你平时是如何把袜子放入抽屉的呢？是把一只袜子揉成球放进另一只里，然后随意地扔进抽屉里，还是整齐地折叠一双双袜子，然后垂直摆放好呢？如果你选择的是后一种方式，那么你可能是"怦然心动整理法"（KonMari Method）的拥趸。怦然心动整理法是一种整理住房的方法，起源于日本，而后迅速风靡全球。"KonMari"这个名字源自其发明者——日本整理大师近藤麻理惠（Marie Kondo）。她是《怦然心动的人生整理魔法》（*The Life-Changing Magic of Tidying*）一书的作者，该书主要讲述的就是整理方法。这本书在全球的销量达到了300万册。她的理念包含的可不仅仅是叠袜子以及扔掉那些碰触时不会"激起快乐"的东西。怦然心动整理法还是一个哲学体系。

如果你读过《怦然心动的人生整理魔法》,你就会明白为什么它能成为畅销书。这本书的内容非常吸引人,而且文风诙谐幽默,充满了乐观主义精神。不过,它也希望你能用不同的方式去对待你身边的事物。例如,你为什么应该把袜子叠好,而不是揉成一团?你应该站在袜子的角度想一想。"你放在抽屉里的短袜和紧身裤袜实际上是在休假,"近藤活泼地解释道,"它们在日常工作中遭受了残酷的打击,被困在你的双脚和鞋子之间,不断忍受着压力和摩擦力,以保护你的双脚。它们唯一得以喘息的机会就是待在抽屉里。但如果你把他们折起来、裹起来或者绑起来放在抽屉里,那它们就得一直绷紧神经,拉扯着面料和橡皮筋。你每开、关一次抽屉,它们就会滚来滚去,相互碰撞。"[1]相反地,用合适的方式放置你的紧身裤袜和短袜,会让它们变得"更加快乐",能让它们"松一口气"![2]

这听起来就像是说短袜和紧身裤袜有感知一样,对吧?确实是这样的。近藤甚至希望你能够一边用正确的方式叠衣服,一边跟它们说话。"当我们叠衣服的时候,"她解释说,"我们应该用心去做这件事情,感谢衣物保护我们的身体。"[3]当你用正确的方式叠衣服时,"你会突然灵光一现——'原来你一直想被叠成这样!'——在这样一个特殊的时刻,你的头脑和这件衣服就连接到了一起"。[4]近藤建议道,即使你准备要扔掉一件衣服,你也应该和它进行正确的对话。不要感到悲伤或内疚。相反,既然已经决定要扔掉这件衣服了,那就大声地告诉它:"把你买下来的时候,我感到很快乐。谢谢你。"或者"谢谢你让我明白什么东西不适合我。"[5]然后你就能够一身轻松地扔掉它了。

和叠衣服相比,整理房子无疑是一项更为庞大的任务。但刚才提到的那些原则在整理房子的时候同样适用。比如,你应该把书全都先放在地板上,然后再搬走。这不仅是为了你好,对它们也同样有好处。"就像我们要叫醒一个人的时候就会轻轻摇晃他一样,"近藤解释说,"搬动东西,可以起到刺激它们的作用。让它们接触到新鲜空气,可以使它们'有知觉'。"[6]当然了,我们的东西并不是真的"有知觉"。不过，谁知道呢？

在上述的诸多场景中，近藤麻理惠巧妙地引用了日本传统的万物有灵论。这种理论认为，无生命体的内部也有精神或灵魂存在。这听起来有点像过时的宗教迷信思想，但这种想法在世界各地的许多思想体系中都曾一再出现。与此同时，沉寂了数千年之后，一种和它非常相似的思想又重新出现在了西方哲学的体系当中。

永远的贝多芬

在文学和艺术领域，向旧观念回归是一种非常普遍的策略。在伊戈尔·斯特拉文斯基（Igor Stravinsky）的那个年代，虽然他的一些同辈正朝着无调性音乐的世界前进，但他却回望过去，并从中获得灵感，发现了一种新古典主义风格。在我们这个时代，乔纳森·弗兰岑（Jonathan Franzen）放弃了他早期作品中的后现代主义，有意识地回到了关于人与关系的大狄更斯式小说上。这一转型使得他的《纠正》（*The Corrections*）与《自由》（*Freedom*）等作品广受好评，但并不意味着所有人都认为现在写小说只有这一种方法。像本·马库斯（Ben Marcus）等其他作家，就正沿着更具实验性的理论笔耕不辍，以飨读者。

当然了，那些以弗兰岑的新狄更斯风格写就的小说也并非发生在19世纪的伦敦。它们讲述的是21世纪美国人的生活。一个认真的艺术家永远不能完全像他的前人一样行事。20世纪初的现代主义诗人复兴了一些前几个世纪几近被人遗忘的诗歌形式——比如威廉·燕卜逊（William Empson）那些令人印象深刻的六节诗和十九行诗——但他们并没有用这些形式来表达文艺复兴时期典雅的爱情。同样，现代的作曲家也无法在用贝多芬的风格写一首交响曲的同时还能不落俗套。从过去吸收某些风格的同时，艺术家们还必须推陈出新。但当他们真正这样做的时候，他们并没有证明什么，也不需要征得别人的同意。

一般来说，时尚潮流总是变幻无常，艺术家的气质也各有不同，所以艺术风格的变化总是循环往复。人们总是在对传统进行反思，但从未有人获胜。艺术中的想法从未被证实或证伪，而只是单一地执行。因此，艺术中的思想生活并没有表现出与本书所探讨的科学、技术中的重新发现和再思考相同的动力。

乍看之下，哲学舞台可能与它有一些相似。纵观其历史，各种争论和观点总在不断重现，但是很少有某一个时刻，每个人都心服口服。在哲学界，有相互竞争的流派，也有时尚，就像在绘画或建筑领域都有时尚一样。然而，一个重要的区别在于，哲学家总是想要阐明事物的真谛。我们很难去判断他们是否正确，因为这几乎是不可能的——就像也不可能知道我们是否生活在多元宇宙之中一样。然而从某种意义上说，当一切尘埃落定的时候，哲学观念必须要回答现实问题。

我们在本章之中将要讲到的是关于世界本质的一些观念，但这些观念并不像支撑航空和智能手机领域的物理学理论那样得到令人信服的支持。旧的观念可以再次出现，并且就算其领域的最终真理问题依然悬而未决，它们也能再次迸发出强大的生机。对于倡导这些观念的人来说，有充分的理由证明为什么在沉寂了几个世纪之后，它们会突然再次变得可行，甚至不可或缺。这些观念听起来让人难以置信，但这并不意味着它们就是不可能的。它们似乎完全违背了常理。但是再思考的一项工作就是，使常识变得不再寻常。所以，某天早上，我在愉悦地叠完袜子之后，就去拜访了一位在这种观念上走在时代前列的人。

为什么要有光？

哲学家盖伦·史卓森（Galen Strawson）的工作室位于北伦敦，里面灯光透亮。他有着一头灰白的金发，笑着打开了工作室的前门。工作室里放着钢琴和沙发，上面堆放着书、苹果笔记本电脑和一把古典吉他，再朝里一点，放着一大堆书籍，像一堵墙。"这些书是按年代的先后顺序来放的，越老的离我越近，"史卓森解释说，"因为我一定得把笛卡尔放在我触手可及的地方。那稍远一点的地方呢，就放维特根斯坦好了。"

史卓森正忙着用一台机器制作咖啡。这台机器看起来十分神奇，就连史卓森自己也不太能搞清楚它的工作原理。（"噢，我吹过了它吗？"他突然叫道，然后笑了起来，"对不起，我可能看起来像一个经典哲学家。"）在《泰晤士报文学增刊》（*Times Literary Supplement*）的读者来信栏中有一个有趣的八卦，跟他最近的一篇文章有关。于是我们坐下来，然后他开始向我解释为什么在他看来我们应该去接受一个很特别的旧理论。

"所有东西都有智慧！"

两千五百年前，希腊数学家和哲学家毕达哥拉斯就已经提出了这种观点：所有东西都有智慧。真的吗？不只是你，还有这个咖啡杯、那块石头、海洋以及近藤麻理惠的袜子都有智慧？

是的，他就是这个意思。这种观念最终被命名为"泛心论"（panpsychism）。（英语在1879年收录了这个单词。它源自希腊语，意为"思想无处不在"。但在这个词出现之前很久很久，这个观念就已经存在了。）这种观念认为，思想一定是所有物质（即实物）的基本属性。

因为我们自认为对实物很了解，所以从我们的角度来看，这个观点就会显得很奇怪。而正是因为我们自认为对实物很了解，所以在过去几个世纪里一直有一种叫作"心身关系"的问题存在。此时此刻你正在阅读这一页文字，那么你脑中物质的电化学相互作用是如何让你产生此刻的意识经验的呢？我们是如何从原子层面开始产生第一人称经验的呢？

尽管人们可以从神经科学里流行的解释中得出可能的结论，但没有任何人能找到确切的答案。正如史卓森所说：你可以把物质拿出来，然后在你的大脑里"用这种令人惊讶的电化学方式，把它们用一种非常复杂的方法组合到一起"，"但你仍然需要跨越一条鸿沟去解释如下这些问题：为什么大脑里这些以特定的方式排列的小东西必须以某种特定的路径飞快地移动？为什么要有光？如果以前并不存在意识之光，那为什么它现在又需要延续下去呢？"

史卓森给出的答案是，这些东西以前本来就存在：意识是所有物质的根本方面，它一直存在，深藏于物质内部。这个答案虽然斩断了心身关系问题的戈尔迪乌姆之结（难题），但并未彻底解决这一问题。如果你认同泛心论，那对你来说，心身关系问题根本就不会存在。你可能会认为，如果要解决这个难题就必须接受这个惊人的论点的话，那代价显得太过高昂。但纵观哲学史，你会发现主流共识确实如此。在过去的两千年里，大部分时候人们都认为这个想法只是一个伎俩，或者干脆是承认失败的表现。人们能够查到历史上所有著名泛心论者之间的关系，但这一观点却总是为主流思想所不容。事实上，从提出伊始，它就成了人们肆意嘲笑的对象。

原子论者卢克莱修将泛心论嘲笑了一番：

如果我们不能解释为什么每一个生命体都有知觉，而只是简单地将感知归功于构成生命体的那些元素，那么我们对构成人类的特殊原子又能有怎样的说辞呢？毫无疑问，他们无法自控地摇摇晃晃，笑个不停，脸上洒满了泪水；毫无疑问，他们有资格对化合物的结构进行长时间的讨论，甚至可以研究那些组成他们自己的原子的性质。[7]

可以看到，这并不是一个聪明的现代泛心论者所认为的那种事情，但它确实定下了基调。泛心论的名声一直不太好，甚至有人认为它很可笑，或是幼稚。直到几十年前，盖伦·史卓森以及其他一些哲学家开始将其重新认真对待时，这种情形才有了改观。

选择点

前些年，一个对心身关系问题的回应甚嚣尘上，它宣称头脑根本不存在。这些否认头脑存在的人有时候也被称为"取消主义者"（eliminativist）。他们不会太久地耽误我们的进程，但他们中有一部分人，比如丹尼尔·丹尼特（Daniel Dennett），却因为在其他方面的成就而蜚声学界。他们用以否认头脑存在的证据，是说虽然我们认为自己能够产生意识经验，但这只是大脑产生的"错觉"。

然而，这种说法在基本逻辑面前根本不堪一击。"错觉"本身就必然是一种经验。没有意识的东西无法体会到任何东西——包括幻想。所以，那些否认经验存在的人所接受的事实，就是我们那些意识经验似乎只是确保我们能有意识的经验。这就是"似乎"的意思。或者，正如史卓森所说："那种看起来像是有经验的现象——就是那种我们假定为一种错觉的现象——是一定要以真正的经验为先决条件的，否则它就不可能存在。"[8] 有一种很有意思的说法是：如果我们什么都知道，那我们也能够知道我们有意识。（这是笛卡尔的"我思故我在"这一推论的起点。但笛卡尔并不是泛心论者：他认为头脑是一种与其他物质不同的存在，并通过大脑中的松果体与身体的其他部分互动。在设想这两种完全不同的东西时，他是一个"二元论者"。）

所以我们知道我们是有意识的，而且意识不是错觉，因为如果我们的意识是错觉的话，那我们就不能感知到它了。即使如此，仍然有人全盘否认头脑的存在。盖伦·史卓森说："有7.5亿人相信意识存在，但也许有两三百个哲学家不相信。"在自己的书中，他恶作剧似的称否认头脑的存在是"全人类历史上最愚蠢的观点。"[9] 是什么驱使着思想家们去支一个持如此荒谬的观点呢？看，我们这个时代的大多数人都认同"物理主义"（又称"唯物主义"），根据其原则，任何事物都可以用物理学理论来从根本上加以描述，而这些物理学理论的作用就是描述物质如何运转。（这不需要我们对物理学的真实理论非常了解。

我们只需要想象一些未来的理论。这些理论叫作理想理论，用于统一所有诸如重力和量子物理学之类的可观察现象。）物理主义认为，没有任何东西是非物理的，灵魂的尘埃是不存在的。笛卡尔二元论是一种诅咒，它认为世界上主要有两种物质，即实际的东西和头脑中的东西。但是，如上所述，我们不知道大脑中实际存在的东西是如何引起头脑反应的。所以说有些人就选择简单粗暴地说：好吧，头脑其实就是幻觉。什么都没有，只有愚蠢的原子。

但这不是唯一的选择。史卓森提出了自己的论点，并将其作为一系列"选择点"。首先，大多数人都倾向物理主义派。但他们也想接受意识的存在。而且如果你已经做出了这两个选择，那么你就已经与史卓森"走在同一条路上"了。"我们来画一下吧！"他说。他把一张A4纸放在咖啡桌上，画出了各种可能性的分支图。他说："人们想要成为一名物理主义者，但是他们也想要成为一个关于意识的现实主义者。所以，从这两点来看，意识纯粹是物理层面的东西。在这一点上，你面临着突现的问题，激进突现。"

突现（emerge）在科学中是一个既时尚又有用的概念。水是液体。这是一个事实。看，一个单独的水分子并不是液体，但是当你把它们放在一起的时候，突然间就有了水，也就有了液体。于是，液态就在一个更大的范畴里突现了。但是，人们需要经过仔细的检查才能确定一种东西是由另一种东西突现而来的。我们可以通过水分子的已知特性和它们彼此相互作用的方式来阐述为什么水会突现出液态，而不需要用到一些额外的神奇成分。但是如果要解释为什么一个个神经元的运转能突现为第一人称的经验，那似乎就真的需要一些别的东西才行了。我们没办法去阐明这个机制到底是怎样运转的。所以史卓森就将这种突现命名为激进突现。他认为这种方式"就像幽灵一样"！

激进突现这一观点是一个尚在黑匣子中想法。是的，这个我们目前不知道的黑匣子里可能包含有一个机制。但实际上，这个机制一定非常特别，而且前所未有。它跟我们以前遇到过的所有机制都不同。有了这种机制，纯粹的物理事件就可以激发出你目前正感受到的心理经验。关于这样的机制可能是什么样子，目前没有任何人有说得通的想法，甚至连大体上合适的都没有。

"没有进一步的论据。"史卓森承认。如果你相信头脑是从神经元中激进地突现的，那么事实就是这样。"我无法更进一步地去争辩，去否认激进突现。这很大程度上是一个选择点。"你可以说，既然我们知道我们有意识，那么就算我们不知道激进突现该怎样发生，它也一定会发生。但如果你觉得激进突现太过神秘，那么你就仍然是与史卓森持有相同的观点。现在他有一个好问题要问："你为什么一心想去相信无法体验的东西？"这个问题的意思是，为什么你认为实际的物质没有意识？"然后我最喜欢的一句话是，"史卓森继续笑着说，"那有什么证据呢？"答："没有！永远也不会有！"

强迫将杀

史卓森认为，没有证据表明意识不是物质的基本属性。为什么我们要假设它不是这样呢？它深藏于我们的常识里，从未被探察到过。我们甚至很少注意到我们正在假设这一点。现代科学兴起于16~17世纪，当时诞生了一种关于物质的新理论，名叫"微粒论"。可以说，物质一定没有意识的这种想法就来源于这种理论。从那时起，人们就开始认为物质的最小组成部分是一些微小而坚固的颗粒（小体），那些颗粒就像台球桌上的台球一样撞来撞去。人类的灵魂是无形的，但现实世界的其他部分则属于一个巨大的机制，像钟表一样精准地运行。

但是，这种关于物质的思维形象已经过时很久了：现在的一些理论是建立在诸如波粒二象性、量子隧穿、真空能量以及一些其他奇妙概念的基础之上的，能对未来进行非常准确的预测。有鉴于此，史卓森问道："除了直觉——不好的直觉——之外，还有什么地方说物质从根本上讲是没有知觉的？没有任何地方这样说。"

史卓森喜欢引用20世纪初的天体物理学家亚瑟·爱丁顿爵士（Sir Arthur Eddington）写于1928年的话："关于原子的固有本质，科学没什么好说的。"[10]科学能提供可靠的数学模型来解释物质的相互作用，但是关于它们的"本质"，爱丁顿说："物理学就是'还没解决，也无法解决'。"而以语言学理论和政治著作而闻名的诺姆·乔姆斯基（Noam Chomsky）也指出："只有当我们对身体有了一个明确的概念之后，我们才能去提出心身关系问题，这才是明智的做法。如果没有这样一个固定的概念，我们就不能去探寻一些现象是否超出了它的范围。"[11]换句话说，我们对组成我们身体的物质不够了解，还不能确定头脑真的与其完全相反。

现在物理学的进步远远没有明确"身体"或物质的概念，恰恰相反，它看起来一直在试图模糊它们的概念。物质是波，也是粒子，是弦的振动，是时空的皱纹。它在某种程度上与可以与能量互换……基本上，哲学家所说的物质的"本体论"（也就是它们实际上的状态）仍然处于一种概念性的荒漠之中。归根结底，一切都是由"这种闪烁着的电荷的模式"组成，史卓森说。所以他认为，我们没有理由去假设说意识不是这个闪烁着的模式的一部分——除了凭直觉和偏见之外，我们没有任何理由这样做。当然了，你可能会说，凭借着不管用的常识，我们也可以这样做。

"所以这是轨迹，"他总结道，"这很简单，就像国际象棋中的强迫将杀（forced mate）一样。接受真实的意识，那么你就会成为一名物理主义者。于是你就得做出选择：要么选择'激进突现'，要么选择'意识经验是一切的根源'。就这么简单。"

如果你发现自己已经开始沿着史卓森的图表不断前行，并接受了他的观点，认为意识经验是一切的根本，那么你也成了一个泛心论者。

长发的观点

如今，学界比以往任何时候都要更加重视泛心论。以前，如果青年哲学家想在学术上有所斩获，那么研究泛心论显然不是一个妥当的选择。但现在，牛津大学出版社正要出版一系列关于这个领域的新论文。尽管如此，史卓森还是承认有很多人认为研究这个领域的人"精神不正常"。"我真不应该留头发的，"他笑着说，"因为这是一个头发长的人才有的观点。他们立刻就能贬低这些观点，因为只有头发长的人才会说那些东西。"

但事实就是如此，泛心论正在回归到哲学大家庭之中。布鲁诺·拉图尔（Bruno Latour）是大陆哲学流派的专家，他也研究了人类学和一些相关学科。"对象本体论"正在试图给那些看起来像是乐高积木似的东西建立自己的理论，而且它认为诸如"森林到底想要什么"之类的问题有其合理性。著有《债：第一个5000年》（Debt: The First 5000 Years）的人类学家大卫·格雷伯（David Graeber）也赞同这样一种泛心论的立场。他认为一种可能有一种"行动原则"在控制着电子的行动。[12] 当然，还有近藤麻理惠所提出的符合新万物有灵论的整理方法，提醒我们注意袜子的感觉。我们似乎正在经历一个泛心论复苏的年代，人人都忙着往根本性的层面上加入一些精神方面的支撑。

泛心论并没有愚蠢到要求人们去相信原子、岩石和桌子都既能思考也会做梦。在那些远没有人脑那么复杂的物体当中，意识的微光可能会十分微弱。（不管怎样，我们都没办法去问岩石或袜子它们自己是怎么想的）。但是，这个想法可以更微妙地改变你的世界观。这意味着，一方面，你永远不能摆脱其他的头脑。"我认识一个人，他觉得他不希望周围有那么多头脑存在，"史卓森微笑着说（换句话说，他的朋友不希望泛心论是正确的），"他是加拿大人。"他说："我想一个人出去走走，去加拿大北部的野外。我不希望我周围一直有东西喋喋不休。"

头脑的黑匣子

可以肯定的是，作为一种观点而言，泛心论仍然面临着严峻的挑战。它的反对者认为，最为深刻的问题是"组合问题"。如果构成我脑部的所有粒子本身都有微小的头脑，为什么我的大脑整体上却是一个丰富、复杂、统一而又"庞大"的头脑呢？为什么它不像是一个由几乎完全愚蠢的粒子组成的松散的联盟呢？生活的经验告诉我们，多个微小的痛苦并不会叠加起来——它们并不会变成一个大的痛苦。他们始终保持着微小而独立的状态。那么，一个个微小的意识肯定不能叠加在一起，成为一个内容丰富的复杂意识。经验是不能叠加的。这就是组合问题的内涵。

19世纪末期，心理学家威廉·詹姆斯认为泛心论"对有思维能力的人来说简直具有无法抗拒的诱惑力"。但组合问题的存在对它的严肃性提出了严峻的考验。然而他没有放弃。20年后，他提出，泛心论一定是真实的，那么组合在某种情况下也确实可能存在。[13]

史卓森认为，组合问题可能不是一个问题，因为还有一个听起来更加激进的想法。我们设想世界上有很多不同的东西——无数像微小的台球一样的亚原子粒子。史卓森把这个观点视作小体主义。那么，如果小体主义不是真的呢？如果并不存在很多很小的东西呢？实际上，现代物理学并没有将电子描述成一个微小的台球，而是一个场被激发之后的结果。场是一种不固定的媒介，弥漫在整个空间之中。而从数学上讲，场可以叠加，其方式与经验的叠加类似。历史上曾经有过否认小体主义的先例。在17世纪的荷兰，有一位名叫贝内迪特·斯宾诺莎（Benedictus Spinoza）的哲学家，他也是一位泛心论者，平时以打磨镜片为生。他认为整个宇宙都是由一个单一的物质构成的，这种单一的物质与上帝或自然是同一样东西。所以对他来说，心身关系问题也并不存在：我们所说的精神和物质现实只是那种单一物质能够被人类察觉到的两个方面而已。而这个宇宙物质具有无限多的属性，所以许多在我们看来各不相同的东西也只是它的不同模式而已。[14]因此，小体主义只是一种错觉。（斯宾诺莎还认为，世界上并不存在很多头脑。世界上只有一个头脑，那就是"上帝"的，我们每个人都正将其分享。吠檀多哲学和佛教哲学中也有同样的观点，并且在20世纪得到了物理学家埃尔温·薛定谔的支持。）[15]

所以，现代泛心论者的立场就是这样的。如果小体主义是真实的，那么组合就一定可能存在——因为此时此刻你我有都有意识经验。如果小体主义不正确，那么就应该有一个场的融合物，来再次使我们产生意识经验。这就是"印象主义"，史卓森承认，"但我认为没有人能在这个领域走得更远了"。

现在看来，只有留着一头长发的哲学家才能提出这种抽象的观点。史卓森指出，为了避免这种声音出现，他认识一些在大脑这个领域里以谋生的人，并且其中有些人和他持同样的观点。著有《不要伤害》（*Do No Harm*）一书的神经外科医生亨利·马什（Henry Marsh）告诉史卓森，他觉得他自己可能也是一个泛心论者。可以说，和现代物理学一样，现代神经科学并不是泛心论发展的障碍，而是它的一个有力佐证，使它变得更为可信。

但是到底有多可信呢？盖伦·史卓森用了一种结构合理的方式来向我们证明这种观点。我们接受这个观点，是因为其他可能的观点都已经不成立了。但是有没有一些正向的证据来支持泛心论呢？

"我不知道那会是什么，"史卓森沉吟着，然后说道，"嗯，第一：正式地说，你会遇到其他头脑的问题。"他说："我原来还不知道你竟然有头脑！"

千真万确。我可能只是一个制作精良的无意识机器人。史卓森无法获得我意识经验；他必须先观察我的行为，才能推测出我确实有一个头脑。所以，如果就连像我这样一个活生生的人，坐在史卓森对面，跟他有问有答，都不能让他确定我真的有头脑，那么即使电子真的有头脑，他又能对此提供多少有说服力的证据呢？

然而，还有另一种正向支持泛心论的可能性存在。"如果出于某些未知的原因，我们能证明世界上并没有激进突现，"史卓森说，"那我认为这就是一个正向的证据了。虽然严格地讲，它只能让你承认说至少有一些粒子已经涉及经验这个层面了。它不会正式地引领你在这条路上走得太远。"但是，如果你认为一些最基本的粒子已经涉及经验这个层面，那么你就得去解释为什么有些涉及了，而有些还没有，对吧？"没错，"史卓森表示同意，"然后你就明白了这个想法，我将其称为可替代性。"如果一种东西是可以被替代的，那就意味着其中一个可以被替代，同时其他的也可以。这个理论最经典的例子就是钱：并不是只有这一张十镑纸币才能用来支付你买的饮料；任何一张十镑的钞票都可以。也许物质本身就是可以被替代的。"据我们所知，"史卓森说，"任何形式的物质都可以转化成任意一种其他形式。如果是这样的话，那就意味着你可以用任意一种物质来构建一个大脑。"（原则上说，只要把组成钢琴的所有电子拿出来，再重新排列，你就能够造出一个大脑。）在这种情况下，好像没有任何一个粒子涉及了经验，但又可能每一个粒子都涉及了经验。如果是后者的话，那这就是泛心论。"这个结论没有问题，"史卓森完成了他的图表之后指出，"因为从理论上说，这就是最好的选择。"

你的意思是这是唯一一个相对合理的选择？

"是的！"他说，"人们需要克服深刻的偏见才能明白这一切。只是一种直觉。"

所以泛心论就成了笑到最后的那个理论，因为在所有理论当中，只有它才能让我们看起来不那么傻或者神经兮兮的。

"正是如此。"史卓森说。

有一个很好的经验法则，那就是如果在所有选项里面有一个看起来没有那么不靠谱，那就选它。毕竟，福尔摩斯说过："当你排除了所有不可能的选项，那么不管剩下的那个看起来多么荒唐，它都一定是真相。"尽管另一位杰出的现代哲学家在科学领域被人大肆抨击，但你也不会因此就怀疑它的真实性。

争论的声音

2012年,世界上最著名的哲学家之一决定从科学史的"垃圾箱"中捡起另一个长期以来不被学界所认同的观点。但与泛心论不同的是,这一观点在整整五百年的历史当中都鲜有人支持。近四百年前,我们那位曾经试图把一只鸡冻起来的老朋友弗朗西斯·培根抨击了这个想法。从那时起,人们开始普遍地将其视作反理性的废话,以及不合时宜的理想主义者和宗教煽动者手中最后的那根稻草。

然后,在2012年,一位现代哲学家托马斯·内格尔(Thomas Nagel)出版了一本名为《心灵与宇宙》(*Mind and Cosmos*)的书,认为我们应该认真对待这个问题。生物学家和哲学家们对此感到十分愤怒,他们成群结队地对他进行抨击。他的想法"过时了",有些人抱怨道。有人写道:"这本书的出现让我感到很遗憾。"[16] 在推特上,史蒂文·平克(Steven Pinker)对"一个伟大的思想家的粗俗推理"一阵嘲讽,说这显然是"2012年最受人鄙视的科学书籍"。[17] 那么,到底是什么让学者们如此生气呢?答案就是,在目的论这一概念被学界封杀之后,还有人敢于将其认真对待。

在古代科学(旧称自然哲学)中,目的论认为,事物——特别是生命体——有一个自然的结局,或者叫终点。这个想法首先由柏拉图提出,随后亚里士多德将其与物质界有关的内容加以发展。他们认为亚里士多德相信,橡树发芽并长大成苗,是因为它的目的是长成一棵粗壮的橡树。(我们现在可以说,橡子的DNA里包含了长成一棵橡树所需的所有指导信息,但它的基因编码当中并没有包含一棵成熟橡树的"图像"。)有时候,相信目的论似乎就代表着要去追寻这样的结局。这样的结局可能是在生物体内,也可能是在创造者的心中。同时,它也意味着反向因果关系,随着终点——或者说"目因"——及时地朝反方向产生作用，以影响以前的事件。对我们来说，虽然橡子终将长成橡树，但橡树并不是橡子生长的原因，因为它还并不存在——而当它存在时，它就不能去引起已经发生了的事情。出于这个原因，现代实验科学诞生之后，目的论就正式被学界所抛弃了。

从那以后，非目的性的科学思想取得了卓越的成就，而且也始终忠于一直向前的"机械因果论"，这似乎证明了弗朗西斯·培根对目的论的抨击是正确的。但目的论仍然在暗处继续对一些人产生着影响，尤其是在对生活的描述这方面，影响很大。伊曼努尔·康德（Immanuel Kant）写道：观察一个生命体的时候，我们总是不由自主地从目的论的观点出发去思考——比如说，眼睛存在的目的是让动物能看到东西——而科学已经证明了这种想法是有用的。他总结说，即便如此，最根源层面上的目的论解释也没有被学界所认可，因为我们永远不知道它到底是真是假。1859年，达尔文发表了《物种起源》，为目的论盖棺定论。弗里德里希·恩格斯（Friedrich Engels）对此致以敬意；而作为达尔文的崇拜者之一，美国植物学家和进化论拥护者阿萨·格雷（Asa Gray）却误认为它确认了生命发展中的一种目的论观点。然而达尔文本人（从很大程度上讲）却未承认过。

除了在生物领域，它在别的领域也有了许多成就。1948年，诺伯特·维纳诺（Norbert Wiener）出版了《控制论：或关于在动物和机器中控制和通信的科学》(Cybernetics: Or Control and Communication in the Animal and the Machine)这本经典著作。在这本书中，他写道：一旦人造系统的设计当中包含了反馈（让输出成为下一次输入的一部分）时，我们就创造出了一种新的"目的论机器"：这种机器有自己的目的，就像有机体一样。之后，哲学家阿拉斯代尔·麦金泰尔（Alasdair MacIntyre）在他出版于1981年的《追寻美德》(After Virtue)中认为，道德哲学已经失去了自己的道路，因为它已经放弃了亚里士多德的目的论——这种理论认为人类必将迎来一个"真正的终点"，而这正是一个人不断发展的最自然而又最正确的道路。麦金泰尔写道:"美德存在的意义就是让人能够从现在的状态抵达他真正的终点。"[18] 如果你不再相信这个真正的终点,那这整个理论就没有了合理的基础。

托马斯·纳格尔认为:心身关系问题给进化科学带来了很多严谨的衍生研究,而学界普遍没有接受这一点。在这个观点的基础上,目的论这一概念在他的著作《心灵与宇宙:对唯物论的新达尔文主义自然观的诘问》中又重新焕发了生机。纳格尔认为,宇宙中出现了像我们这样有意识的生物,那么就可以说是宇宙醒来了。然而,对他来说,生命诞生于某种"无机物质"里的可能性似乎微乎其微;如果一些生命形式要发展出自己的意识的话,那就更不可能了;而一种生命形式要获得"超验"的理性力量,无异于痴人说梦。[19] 纳格尔建议道:为了解释这些事件,我们需要的不只是物理学、自然选择以及其他方面的"机械的"工具。不仅需要物理理论,还需要"心理物理学理论"。[20] 你甚至可能需要目的论的帮助。这个说法十分大胆,但从其本质上讲仍然是科学的。纳格尔真正激怒其批评者的地方在于他对进化生物学持怀疑态度。他的直觉是:"我们所知道的生活是一系列物理意外事件以及自然选择的机制结合而成的,这是一个乍看之下让人难以接受的事实。""概率问题"一直存在,且人们无法对其避而不谈。他认为目前的正统观念正在"颠覆常识"。[21]

然而,打破旧有的常识一直以来都是科学的分内之事,这也是人们尊敬科学的原因。如果一个经过缜密观测之后得出的理论与你的常识互相冲突,那么你最好重新审视一下你所认为的常识是否正确。因此我们现在接受了一些观点,比如一个原子里的大部分空间都是空的,而这些原子又组成了固体——只是电荷的一种闪烁着的排列方式——还有,是地球绕着太阳转,而不是太阳绕着地球转。纳格尔认为,宇宙中要诞生出意识的话,很大程度上来说是不现实的。但不现实不代表不可能。事实上,如果要说过去的一件事情不可思议，那听起来会很奇怪，因为我们知道它确实已经发生了。因此，从现在的角度讲，"这件事情发生了"的概率是100%。所以，事实就是如此。

这些反对的声音并不能将目的论彻底消灭。纳格尔的批评者们很少承认的是，当今大众科学甚至学院科学的著作当中仍然充斥着目的论的观点。大量意有所指的暗喻似乎描绘了一幅讲述终极因的图景。这里的终极因不仅仅存在于在现代生物学中，它在化学和物理学中也同样存在。长期以来人们一直认为，诸如"心脏是为了抽送血液而存在"的普通描述只是在粗略地表达它的生物学功能，而并不是在陈述目的论的观点。但是我们也常常看到一些观点，比如亚原子粒子"知道"或"能选择""正确"的路径；再比如分子会对自己进行重新排列，"以达到"某种能量状态；又或者，有机体不断进化自身的特点，"是为了"让这些动物能做一些以前做不到的事情。实际上，我们在每一个地方都把目的归结于自然界的运作。

在这一点上，人们能够咬紧牙关，从字面上去讨论目的论，并接纳泛心论。但是，纳格尔虽然承认泛心论对他很有吸引力——他在1979年发表了自己第一篇有分量的现代哲学论文，选用的主题正是泛心论——但现在，他选择去走一条不同的道路。他说，目的论一定是有用的：宇宙中有一种像法则一样的趋势，这种趋势会刻意地向有利于意识觉醒的方向发展。根据这个观点，纳格尔写道："事情会发生，是因为他们正处在一条道路上，沿着这条道路走下去，就必然会产生特定的结果。"大自然的法则可能会"偏向奇妙的事情"。[22] 如果是这样，那么意识——一种奇妙的存在——的出现，就并不奇怪了。因为我们生活的这个宇宙，它的目的、目标或者说是终极，就是要产生意识。

其他关于遥远的过去的根本性问题也要服从于目的论的规则。事实上，这段时间正有一些人认真地试图用目的论原则来回答宇宙学中的"微调"问题——为什么大自然的规律如此精准，刚好能让宇宙中有生命存在？2007

年，物理学家保罗·戴维斯（Paul Davies）在他的著作《金发之谜》（*Goldilocks Enigma*）中提出了一个目的论的"生命原则"。同时，哲学家约翰·霍桑（John Hawthorne）和丹尼尔·诺兰（Daniel Nolan）也证明了，从原则上讲，目的论法则首先可以解释到底为什么会有宇宙，或者"为什么这个世界上会有东西存在，而不是空无一物"——根据各人不同的哲学和科学的倾向，这个问题要么无关紧要，要么深刻神秘，抑或毫无意义。[23]

基础目的论并不是一个不科学的假说，所以如果有一个像托马斯·纳格尔一样杰出的现代思想家支持的话，它就能够走向复兴。不过，我们不知道如何对目的论进行测试，也没法对它可能规定的法则进行评价。纳格尔本人并未尝试去详细地描述目的论，他希望将这个任务留给未来那些富有创意的科学家们来完成。如果是真的，那么现阶段目的论就是另一个黑匣子。

无尽的循环

看起来，哲学中出现旧观点的频率要高于其他学科。也许这是因为虽然对某些哲学问题的理解已经有了一定的进展，但是很少能有人提出一种让所有人都接受的压倒性的论证，去证明某些事情的真相是这样而非那样。（与之相对比的是，数学的不断进步正是建立在一个又一个压倒性的论证或者证据之上的：例如，对于平面而言，欧几里得几何仍然适用；而行星在正圆轨道上运行的想法则被彻底驳倒了。）许多哲学家都曾谈到，许多他们认为是自己最早提出的想法都已经被前人所预料到了，而且往往已经出现了很久。这个现象可能会让一些人深感苦恼，但盖伦·史卓森写过一篇论文，愉快地表达了自己相反的感觉：

自从我在20世纪80年代末第一次讲述"心身关系问题"以来，我不断有意无意地在阅读过程中发现，几乎所有我想到过的值得探索的东西都已经在过去几个世纪里被那些伟大的哲学家们以这样那样的形式思考过了（而且我很确定，如果我继续阅读下去的话，"几乎"这个词都可以从这句话里删去了）。每当你发现自己和几个世纪之前的先贤们达成了某种共识的时候，你总会为此而感动。我自由地引用着这些哲学家们的观点，并将它们视作对我自己有力的支持。哲学界里几乎所有值得探索的东西都已经被前人所思考过了，但这一点也不会让人觉得沮丧……在哲学界里，自己想出了某个观点，然后发现它很早以前就已经被别人提出过了，这种情况十分常见。明白这个道理，对我们理解哲学来说至关重要。[24]

当我提醒他这段话时，史卓森说："哦，是的。我很喜欢这个。"总的来说，他说："我只是想断言某些特性是人类共有的。不仅跨越了文化，而且超越了时间：同样的问题一而再再而三地出现。而且不仅仅是哲学上才会遇到这些问题。阿里斯托芬真的是个很有趣的人，他的作品很感人。读他的作品时我总能笑出来。"

从某种程度上讲，去指出一种哲学观点以前就曾经被人提及了，堪称是一种运动。"在牛津大学的时候，我曾经在弗雷迪·艾尔（Freddy Ayer）的讨论小组里待了很久，"史卓森回忆道，"很快我就搞清楚了一点：组里的高级成员有着自己特殊的角色，差不多就是说'我以前听过这个。这是新的，有自己的新内容，但是……'这种事情当然也在我身上发生过。但是——好吧，这个观点以前有人提到过，但从某种程度上讲，也许人们应该从其中感觉到一些新的以及令人兴奋的东西，这才更重要。"

如果之前已经有人提到过这种观点了，那么说不定其中会有一些实在的内涵呢？

"嗯，的确！没错，如果这个观点有实际意义的话。但是，当然很多时候人们都会发现一些问题已经被人提出过了——哦，我有另一个引证！"他凝视着他的苹果笔记本电脑。"我像一台机器一样不断引证，"他高兴地说，"这一条是我最喜欢的之一。"

正如叔本华说的:"如果人们两次发现了同一条真理,最好只简洁地庆祝一下就行了,因为在那段很长的时间间隔里,它要么被人们认为是自相矛盾的,要么就被人所忽略了。"[25]

史卓森说:"我们总是先正确地理解这些观点,然后又将它们遗忘。真是可悲。"

当人们穿越了时空,发现前人已经先提出了相同的想法时,总会禁不住颤抖,被这种"跨越了几个世纪的连接所打动"。事实证明,再思考可以是一件很感性的事情。

黑暗与思考

如果一个观念被重新提及,并不一定是因为现在所有人都认为它是对的。目的论可能代表着自然界的法则,当然,也可能不代表。但纳格尔认为,它至少提出了当今的解释中缺少的东西。对于他而言,它弥补了意识到底如何产生的这一解释上的鸿沟。"存在的巨大可能性"和"我们碰巧在这个特定的宇宙里发现了我们自己"之间有着巨大的解释鸿沟。对于相信目的论的宇宙学家来说,这个观点有助于弥合这一鸿沟。与此同时,盖伦·史卓森发现,有一种不同的旧理论轻而易举地解决了心身关系问题,而最先进的现代科学又赋予了它几个世纪前所不具备的吸引力。

这两位思想家都知道他们在做什么:有意识地翻出一个旧观点,然后试着用当今的理解来使之重获新生。他们正在重新思考旧的观点,以弥合现代世界观中的差距。在这个过程当中,他们最大限度地利用了反思的力量,对常识提出质疑,并鼓励我们去质疑自己的直觉,尽管这样可能不太好。他们的解决方案看起来似乎不太可能实现,但是其他选项看起来更不可能。

在一些比较在意实际效果的人看来,在这种我们可能永远无法回答的问题上花费太多精力,无异于是在浪费人类的智力。关于这一点,我喜欢托马斯·马尔萨斯（Thomas Malthus）提出的那种为之辩护的观点，十分务实。19世纪，马尔萨斯提出了他关于人口增长的看法，很久之后，他因为这一看法而声名不佳。马尔萨斯写道："人类生存在这个地球上的时候，可能永远不能从这些话题上获得彻底的满足感。但这绝对不代表我们就应该对这些问题避而不谈。人类对这些有趣的问题十分好奇。这些好奇周围笼罩着黑暗，也许能给智力活动和知识的运用提供无穷的动力。"马尔萨斯建议道：想象一下，一个"至高无上的存在"突然以一种无可辩驳而且完全可信的方式向我们解释了"思想的本质和结构……以及宇宙的整体规划与方案"，会是什么样的情景。他认为，这样的启示将会告知人们知识领域里的所有内容，于是将再也没有什么值得后来者去探索。所以，它"可能就会像一个鱼雷一样，毁掉一切智力活动，几乎会让道德不复存在"。[26]

正是因为有黑暗的诱惑，我们才会不断地思考下去。

如今，过去的观点正不断重现，世俗的西方正在焦灼地寻求证据，以解释这一情况出现的意义。但真的找得到吗？在其他文化领域，新事物越来越多地被装扮成复古的样子：牛仔裤上刻意打着洞，电吉他被人为地做旧，还有一些诸如威卡教之类的古代宗教，现在也有人在重新将其解构。[27]一些环保人士希望通过将狼和其他大型动物重新放回野外这种方式来重新创造出以前的生态系统——也就是"野化"。他们甚至还全然不顾电影《侏罗纪公园》里提出的警告，梦想着能够从保存下来的DNA碎片当中克隆出猛犸象以及其他生物，来"复活那些已经灭绝了的动物"。也许，泛心论和目的论这类观念的复苏，就是这种梦想在文化方面的表现。当我们将视线从不满意的替代品转向别处时，我们究竟有没有去寻求历史认可？也许这种哲学反思也是一种新古典主义吧。

然而，最新的科学研究发现，物质具有令人匪夷所思的非物质性。这样的发现也给这种反思提供了动力。这样,新的观点可以让以前的直觉变得更有吸引力。电动车或编程语言这样的东西现在已经实际存在了,而目前却尚未找到确凿的证据证明目的论和泛心论是正确的。但是,这些观点也不是无关紧要的形而上学的猜测:毕竟,世界上的事物总是以这样或那样的方式存在着。诸如此类的观点在人类历史中不断重复出现,像是从我们无法触及的地方给我们挠痒痒。这些观点让我们对现在的一些理解产生质疑,帮助我们将其重新定义并划定界限。同时,你可能会开始改变自己叠袜子的方式。

第 7 章　当僵尸思想来袭

> 有时，当一些创意应该保持沉寂的时候，它们却会突然重新被人记起。

> 就算有五千万人声称某件蠢事是对的，这件蠢事也不会因此成为聪明之举。
>
> ——
>
> **萨默塞特·毛姆**
> （Somerset Maugham）

无赖

到目前为止，我们已经考虑到了许多种思想的复兴。这些思想已经改头换面，或是被应用于一些新的领域，抑或是注入了新的内涵，以适应现代社会。另一方面，过去的另一些思想依然是错误的：那么当然了，这些思想就永远也不应该被人们再次提及。而事实上有人却仍然这么做了。这种现象很有趣；但这也是个问题。

2016 年 1 月，美国说唱歌手 B.o.B 在推特上向自己的粉丝宣称地球是平的。"'地平论'这个词可能会让很多人缺乏兴趣，"他承认，"但是没人能找到所有证据，没人知道……成熟一点吧。"最后，天体物理学家奈尔·德葛拉司·泰森（Neil deGrasse Tyson）也参与到了这场讨论之中，友善地指出 B.o.B 用来证明"地球是平的"那些理论十分滑稽，并揶揄道："就算你通过自己的推理而倒退了五个世纪，我们也不一定会喜欢你的音乐。"

其实他倒退的距离远远不止五个世纪。与我们经常听到的说法相反，直到哥伦布航行到美洲之后，人们才渐渐不再认为地球是平的。对所有受过教育的人而言，"地球是圆的"是一个显而易见的事实。（尽管它并不是一个完美的球形：15世纪时，地球的模型就像是陆地和海洋形成了一个由两个球体组成的膨胀的大块。）[1]麦哲伦在1519~1522年间环游了世界，但人们对世界的基本形状早已深信不疑。在古希腊，哲学家毕达哥拉斯和巴门尼德已经认识到地球是球形的。柏拉图说，地球是一个在诸天正中的球体。亚里士多德指出，埃及和塞浦路斯的人们能看到一些星星，而这些星星在更偏北的纬度上却是不可见的。他还指出，月食期间，地球在月球上的投影是弯曲的。他以无可挑剔的逻辑总结道：地球一定是圆的。从那时起，就只剩某些神学家依旧认为地球平坦的了。但即便如此，这个思想现在也已经彻底消亡了。从那以后，地平论就成了一个彻头彻尾的谬论。直到最近，随着严肃地平论在互联网上出现，这一理论又重新有所抬头。并不只有一个说唱歌手才这么认为。有一个名叫马克·萨金特（Mark Sargent）的美国人。他以前是一名职业的视频游戏玩家以及软件顾问。他在视频网站YouTube上面发布了一个名叫《平坦地球的线索》（Flat Earth Clues's series）的视频集，目前已经有数百万人看过。（"你住在一个巨大的封闭系统当中"，他在自己的主页上发出这样的警告。）[2]地平论的另一个突出人物是马斯·博伊兰（Math Boylan）。他曾经是受雇于美国国家航空航天局的一名艺术家，同时还是一名独立漫画家。与此同时，地平论学会这个组织依然存在，运转正常，同时也正在蓬勃发展。

鉴于我们都知道地球并不是平的，那么这个思想依然有市场就显得非常奇特了。事实上，"相信地平论"已经有了一个引申含义叫"食古不化"，我们现在常常用这个词来形容那些相信别人随口胡诌的人。2015年12月，物理学家和作家布莱恩·考克斯（Brian Cox）在推特上发文称："我今年发现的最令人惊讶的事实是，时至今日依旧有人认为地球是平的。我真的感到很困惑！"

在本书中我们看到，对一些旧思想重新展开探索，能得出丰硕的成果。但这么做的负面影响就是，有一些我们重新拿出来讨论的旧思想真的应该任其腐烂并消亡。我们重新发现的东西其实是一具蹒跚的尸体。我们把这些思想称为"僵尸思想"（zombie ideas）。你可以试着去杀死它们，但就是杀不死。这种思想还在不断出现，我们很快就会遇到。对于我们关于思想市场运作的正常假设来说，这些僵尸思想的存在是一个很大的问题。

那么，"思想市场"到底是什么呢？这个说法最初被用来捍卫言论自由。正如贸易商和客户有权在市场上自由地买卖商品一样，言论自由也确保了人们可以自由地交换彼此的想法，检验它们是否正确，并且看看哪些想法是最顶尖的。到目前为止，一切都还挺好。但思想市场并不仅仅包含这些东西。现代的思想市场概念认为，最顶尖的想法也会是最好的。我们高兴地看到，市场竞争能调节不同的想法之间存在的所有争执，以满足所有人的利益。一款好的消费品能获得成功，而不好的就只能失败。所以同样地，在思想市场上，真相会最终获胜，而错误和谎言则会消失。

有一种观点认为，思想之间的竞争能帮助我们提高自己的理解。诚然，这种观点有一定的道理。这种情况会在市场内以一些违反常理的方式出现。但是，市场内也存在着经济暗喻，在掩盖了这种情况的同时，也没能解释为什么市场失效会发生得如此频繁。有人认为，最好的观点一定会取得成功。这样的想法就像是说不受管制的金融市场总是会产生最好的经济结果一样。在每种情况下，人们都能提出一种假设，即事实或完美的经济效率将终有一天从市场的运作中自动出现。相信这一点的人辩称：它现在确实还没有发生，但这并不意味着它将来不会在某些不确定的地方出现。国际货币基金组织（IMF）总裁克里斯蒂娜·拉加德（Christine Lagarde）在达沃斯论坛上简洁地陈述了这一种智慧:"市场最终会把事情做出来。"³ 事实也许会是如此。但是当市场自己把事情做出来时,可能会发生非常糟糕的事情。而其中一件就是僵尸思想再次出现。

僵尸思想不会出现在实体市场——比如技术产品市场。现在没有人会去购买索尼公司的 Betamax 录像机,因为该技术已被其他技术所取代,没有机会得到复兴。(一些诸如手动打字机或者原声钢琴之类的旧技术现在还有人在使用,是因为从用户的喜好来看,这些技术还没有被取代。)所以,地平论这样的僵尸思想根本不应该在一个运转良好的思想市场中出现。但是——它们确实出现了。这是为什么呢?

我们能从经济学中发现一个线索。事实证明,经济思想的市场自身内部就已经充斥着僵尸思想了。金融危机爆发之后,澳大利亚经济学家约翰·奎金(John Quiggin)出版了一部名为《僵尸思想经济学》(*Zombie Economics*)的著作,描述了一些经济理论。这些经济理论被真实的事例一次次驳倒,本应就此消亡,却仍阴魂不散。其中一个例子就是臭名昭著的"有效市场假说"。这个观点(以其最强烈的形式)认为:"金融市场是确定经济资产价值的最佳向导,因此,它也是投资和生产的最佳向导。"⁴ 奎金认为,这简直是"一派胡言"——过去十五年间,"全球金融市场在狂热的情绪、泡沫以及破产的冲击下表现得十分脆弱,这种情况与 17 世纪荷兰的郁金香热潮如出一辙"。⁵ 2007 年到 2008 年的全球经济崩溃有力地反驳了有效市场假说,而且在奎金看来,这一次经济崩溃实际上就是由这个假说首先引起的:这个假说"给金融自由化披上了一层理论正确的外衣,并且在实际操作中也要求放松金融管制,取消对国际资本流动的控制,大规模扩张金融部门。这些举动最终导致了全球金融危机"。⁶

那么,僵尸思想为什么能长盛不衰呢?好吧,其中一个答案是这样的:

如果一种思想可以给一些有影响力的群体带来好处的话，那它就很可能会以僵尸思想的形态重新出现。对于希望通过监管阻碍来进行交易的银行家而言，有效市场假说在经济上是有益的。国有产业私有化也是如此：对广大公民来说，它几乎没有任何好处；但是对于直接参与的企业来说，它却能带来大量的现金收入。奎金认为"涓滴经济学"的思想也是如此。这种能让已经非常富裕的人更加富裕的观点能让所有人都受益。奎金表示："显然，这个想法很能吸引那些有能力去奖励其传播者的人，所以它不可能仅仅因为有证据证明它是错的就被人们抛弃。"[7]

然而，依然很少有人能理解普通僵尸思想推陈出新的过程。其他僵尸思想似乎没有直接提高势力强大者的地位，所以我们必须寻找其他原因，来解释为什么它们如此长盛不衰。生成僵尸思想的另一种方法是先让事物产生雪球效应（不断地重复提及一个奇怪的想法），并加上一部分懒惰的情绪（因为没有人会去检查它最初的来源）。你可能知道人的舌头有"区域敏感性"——舌尖负责感知甜味，左右两部分负责感知咸味和酸味，舌根负责感知苦味。有时候你可能会看到一个科学的"舌头地图"来显示上述的分区——这种图可能出现在烹饪书籍里，也可能出现在医学教科书中。这个科学发现会让人觉得美好，也能让人稍稍感到惊讶，而且不会有人提出质疑。同时，它也"一文不值"。

著名的生物学教授斯图尔特·法尔斯坦（Stuart Firestein）解释说，因为一本出版于1901年的德国生理学教科书中有一处误译，所以才有了关于舌头地图的传言。舌头中的所有区域对于四种基本味道中的每一种都或多或少"非常轻微"地敏感，但的确每一个地方都可以感知到这四种味道。翻译"在相当程度上夸大了"原作者的说法。所以，"被赋予了神秘色彩的舌头地图就被认定成了一个事实，并通过不断的口口相传而非科学实验来维持其生命力，到现在，已经流传了一个多世纪"。[8]

正如遇到一个朋友喝一杯却发现她已经变成僵尸一样，同样应该引起人们警觉的是，有一些已经被人们普遍接受了的事情其实暗地里也是僵尸思想，只是它们经年累月地披着正常的外衣，又看起来与世无争，所以成功蒙骗了所有人。法尔斯坦警告说："它蒙骗得越成功，对人们来说就越危险。"一个事实流传得越让人信服，它的内容就可能越难以被修改。[9]所以，去质疑一切吧。就像在这个例子中那样，如果思想市场仅仅通过不断重复某些观点就能让它们变成真知灼见，那么实验对它来说就是不利的。

有效市场假说或者舌头地图还远远不是最可怕的僵尸思想。我们的世界还充满着道德方面的僵尸思想：有一些曾经十分不堪设想的观点现在又重新被人提起了——但不应该这样。科技历史学家大卫·艾杰顿（David Edgerton）报道称："在1940年发表的酷刑史中，你已经找不到太多属于20世纪的东西了。至于那些可以称得上新生事物的东西，在那里面几乎没有。"

当然，纳粹与酷刑有着千丝万缕的联系。但他们这一举动通常被视为是开了倒车。然而，在第二次世界大战之后的几年中，酷刑远远没有消失。正相反，它的范围得到了延伸，其技术也进一步"完善"。[10] 2001年以后，以小布什和切尼为首的美国政府抛出了各种诸如"酷刑能提高审讯的效率"的含糊其词的论调，公开支持使用酷刑。这种曾经被视作野蛮的方式被再一次拿上台面加以讨论。

同时，欧洲的新法西斯主义运动正在抬头。海盗盛行，奴隶贩卖十分猖獗。在全球化的影响下，这些活动可能会在道德上影响到那些已经彻底消灭了奴隶制的社会。2015年，位于英国主要街道上的服装店，只要营业额超过了3600万英镑，就必须公布年报，向社会明示他们所做的事情，以确保其供应链中的任何一个环节都与奴隶贩卖无关。[11]

然而，僵尸思想的悖论之一，是他们依然可以带来积极的社会效应。要解决这个问题，不一定只能通过将其废止的这种方法，因为即使是一些明显十分恶毒而又虚伪的思想，在人类不断探寻的大环境中也能有自己的容身之地，并且蓬勃发展。正如大卫·艾杰顿所指出的那样，就连"否认大屠杀的存在，更准确地说是否认毒气室的存在，都能让人们展开新的研究。这个研究以令人惊讶的细节显示了纳粹党卫军建造和使用毒气室的情况，让试图否认这些事实的人的理论更加站不住脚"。[12] 很少有人会认为商业市场上需要欺诈行为以及有缺陷的产品。但在思想市场上，僵尸思想实际上是有用的。或者说，就算僵尸思想没有用，它们也至少可以让我们感觉更好。虽然听起来有点自相矛盾，但这确实就是为什么我认为现在有人信奉地平论反而能让我们过得更加舒适。

世界是平的

现在，在说唱歌手和 YouTube 视频的推动之下，地平论这个思想得到了复兴。然而，这种思想并不仅仅代表着近代科学出现以前人们的愚昧无知正在故态复萌。

这种想法倒不如说是所有阴谋论的起源。问题在于，每个声称地球是球形的人都在试图愚弄你，让你继续待在黑暗之中。从这个意义上讲，这是旧观念的一个非常现代化的版本。与其他阴谋论一样，地平论是诞生于一小部分看似反常的现象之中，这些现象似乎不符合"官方"的论调。地平论者会问，你有没有想过，为什么商业客机不飞越南极呢？毕竟，如果地球是球形的话，这将是从南非到新西兰，或从悉尼到布宜诺斯艾利斯的最短路线。但它并不是的。南极这样的东西并不存在，所以飞越南极没有任何意义。此外，世界上最强大的那些国家签署的《南极条约》禁止任何航班飞越南极，是因为那个地方有一些非常奇怪的事情。在这种情况下，阴谋论就有市场了。好吧，事实上，一些商业航线确实飞越了南极洲的一部分地区。而之所以没有任何一条航线会飞越南极极点，是因为如果采取了这样的路线，那么在航空规则的要求下,每一架飞机都必须为机上的所有乘客提供昂贵的救生设备——这对于客机来说显然是不现实的。每条航线都会规定飞机飞到任何可用的紧急着陆机场的距离,而南极的大部分地区都远远超过了这个距离。(对其他长途客机来说,直接飞越北极就显得很平常了。因为相比之下,北极远远没有南极那么偏僻。)[13]

好吧,信奉地平论的人会说,那么为什么那些在山上或者热气球上拍摄的照片中,视野所及的地方都依然没有一点点弯曲呢?地平线是完全平坦的——因此地球也一定是平的。那么一个讲道理的人会这样回应:地平线看起来很平坦,是因为地球虽然是圆的,但它太大了,所以你看得到的地方似乎是平的。但事实上,你能看到的地平线是有一点点微小的弧度的。从在轨道上运行的国际空间站里拍摄的照片可以看出,地球有着非常明显的弧度。

但接下来就该阴谋论登场了。对于地平论者而言,来自国际空间站的每一张照片都是假的。同样,阿波罗任务中拍摄了一些广为流传的照片,照片里,一个球形的地球悬在宇宙之中。对那些人来说,这些照片也是假的。当然,登月也是假的。这个阴谋论里还完整地包含了其他的阴谋论。(我到目前为止还没有发现有地平论者宣称肯尼迪之所以会被暗杀,是因为他要向公众透露地球不是圆的。但如果真有人这么说,我也不会感到惊讶。)马克·萨金特提出的地平论认为,地球是一个"封闭的世界"。根据他的理论,太空旅行确实是伪造的,因为在我们这颗扁平的星球外围,实际上有一个不可渗透的实心圆顶将我们包围着。美国和苏联在 20 世纪 50 年代试图用核武器来打破这个圆顶,这就是所有核试验的真相。

地平论者认为,民航行业不是假的(很难想象我们要怎样才能伪造出民航行业),但 GPS 系统被人秘密地篡改了,以愚弄飞行员,让他们相信他们飞跃的地球是一个球体。事实证明,要相信地平论,你就必须不再相信电子产品,而且还得摒弃很多完备的科学体系。那样的话,天文学也会变得站不住脚，所以一些地平论者认为月球和其他星星都是假的：它们都是全息投影。重力（正是它将地球拉拽成了一个球形）并不存在。（我们感受到重力，是因为整个地球在太空中加速"向上"。）那么日落呢？根据地平论，太阳只是一个巨大的聚光灯，向下照射到一个圆盘上。如果不是因为地球有一定的弧度，那太阳落下时，是什么东西在变得越来越模糊呢？关于这一点，地平论者会说这是一个科学难题，需要更多的调查研究才能解决。

那么，思想在这里的行动要么是去反驳，要么是去混淆。地平论者很容易把从太空中拍摄的地球的照片误认为是假的，并拒绝相信最基本的几何证明，比如古代常用的那种方法：在不同的地方放置木棍，并根据其阴影长度不同来证明地球是圆的。还有一种更好的方法可以用来质疑这种观点，这种方法可能与其身体和心理上的一致性有关。如果地球是平的，那么有人掉到它的下面去了吗？为什么我们没听说过哪个城市位于地球的边缘呢？是什么让海洋不会从地球的边缘溢出呢？但这些问题也有答案。记得南极吗？嗯，它根本不是一个大陆。它是一堵巨大的，难以穿透的冰墙，将地球团团围住。这也就解释了为什么人类不能从它的上方飞越而过。

有很多人煞费苦心地以一些新颖的角度阐述了现代的地平论理论，以延续其生命力。有一个很有吸引力的假设是，某些研究这个问题的著名作家（或者按照他们粉丝的称呼："研究人员"）正冷嘲热讽地从这个问题当中找乐子。但留言板上还是有很多真正的拥趸发现，"地平论者的阴谋"这个概念让人莫名地感到舒服，并且与他们所相信的关于世界运转方式的黑暗思想相一致。（甚至有些潜在的阴谋论者认为：像马克·萨金特那样在地平论的拥趸中走在前列的人，会故意制造一些虚假的信息，从而让事实看起来显得荒谬。）你可能会认为这是一个显而易见的问题：这样一个煞费苦心而又代价高昂的阴谋，它的目的到底是什么？如果所有人都认为地球是圆的，那么谁会从中受益呢？他到底图谋什么呢？

在我看来，之所以会有人相信这些东西，是因为对人类的能力过分乐观。可以肯定的是，这是人类本性中黑暗的一面，但一想到那些秘密机构真的能在这么庞大的事情上苦心孤诣地愚弄全世界所有人，也着实令人感到震惊。当然，人们信奉地平论的另一个动机仅仅是出于美学的缘故。就像《天龙特攻队》中的汉尼拔一样，他们只是喜欢一个（组合而成的）计划的组合方式。"我过去是，而且现在也是一个坚定的阴谋论者，"马克·萨金特自己在网站上承认，"我从跟安全帽有关的话题中跑出来，然后转而进行研究。我指的就是字面意思。而且我现在再回看这件事的时候，我仍然会感到尴尬。但每次我看到它的时候，我都发现还有一些没有解决的问题。所以当我看到整个计划接近完美的时候，我就被它迷住了。"它很"漂亮"。很疯狂，但也很美丽。正如有一种说法表明的那样，如果要将科幻小说里的内容当真，那实在是太有诱惑力了——因为故事总是比现实更有意义。

阴谋市场

我们知道，质疑公认的智慧是一个很好的习惯。保持警觉，质疑那些像"舌头地图"之类的传说，也是一个好习惯。但有时候，科学的怀疑态度可能变成偏执的犬儒主义，而巨大的阴谋却又似乎能给人带来安慰。突然间，世界看起来可能就变成平的了

2015年7月，NASA的"新视野"号探测器发回冥王星的首张特写照片时，一群"冥王星真相论者"试图证明这些图像是伪造的。有趣的是，这些人称自己为"真相论者"——他们在"9·11真相"运动之后给自己取了这么一个名字——但实际上他们在做的是宣称一些事情是假的，或者是伪造的。我们也许应该称他们为"假象论者"。

和现代的地平论者一样，"假象论者"们是思想市场上另一种市场失灵的典型例子：由于社会科学家口中的"信息瀑布"理论和回声室效应，错误的

思想可以像病毒一样快速（甚至更快地）传播，速度远高于准确的思想。（一个好故事可以令人浑身战栗，因此出现了一些都市传说，比如有人在冰冷的浴缸中醒来，看到一个字条，上面说他的肾脏已经被摘掉了。每个人都能断言，这种倒卖器官的"偷肾狂魔"根本没出现过。）[14] 正如凯斯·桑斯坦（Cass Sunstein）所说，"思想市场往往不能带给人真相"，因为社会阶级和团体的两极分化实际上"确保任何一个市场都能引领许多人去接受灾难性的错误"（这是我要强调的）。[15] 此外，还有另一个因素，我们将其称为媒体在信息时代中的悲惨现状：YouTube 视频网站上那部关于"9·11"事件的阴谋电影《脆弱的变化》（Loose Change）仍然吸引着许多新的观众，并给他们留下深刻的印象。尽管它所宣称的一切都在其他地方被一一驳斥，但这丝毫没有减弱它的影响力。

神话和都市奇闻经久不衰的一个原因似乎是我们都喜欢简单的解释，而且倾向于相信它们。例如，安德鲁·韦克菲尔德（Andrew Wakefield）曾经散布了一个谣言，称"麻风腮三联疫苗会引起自闭症"，引起人们的恐慌。这个谣言带来的后果，就是给一个令人担忧的陌生综合征（自闭症）找到了一个具体的起因（接种疫苗）。没有任何证据证明韦克菲尔德的说法是真实的，但多年以后，"反疫苗"运动仍旧此起彼伏。这个运动在美国尤为盛行，对公共卫生构成了严重的威胁。

人们似乎已经忘了免疫接种的好处，并且可能需要在痛苦中花费巨大的代价来重新学习。2015 年秋天，乌克兰的公共卫生官员十分担心小儿麻痹症会迎来大面积爆发，因为公众不信任免疫接种，注射过小儿麻痹症疫苗的儿童比例已经降至了 14%。[16]

人们渴望得到简单的解释，这种想法能解释为什么奇怪的阴谋论会这么流行。这些阴谋论将世界各地的所有邪恶场景归咎于一个超级反派的阴谋。也许真的有一个秘密社会正在操纵着这一切——在这种情况下，这个世界上至少有一种奇怪的一致性。[对于许多不知疲倦的学者来说，音乐视频中的抒情提示和隐秘符号都证明肖恩·科里·卡特（JAY Z）、碧昂斯、坎耶·维斯特（Kanye West）和嘎嘎小姐（Lady Gaga）都是光照派的成员，并都崇拜撒旦。]¹⁷或者我们还可以看看那本伪造的《犹太人贤士议定书》，它出现于19世纪末，从那时起开始流传，其中充斥着反犹太的阴谋论——时至今日，这本书仍然在部分地区以僵尸思想的形式不断传播——就像希特勒后来将德国面临的所有困境都归咎于犹太人的阴谋一样。当然，这些想法都是虚假的，但它们也带人们带来了更深层次的教训，那就是它们太过轻易地错误解释了太多东西。

然而，在我们这个时代广为流传的另一个阴谋告诉了我们，当思想世界真正以市场的形式运行时会发生什么。这个阴谋就是，许多著名的"气候问题怀疑论者"恰好都受到了石油公司的秘密赞助。[18] 关于燃烧化石燃料是否是现今全球变暖的一大原因，科学界一直争论不休。这个想法在人群中不断地"买卖"（字面意思），并一直有人相信。当然，这只是一个特别戏剧性的例子，表明了所有的西方民主国家是如何被行业游说和党派捐助金所胁迫的。在这个例子当中，如果一个想法能使企业增收，那它们就买进这个想法，就像它们买其他商品一样。

如果思想市场真的像它所宣称的那样运转，那么不仅这种腐败不会存在，更不可能存在某些思想被最终证实之前持续数百数千年不被市场所接受的现象。然而，正如我们在这本书中看到的那样，这种现象一直持续不断地在出现。

真相就在那里

地平论死灰复燃，显得十分愚蠢而又令人震惊。但它确实生动地说明了一些问题，这些问题与人类的知识有关，既真实又深刻。毕竟，像你我这样的人又能通过什么方式去确定地球真的是圆的呢？从本质上讲，我们选择信任。我们可能已经经历过了一些常见的迹象（只看得到远方船上桅杆的上部，是因为弯曲的地球阻挡了其余部分）——但我们也会接受他人的解释。马克·萨金特写道："二十年代的人都相信地球是圆的，因为他们上课的每个教室里都有一个圆形的地球仪。但没有证据能证明地球确实是圆的。"好吧，过去和现在都有很多证据，但是我们不会自己去检验这些证据是不是真的：专家们都说地球是圆的；我们选择相信专家，然后继续自己的生活。

第二个问题是，我们实际上并不能确定世界展现在我们眼前的样子是不是一些巨大的阴谋或骗局的结果。现代的地平论非常接近于哲学和神学所熟悉的更为全面的各种阴谋论。我们的整个宇宙，包括化石，还有我们自己和我们所有的（虚假的）回忆都可能是上天在五分钟之前刚刚创造出来的。或者还有一种可能的情况是，我所有的感官印象都是由一个想要欺骗我的邪恶而聪明的恶魔（根据笛卡尔的理论），或者一个有自己独立思维的邪恶人工智能控制的虚拟现实程序（就像电影《黑客帝国》里一样）来放到我脑中的。即使如此，我们仍然可以不被这个僵尸思想所打扰，就像我们也可以不被其他人打扰一样。例如，我们可能会观察到——正如有人否认毒气室的存在，却反而推动了进一步的积极研究来驳斥它一样——地平论的死灰复燃也激发了很多人讨论的热情，他们在网上建立了大量的网页，内容包括数学、科学和日常经验，用来解释为什么世界其实是圆的。公共教育会因此而受益。

有些人认为，相信阴谋论就意味着愚蠢。这种论调看起来很有诱惑力，但我们绝对不应该这样认为。显然，阴谋确实存在。而正如爱德华·斯诺登（Edward Snowden）透露的那样，美国和英国的情报部门真的在秘密地拦截数百万普通公民的电子通信。"阴谋不发生"的想法对大众来说是一剂有用的镇静剂；对当权者来说，是一堵强大的防火墙。事实上，科学的阴谋论态度甚至可以说是很多可靠的智力调查的基础。物理学家弗兰克·维尔泽克这样说道："当我成长的时候，我很喜欢这样的想法：在事物的外表背后，还隐藏着强大的力量和隐秘的意义。"[19] 从这个意义上说，牛顿描述宇宙中那种无形力量（重力）的伟大思想绝对是一种宇宙论层面上的阴谋论。是的，许多阴谋论都是僵尸思想——按照阴谋论的逻辑去思考也不一定是错的。

传播或者灭亡

有人猜测，在较为纯粹的科学思想市场中，情况会好一些。在那里，受人推崇的科学期刊有严格的编辑标准和同行评审制度，这些都有助于使它们成为一个复杂而又运转流畅的知识生产机构，从而防止僵尸思想的出现以及市场失灵的情况发生。好吧，其实也没那么快。想一想舌头地图的事情。事实证明，科学思想市场也并不完美。

19世纪末，心理学家赫尔曼·冯·亥姆霍兹（Hermann von Helmholtz）看到了科学思想市场的严重失败。在描述它时，他提供了一个配得上阿根廷寓言家豪尔赫·路易斯·博尔赫斯（Jorge Luis Borges）的美丽思想。"在打印机的'铅字盘'中，"亥姆霍兹写道，"包含了世界上所有已经被发现或者能够被发现的智慧。你只需要知道字母该如何排序就够了。"这是真的——但对我们几乎没有帮助。问题是，像博尔赫斯无限的文库一样，打印机的铅字盘里也包含了无限似是而非的废话。亥姆霍兹感叹道：这很像科学文献本身。他说："每年都有数百本书册出版，这些书的内容包括了以太、原子结构以及知觉理论。所有可能的假设里那些微妙的阴影都已经耗尽，在它们之中必然会有正确理论的碎片。但谁知道该如何找到它们呢？"到底谁才可以？亥姆霍兹得出了一个拙劣的结论："所有这些讲述未经证实的假设的书籍，对科学的进步而言没有任何价值。相反，它们中可能存在的几个完善的想法都会被其余的垃圾所掩盖。"[20] 正是出于这个原因，科学界开始采用现代的"同行评审"制度。在这个制度下，准备提交给期刊的文章将由编辑发送给几位匿名的"裁判"加以评审。这几位"裁判"都是这一领域的专家,他们将会评估这篇文章是否值得出版,或者说经过修改之后是否值得出版。(在英国,皇家学会从1832年起就开始寻求这样的报告了。)[21] 科学和人文学科领域那些最好的期刊设立了这样的准入门槛,这意味着——至少在理论上——"未经证实"的假说就不可能得到出版。在我们这个时代,同行评审对保持学术严肃性来讲是公认的黄金标准。

但是,学术界内部已经出现了越来越多的争论,其焦点是同行评审制度是否已经被破坏了。同行评审的结果就是很多时候都有一些好的新思想通不过评审,而又有大量非常糟糕思想通过了评审。《科学美国人》(*Scientific American*)2011年报道称:"同行评审的科学研究中错误的积极态度和夸张的结果已经像流行病一样泛滥了。"[22] 这一专栏的作者约翰·安尼迪斯(John Ioannidis)是一名医学教授。他以前曾发表过一篇著名的文章,名为《为什么大多数已发表的研究成果是错误的》(Why Most Published Research Findings Are False)。他指出,这一问题在医疗研究中特别严重。因为很多研究项目都由大型药物公司提供资金,因此会出现利益冲突。但这个问题在心理学中也引起过广泛的讨论。

比如说广为流传的"启动"思想。1996年,有人发表了一篇论文,声称实验者要求实验对象去想一些词,比如"猜对了""佛罗里达""灰色"以及"皱纹",从而在口头上"启动"他们,让他们思考老年人的情况。在接下来的过程当中,经过了"启动"的实验对象离开实验室之后,走得比没有经过启动的那些实验对象更慢。这是一个令人眼花缭乱的想法,并引出了一系列其他发现,称"启动"可能会影响你做测验的成绩,或者你对陌生人的礼貌程度。然而近年来,研究人员开始质疑这一观点。并且,在进行新的实验时,他们无法做到与早期同类研究中一样多的程度。这并不能完全证明这个结论是错的,但它确实表明经过同行评审之后再出版的出版物也并非绝对可靠。我们希望重大的发现在其他时间和地点可以被复现——但有些人认为，心理学正在经历一个和复现性有关的危机。丹尼尔·卡内曼（Daniel Kahneman）将这整个领域称作即将到来的"火车残骸"。[23]

"启动"在未来可能会变成僵尸思想吗？好吧，大多数人认为，因为现在有这么多关于这样的启动效应的研究，所以它不太可能被全盘驳倒。还有一个更为有趣的问题（也是未来研究的方向），就是研究科学家口中的"生态效度"，即实验室里人造环境下达到的效果能否成功在不可控制的现实情况下复现？正如哲学家加里·古丁（Gary Gutting）所说："启动实验很少告诉我们'启动'在现实情况下是多么重要。我们知道它在高度简化并精密受控的实验室条件下具有显著的效果，其中受试者仅暴露于实验者提供的刺激物。但我们很难知道'启动'的刺激物（金钱、庞大的数量以及抽象的问题）在现实生活中不受控制的环境里有多重要，因为在那种环境里，各种各样的刺激物可能会相互冲突。"[24]

所有这些心理学上的悖论都表明，科学研究应当是"自我纠正"的过程。在这里有一个思想市场的问题，即一些论文具有惊人的成果，能吸引社会广泛关注。一经发表，远远早于被问及第二个奇怪的问题的时候，这些论文就会被媒体大肆称赞，变成其口中大众化书籍的真凭实据。我们任何时候都很难知道哪些研究是可靠的，哪些又不是。例如，2012年，在安进生物技术公司工作的科学家们只能在五十三个"里程碑式"的癌症研究中选择六分之一来进行研究。[25] 与此同时，"缩回手表"（The Retraction Watch）网站自2010年以来就注意到，数百种期刊中的科学文章已经被删除——因为他们犯了相同的错误——研究者或评论者有欺诈的行为。换句话说，19世纪末赫尔曼·冯·赫尔姆霍兹的科学出版物中出现的问题在21世纪初仍然存在。

有一个很敏感的话题，即在开头要不要用一些明显不重要的修辞手法，以"研究显示"（Studies show）为开头，到证明临时性的假设（更多地符合科学家自己的语言习惯)。我们可以尽量少用"研究表明"(Studies suggest)或"研究指出"(Studies indicate)这样的词组。因为毕竟"表明"这样的词带有强烈的证明色彩,这在数学之外的领域实在是不常见的。研究总是倾向于再思考。这也是它们的能力中必不可少的一部分。

在研究这本书的过程当中,我与许多学者都有过交流。他们中绝大多数人都认为研究与出版的领域存在着严重的缺陷。一方面,由于激励措施都是错误的,"要么出版,要么灭亡"的文化鼓励发表重在数量而非研究质量。

产生这种问题的部分原因是出版偏见。被发表出来的研究都带有人们所期望的结果,这是一个公认的事实。没有得出人们希望的结果的那些研究最终都留在了出版社书桌的抽屉里。

许多人提出,为了消除出版偏见,改革应鼓励出版更多的"负面发现"——这个假设没有得到实验的支持。当然,这是因为这样的发现并不令人兴奋。具有负面发现的新闻不会成为头条。

问题的一部分是,它们在一开始被称作"负面结果"。像约翰·安尼迪斯说的那样,"负面"其实是个误会。[26] 揭示并非是真相的事物,换句话说,也就等于得出了一个积极的结论,即推翻了我们认为是真相的事物——这就开启了对某一领域的深入研究。因此,开放性期刊《美国科学公共图书馆》(PLoS)保留了一份"负面"论文的清单。在这里我们发现了几个重复启动研究失败的案例(或者,正如我们所说的,发现启动研究的成功是无法复制的)以及各种其他有用的发现,如电脑游戏不能缓解耳鸣的症状,未经训练的黑猩猩不能模仿小动作。这是个好消息。PLoS解释说:"发布负面、无效和不确定的结果对于为科学家提供均衡的信息是至关重要的,这样可以避免类似假设的重复,以免浪费宝贵的时间和研究资源。"

出版偏见在医学领域更加严重,据估计,进行临床试验、制药试验和学术试验的所有试验中,大约一半的结果根本不会出版,因为它们的结果都是

"负面的"。但这意味着，正如医学研究者和作家本·古德（Ben Goldacre）解释的那样，"我们只看得到一半带有偏见的著作"。他写道："当一半的证据被扣留时，医生和病人就无法知道哪种疗法最有效。"[27] 因此，古德已经勇敢地启动了一个名为"AllTrials"的组织，要求在每一个地方都进行所有的临床试验注册，并报告他们的全部方法和结果。这对全世界人民的健康都是有益的。

然而，除非生命受到直接威胁，否则可能很难在其他科学领域发表更多的"负面发现"。经济学家提出的一个想法是："期刊应该为无趣的报道提供空间，赞助者应该拨出钱来支持它。"[28] 在期刊上有一部分专门用来报道冗长的研究，又或者整个杂志都是无聊而完全不出所料的研究，这听上去真不错。但愿这些研究能早日找到赞助者。

反对观点

一些人认为，同行评审以缓慢的速度和自身带有的偏见对现有的共识进行评价，积极地打压那些对公认为正确的观点形成挑战的新想法。例如，众所周知，报纸第一次宣布石墨烯的发明——一种仅排列单个原子厚度的碳的方式——在2004年被《自然》杂志拒绝，因为他们认为这是不可能的。但这个观点太引人注目，所以它没有办法被打压。事实上，这篇石墨烯论文的作者们仅在六个月之后就在《科学》杂志上发表了这篇论文。[29] 大多数人相信，具有有力依据的研究结果总能找到地方发表。这的确不容易。我在与神经学家保罗·弗莱彻（Paul Fletcher）——我们接下来会提到他——讨论这个问题时，他说："在某种程度上，科学需要对新生事物保持强硬的态度；必须要说'我不相信'。不然这些新的论点就会经不起推敲，然后发生改变。只有让出版系统里存在这种小摩擦，甚至是粗鲁的拒绝，才能在理论上保证——最强有力的发现才能脱颖而出。如果这块市场更具流动性或者更加高效，我们就会被无意义的投机性文章淹没。

在知识生态学中，强有力地驳回新发现也是至关重要的。很多人的观点在过去曾经遭到反驳，但后来成为正统——乔治·居维叶（Georges Cuvier）的进化论曾不被认可，恩斯特·马赫的原子论也是。想要找出或者嘲笑这类人，简直太容易了——但是在这样做的时候，他们不仅推动了新想法重新被思考，实际上还让科学变得精准而无可辩驳。正如托马斯·库恩所指出的那样，'终身抵抗革命性新思想'不违反科学标准，而是科学研究本身的一个指标。抵制的根源就是保证，老式的范式将最终解决所有的问题，大自然可以被推入到范例提供的框架当中。不可避免地，在革命时期，这种保证会显得固执己见，而且有时的确如此。但它不仅仅是如此。给予同等的保证才能让正常的或难解决的科学问题成为可能。"[30]

换句话说，如果科学热切地接受了每一个闪亮的新想法，那它在研究整个世界时就不会如此强大。它必须换上一副严厉的表情，说："让我记住你。"伟大的想法可能会面对很多必要的阻力，并且花费很长时间来走上正轨。而我们不希望这样做。从这个角度来讲，市场里需要有积极的摩擦和低下的效率。

请下注

美国投资者沃伦·巴菲特（Warren Buffett）是一个非常富有的人，他也被人称为奥马哈巫师。他讨厌会议。你没法提前超过二十四小时预约巴菲特。想见他？提前一天打电话给他，他会看看有没有时间。这似乎不会对他造成任何影响。当然，这不可能是他如此富有的原因。那么他是如何成功的呢？是通过反复思考并实践那些几乎所有人都觉得很蠢的主意。

巴菲特四岁时，哥伦比亚商业教授本杰明·格雷厄姆（Benjamin Graham）和大卫·多德（David Dodd）出版了一本名为《安全分析》（*Security Analysis*）的书。在这本书中，他们描述了后来被称为"价值投资"的原则。简单来说，价值投资者希望以比其内在价值更低的价格购买股票，以便对市场波动具有"安全边际",并长期持有。

商业主流中没有人注意到了这一点,但巴菲特后来与格雷厄姆一起研究,转入投资界,并在1970年正式控制了他那家名叫伯克希尔·哈撒韦(Berkshire Hathaway)的公司。和其他一些勇敢者一起,巴菲特还遵循了老式的原则,严格地进行价值投资,直到20世纪90年代,这都只不过是主流金融理论家的笑话。巴菲特后来讥讽地说:"你不能在这个国家的财政部门里取得进步,除非你以为世界是平的。"[31]

价值投资最终被认真对待,在很大程度上是由于巴菲特自己成功的例子。你不能与拥有650亿美元的人争吵。但是,如果每个人都一直按照同样的理论进行投资,那么竞争将会更加激烈,所以巴菲特也不可能实现如此高的利润。持有小众观点可能会得到丰厚的回报。巴菲特的成功至关重要,几乎所有人都有不同的理论。在思想市场上,他是一个边缘玩家。

如果你能注意到市场上的证券或货币的估值有所不同,并通过交易获得利润,那你就是在套利。所以,利用对证券市场价值的不同看法,巴菲特就不断地在思想市场上从套利中获利了。因为很少有人有首先认购价值投资的想法,所以他能够从中获利。他的策略被低估了。巴菲特正把赌注压在市场和思想市场上,而且他赌赢了。

通过不同的方式,与沃伦·巴菲特在商业上的成功和持久性有关的奇怪阴谋论证明了,任何有意义的思想市场都存在概念上的不足。在这个市场上,没有平衡,但有频繁的崩溃和失败,而且——我们很快就会看到——功能失调的产品有时候会获得成功。此外,它已经被僵尸思想所感染。显然,我们不能通过相信思想市场这种方式来为自己筛选想法。我们通常都是正确的,因为连巴菲特都押宝于投资理论市场。因此,出于很多考虑,我们都应该重新审视乌托邦—资本主义的这个比喻,即最好的想法总是上升到顶峰。

他们所做的这个概念本身就是一个有助于强化利益的僵尸思想。

另一方面，僵尸思想在激发积极推动公共教育的批评时可能会很有用。是的，我们可能会为一种现象的出现感到后悔，那就是人们经常回顾历史，然后把一些诸如地平论这样本应消亡的旧理论花样翻新，并重新提及。但是，有一些阴谋确实是真的。科学总是试图向我们目力所不能及的地方探索，挖掘其中隐藏的力量。从某些方面来看，复兴僵尸思想以及抵制前景远大的新思想，都是提高人类理解的重要机制。

第 8 章　学会犯错

即使回归的是一个错误的创意，那也聊胜于无。即便错误，也能提点我们关注到我们不曾知道的事情。

你的理论很疯狂，这是个不争的事实。但我们意见分歧的焦点在于，它是否疯狂到有正确的可能。

——

尼尔斯·玻尔
（Niels Bohr）

1981 年，一位杰出植物生物学家出版了一本书，广受好评，直到《自然》中出现了一篇题为《写来烧的书？》（A book for burning?）的评论，从此作者在科学界不再受宠。三十年后，他作为 TED 的一员，在伦敦白教堂发表新书演讲。此时他是 TEDx（TED 旗下的一个节目）中的一员。在接到众多投诉后，TED 从其主要网站上撤销了生物学家的演讲视频，并宣称它不科学。（后来他们不得不撤回声明。）为什么这个人会让人如此愤怒呢？

从外表看来，鲁珀特·谢尔德雷克（Rupert Sheldrake）并不是一个咄咄逼人的辩论家。他非常礼貌，总是轻言细语，穿一件蓝色的套头衫和燕麦色的灯芯绒长裤，有着一副学者风范。在我们上楼去书房讨论之前，他会在他的汉普斯特德（Hampstead）厨房里给我沏一杯茶。然而在 20 世纪 80 年代，他的第一本书改变了他的生活和事业，让他变得有些危险。他不再为任何科学机构工作。"我是一名野蛮的科学家。"他笑着说。他的创意被视为禁忌。

但是，否定一种创意就可能失去一种不凡。

周围有什么

僵尸思想不断反复总是让人厌烦。但更复杂的是，我们应该时刻给错误的创意第二次机会。错误的方式可能得出正确的结果——这只是猜测，但没有任何理由让人信服。相反，正确的方式也可能得出错误的结果。一些错误的创意甚至是必要的——说不定是将来正确的必经之路。

这种情况仅仅是因为我们太"人类"（human）了。正如正统经济学所假设的那样，消费者总是在产品市场上做出完美的、理性的决策，所以我们相信，人们在选择市场思路时，也总是完美的、理性的、全面的。但事实并不是这样。人们有时会认为不合理的理由是正确的，有时又会认为合理的理由是错误的。过去的科学革命，往往是因为错误理论的出现迫使人们加大工作力度而得到正确理论。没有这种刺激，正确的理论可能永远不会出现。这种案例中错误理论发挥的作用，通常被认为与市场竞争中广告产品所发挥的作用一样。比如这确实是人们看待天文学中所谓的"革命"的一种常用方法。这个理论最终取得了胜利，证明是地球围绕太阳运行，而不是反过来。

令人惊讶的是，与日心主义相反的地心主义，在我们这个时代像僵尸一样复活了。[2014年春天，一个网络纪录片宣称太阳确实围绕地球运行。这项原理的特别之处在于，有著名科学家，如物理学家劳伦斯·克劳斯（Lawrence Krauss）和加来道雄（Michio Kaku）在接受采访时的部分言论支持。后来，这两位科学家表示，自己在这部电影的性质方面受到了误导，而他们之所以被认为支持这一理论，是"巧妙的编辑"造成的。][1] 但是，最初放弃地心主义理论的原因，比我们通常所了解的情况更复杂。惯常的说法是，1543年，哥白尼出版了《天体运行论》一书，宣布或者说重新宣布地球围绕太阳运行［因为希腊哲学家阿里斯塔克斯（Aristarchus）在两千年前曾考虑过这一理论]。伽利略后来用望远镜证实过;尽管如此,由于这些理论被宗教所迫害,很快便不再受人们关注。

这个故事的问题在于,哥白尼是错的。

伟大的丹麦天文学家第谷·布拉赫(Tycho Brahe)是一位红头发的天才,出生于哥白尼的书出版三年之后。布拉赫19岁的时候,因为数学问题与他人发生争吵并因此决斗,还被对手削掉了鼻子。但布拉赫完全没有因为这件事而不再寻求科学上的分歧,他只是简单地用黄铜为自己做了一个假鼻子,而后继续追求科学的真理。[2] 1572年,布拉赫注意到了一颗比任何其他星星都更亮的新星。这本是不应该出现的。根据亚里士多德和托勒密所提出的传统说法,在月球之外的光圈是永远固定不变的。然而,通过测量和简单的三角法,布拉赫就能够证明,这颗新星真的存在于月球之外。他称之为"新星"(nova)。这是一个非常重要的发现,所以丹麦国王(布拉赫的继父曾经在国王溺水时救了他)赏了布拉赫一座他认为黄金遍地的岛,让布拉赫建造了一个世界级的天文台。在那里,布拉赫发明了新的仪器,并把它们埋在沙坑中,以保护它们免受风的影响。[3] 布拉赫和他的妻子还有一条狗,他们就在小岛上定居下来,一起观察天空。布拉赫给狗取名"Lep the Oracle",他偶尔还会假装向它咨询棘手的天文学问题。

布拉赫曾发现了我们现在所说的超级新星(supernova)———颗爆炸的星星。(他的理论认为,那颗叫"nova"的星星还存在于那里,"nova"在拉丁语中意思是"新的"。)然而,布拉赫几乎和那个时代所有的思想家一样,都不相信哥白尼提出的那套地球围绕太阳运行的理论。为什么不呢?因为有很多很好的理由可以用来否定哥白尼的理论——很好的科学理由。[4]

1588年,布拉赫用他自己巧妙的"地球中心"太阳系模型回应了哥白尼的理论。在太阳系中,其他行星都围绕太阳运行(正如在哥白尼学说中提到的一样)。但太阳和其他行星系统本身，都是围绕地球轨道运行的，这个系统仍然安静地处在万物中心。从数学的角度上讲，布拉赫所提出的这一新系统，和哥白尼学说完全一样。因此，日心说和布拉赫的版本相比，在预测力方面并没有任何优势。更糟糕的是，哥白尼要求人们相信有一种能够移动地球的巨大力量，但这种高度反直觉的想法，哥白尼本人也不能很好地解释。（到底是什么隐形的巨大力量才可以移动整个世界？）

布拉赫也很迅速严谨地指出了一些其他的问题。一是哥白尼系统中星星的隐含尺寸。如果观察夜空中的星星，就会发现星星不是一个无限小的点——它有宽度。如果测量这个宽度，并同意哥白尼提出的星星存在于一个很远的地方这一说法，那么初等几何学就会告诉你，所有的星星必须是非常巨大的——远远比我们的太阳更大。布拉赫认为，设想这样巨大的星星是很荒谬的。（现代的光学知识解决了这个问题：用望远镜或肉眼观察到的星星的明显宽度，是物理学上光波通过透镜时所产生的错觉。）

事实上，这些争议在1611年伽利略观察金星的相位时，就早已存在。一些历史学家认为，这一观点的出现是人们转而相信哥白尼学说的标志。（像月亮一样，金星的外观，通过月牙的宽窄变化，会呈现出"新月"或残月等不同形状。令人信服的推论是，这是它在围绕地球运行时，反射在地球上光线数量不同所造成的。当金星处在地球和太阳之间时，它是"明亮的"或黑暗的，因为它正在将所有照射在我们脸上的阳光进行转移；当它在太阳的对面时，它是"完整的"，因为这时，所有的太阳光都会反射回地球。）然而半个世纪后，意大利天文学家乔瓦尼·巴蒂斯塔·里奇利（Giovanni Battista Riccioli）指出，如果地球真的在旋转，并高速跨越太阳周围的空间，那么，在地球表面掉落的物体，应该受到这种快速运动的轻微扰动。但人们没有观察到这种偏差。里奇利对此的解释是正确的：问题在于，当时的工具无法做到非常精确，事实上，几百年后，人们在精准测量之后将其确定为科里奥利效应。

由于这些问题和一些其他问题，人们有理由在一个多世纪以来一直怀疑哥白尼学说。这些原因是有科学依据的——不像马丁·路德（Martin Luther）那样，称哥白尼是"傻瓜"，同样愚蠢地认为"静止不动的是太阳，不是地球"。到1674年，哥白尼学说已经成为天文学家持有的主要观点，但皇家学会的罗伯特·胡克（Robert Hooke）仍然指出，没有人能够明确地证明它相比于"第谷"系统的优越性。一些历史学家认为，实际上，长久以来，布拉赫的模型"比哥白尼学说的系统更适合现有的数据"。[5]

而且，在另一种重要的意义上，它更具革命性。哥白尼学说承认古代提出的"天体"的存在：实际上，他的书名为《天体运行论》。根据哥白尼的说法，每颗已知的行星（包括月球）都有自己的球体，而恒星存在于最外面的球面中。球体是不可见的结晶固体，它们的旋转形成了行星轨道，围绕在静止不动的太阳周围。然而，布拉赫在计算自己的系统时，他注意到，这意味着彗星穿越了行星领域，而这个领域应该是由"坚硬的和无法渗透的物质"构成的。[6] 接下来该怎么办？布拉赫选择相信数学，并抛出了球体的问题。那是一场真正的革命。

布拉赫认为，行星在空间中自由浮动。他还设想了一个拥有无数的太阳和无数如地球一样的行星的无限宇宙，那里可能有外星人存在。布拉赫认为，宇宙没有中心（不像哥白尼，认为太阳在宇宙的中心），所有的动作都是相对的。他也是第一个坚持认为太阳系的行星只是通过反射来自太阳的光线才会发光的人。由于许多原因，第谷·布拉赫在1588年发表的日心说，现在被认为是现代天文学真正诞生的标志。[7] 哥白尼学说确实在主要的点上是正确的，但长期以来，批评他的人在科学的很多方面比他做得更好。

虽然人们最终接受了哥白尼学说，但不是因为它是完美的。布拉赫提出了一种与之抗衡的观点，而伽利略的观察和一些数学上的改进，又促进了这种观点的发展。因此，哥白尼学说只是更有用了。（就像哲学中灵魂的说法）。碰巧的是，采用哥白尼学说的一个主要因素是，它能使得占星师的预测更准确——这是另一个不合理的理由被认为是正确理由的案例。

如哥白尼学说的故事所示，对新观念的正确抵制是人类探究的重要组成部分，这是社会性和协作性的过程，是不可约束的。的确，正如托马斯·库恩在他的科学革命的结构中强调的那样，从来没有任何一种理论，完全不会出现异常情况和明显的矛盾。[8] 那些持有错误想法的人和持有正确想法的人同样重要。

违反常规

很久以后，哥白尼的名字被借用于命名一个指导性的科学假说——哥白尼原则。正如哥白尼本人通过将地球从太阳系中移除的方法来将地球的位置放低一样，哥白尼原则认为，人类和太阳系一样，并非栖息于宇宙中某个特别的地方。我们只是碰巧在一个不起眼的星系中的一个不起眼的地方找到了一颗我们不起眼的星星。我们周围看到的一切，是宇宙中一个非常普通的部分。我们住的地方没有什么特别。这是一个很好的假设——除非有一天我们发现事实不是这样。

许多这样的假设支撑着现代科学。但是这些假设应该随时受到质疑。比如，大胆承认科学假设的临时性，是二十世纪初物理学革命的一大特征，其奇异的想法包括：亚原子现象可能同时是波和粒子；现实事件是概率性的，而不是严格确定的这样的总体概念。众所周知，对于现实事件是概率性的，而不是严格确定的这样一种说法，阿尔伯特·爱因斯坦是反对的。他曾问量子先驱尼尔斯·玻尔，是否真的认为上帝在玩骰子？玻尔后来还记得，爱因斯坦对于明显缺乏自然解释原则的事情，表现出了不安，而玻尔本人认为，除非那些常用的原则在逻辑上是一致的，否则就显得令人难以相信。[9]

现如今，大家还认同的另一个科学假设是，自然法则在空间和时间上是一样的。重力的强度，或铀的原子衰变速率——这些东西与宇宙另一端的是一样的，数十亿年前的东西，和现在也是一样的。这听起来是常识，其实也只是一个假设。

首先，用一般的哲学术语来讲，"自然法则"究竟是什么并不清楚。这个短语是人类社会使用的隐喻，在人类社会中，法则是成文的章程，人们可以选择遵守或忽略。之后，这一想法被应用于宇宙中，人们认为，亚原子粒子和其余物质除了遵守这些法则之外别无他法。事实上，这些法则不能被忽视，否则就不再是法则。但这些"法则"到底存在于什么地方？在某些柏拉图式的地方？物质如何知道该怎样遵守这些法则？（在这一点上，复兴目的论和泛心论是多么容易。）

"自然法则"起源于17世纪，意味着"神"强加于现实的法则。例如，化学家和炼金术士罗伯特·玻意耳（Robert Boyle）写道："神的智慧把生物限制在已有的自然法则之内。"[10] 艾萨克·牛顿发现了运动定律和万有引力定律，他认为这是造物主在一开始就制定的。

在脱离了神学的现代社会，自然法则变得越来越神秘，而不是越来越清晰。我们从来没有直接地认识自然法则。相反，我们从现象中观察数学法则，并推断出符合这些模式的一般规则。在多元宇宙中，这些法则和其他宇宙的法则可能并不相同。（想想为了回答细微不同的问题而提出的宇宙论。）如果自然法则在宇宙中有所不同，谁敢说经过时间的演变，他们内在是没有差异的呢？

这种可能性以前就曾有人提出过。有两位获得过诺贝尔奖的物理学家保罗·迪拉克（Paul Dirac）和约翰·惠勒（John Wheeler），曾分别在20世纪30年代和20世纪70年代对此提出过异议。在当今时代，物理学家约翰·韦伯（John Webb）也再次提出，我们观察到的自然法则可能只是我们宇宙中部分地区的"地方附则",而这个"常数"可能随着宇宙的运行已经发生了改变。[11]然而,在主流的讨论中,一个人如果说自然法则可能会改变,就可能会被认为是怪人,或者面临更糟的结果。

范式克星

鲁珀特·谢尔德雷克本来可以预见,把他的一本书定名为《科学妄想》(*The Science Delusion*)会惹恼他人,这也是他现在那场不受欢迎的 TED 演讲的标题。但是,这并不是一个反科学的洗礼。对于谢尔德雷克来说,"科学妄想"只是错误的信念,即认为科学已经对现实的本质有了很好的了解。他写的书和他的言论都质疑,为什么有了精确的历史细节,我们今天许多主导性的科学假设还都只是假设,假设自然法则是永恒的,物质是无意识的(谢尔德雷克和史卓森一样,都是泛心论者)。这样的命题已经被采纳为有用的假设(通常是非常好的理由),但是谢尔德雷克认为,这些假设不应该变得教条,可能需要重新考虑。

到目前为止,一切都非常合理。在 TED 舞台上,谢尔德雷克的言论被认为是"挑战现有的范式",这正是他在做的。然而,要求把他的演讲视频删掉的人似乎觉得,任何削弱科学的同质真理的行为都是不被允许的,因为它可能打开了不理性的迷信的大门。这些人里包括备受尊重的进化生物学家杰里·科恩(Jerry Coyne)等人,他们在美国的学校里积极地攻击那些利用创造论进行政治晋升的人(这个背景可能可以解释他们特别的敌意,我们这个时代大多数著名的科学上的无神论者都是生物学家,人们不会从物理学家或宇宙学家那里听到很多对宗教的公开抨击)。但是,谢尔德雷克自己的理论并不是对世俗论者的冒犯,他说:"我的意思是我的整个理论都是进化论的,所以不是说我的立场与创造主义没有密切的关系。"然而,在《科学妄想》中,谢尔德雷克不仅礼貌地指出科学如何依赖于假设,也同样礼貌地提供了自己的一些积极的建议——他自己的"进化论"。这些理论涵盖自然法则可能演变的观念，但还有更多其他的方面。这个想法，他称之为变形共鸣，也是多年来让他陷入麻烦的原因。虽然这些也都不是全新的想法。

谢尔德雷克不认为自然是法治的，他认为可以将其认定为习惯性的法则，通过记忆进行运转。这并不是一个全新的想法，但他是第一个提出的。1973年，在剑桥克莱尔学院从事生物学方面的工作时，他就有过这样的想法，因为其他人早就这样想过了。他解释道："我有这个想法，部分原因是，我会审视那些被否认的和被完全拒绝的想法。"我们已经看到，到目前为止，这是一个从科学领域到棋类领域都可以取得胜利的秘诀。但在这种情况下，事情会变得更复杂。这可能是一个错误的再思考案例。但从谢尔德雷克的经验中有一点是可以肯定的，那就是人类，或许还有科学付出代价的时候，正是现有制度禁止人们去重新提及一个旧想法的时候。

所以谢尔德雷克应该重新思考什么呢？他又看了看在生物科学史的一个历史观念。这个观念名叫活力论，内容是说如今的我们变得更加死气沉沉了。活力论者认为，生物身上有一些特别的东西，是不能通过参考物质的物理作用来彻底解释的。今天，活力论这个词成了历史迷信的代名词，是禁忌。鲁珀特·谢尔德雷克记得，在他的学生时代，生物学教科书开篇是："人们过去认为有一些特殊的'生命力'组织着生物，但我们现在知道，除了常规的物理化学机制等东西之外，什么也没有。"活力论者是坏人，他说："如果有一部科学哑剧，活力论者来到舞台中间时，将出现绿色的光，所有的人都会发出嘘声。但没有人真的读过；我有时候问别人，问导师和科学界的同事和朋友：'你觉得活力论者说了什么？'他们说：'哦，活力论者只是认为有一种生命力……一个无用的概念。'"然而，在谢尔德雷克自己的研究中，他认为"机械生物学正变得越来越低效，基因被高估为解释继承生物本能和形式的一种方法"，这听起来让人绝望。总的来说，"我无法理解将生命减少到分子和理解分子间的相互作用这样的事情,就像养鸽子,迁徙和意识一样,这是一种形式的发展,是我工作中主要关注的对象。我的工作是研究植物的形态形成。植物如何生长,动物胚胎如何成形"。当时,这似乎很难从机理上进行解释。于是他想:"嗯,也许得去看一看活力论者当时是如何说的。"

研究那些活力论者的时候,谢尔德雷克对汉斯·德里奇(Hans Driesch)的工作特别感兴趣。"他是一位非常聪明的胚胎学家,"谢尔德雷克说,"如果没有一定数量的基因或分子方面的分析,研究是不会有进展的,必须有一些自上而下的,以目标为导向的过程来对活体生物进行解释。"(当今,大部分进化论生物学家强烈反对,并坚信通过自上而下的力量——遗传学,将会在未来的路上走得越来越远。)当时,德里奇试图复兴亚里士多德的目的论,但现在看来当时的人们似乎无法被接受。后来,科学家改变了看法,并在20世纪20年代提出了"形态形成场"的概念,类似于电磁场这种概念,一个形态领域以某种方式引领着它们的生长,不管它是否有生命,这都标志着从一个生命模型到一个有机模型的转变。它不仅仅是针对生物,而是万事万物都需要自上而下的力量把它们组织起来。鲁伯特·谢尔德雷克很赞成这种说法,所以他成了有机体的拥趸。"大多数人认为活力论的说法太过头了,"他轻声说,"我认为这还不够。"

1973年,谢尔德雷克在为这样一个问题苦苦挣扎:如果形态形成场真的存在,它们将如何延续下去呢?遵循哲学家亨利·伯格森(Henri Bergson)所提出的诸如人类记忆是如何工作的这种不寻常的问题,谢尔德雷克认为,或许形态形成领域可以以非物质的方式延续下去:穿越时间。在这个过程中,他诠释了"形态共振"。他首先想到这纯粹是一个生物学原理。但是过后,朋友对我说:"那么结晶呢?"当时,要预测化合物在结晶时会变成一个怎样的形状是不可能的,但这在制药中十分重要。谢尔德雷克认为:氨基酸链在蛋白质折叠的过程中会最终形成三维状。根据谢尔德雷克的"形态共鸣"思想,

再思考

"晶体和蛋白质的形成以及植物和动物的形成将受其惯性驱使,因为时间间隔会把无形形态领域联系起来"。他回想起来:"这是超出我想象的激进革命,而且它的意义将更为重大。"

谢尔德雷克现在居住在印度,他决定出一本书。因为他的言论和书籍极具争议,他屡次被警告。他在剑桥的朋友说:"不要发表这些言论,这会扼杀你的职业生涯。"他回忆说:"你知道的,我得到了两个第一,我有一个研究奖学金,我将成为克莱尔的一员,我是研究部主任,我还获得了皇家学会的研究奖学金,我在《自然》以及其他顶级期刊上发表文章,所以这对我来说将是一个很重要的决定,我由此认识到科学界不是一个包容的地方。剑桥人与我并不敌对,他们只是认为这些思想有害,为什么我会抛弃一个有希望的科学事业来追求一些疯狂的想法呢?这看起来似乎不太可能。"

他非常自信,在思考了四年之后,谢尔德雷克与他的印度同事讨论了形态共鸣,发现他脑海中的一些主意是印度教和佛教传统的主流,是几千年以来人们一直在思考着的问题。他说:"从某种意义上来说,这是令人安心的,这绝不是失去理智或者是疯狂的举动,这是一条漫长的哲学之路,这些人完全正常。"

最终,谢尔德雷克的书在1981年出版了,此书被命名为《生命的新科学》(*A New Science of Life*)。这听起来没有一点讽刺的意味吗?"是的。"谢尔德雷克说得很好。事实上,他的最初的标题是《迈向新的生命科学》(*Towards a New Science of Life*)。但是他的出版商安东尼·布隆德(Anthony Blond)却想要删除那个看起来犹犹豫豫的"迈向"。谢尔德雷克记得:"我说:'好吧,这个说法听起来好像过于夸张,我只是在谈论一些新的生命科学。'布隆德说:'相信我,我出版了舒马赫的书《小的是美好的》(*Small Is Beautiful*)。我为这本书取了这么一个名字,这也是这本书畅销的原因,因为最初的手稿名为《小规模经济计划的若干方面》(*Some Aspects of Small-Scale*

Economic Planning)。'"谢尔德雷克笑了。"所以他说他是一个出版商。'这就是我作为一个出版商所做的。你想要你的这本书能够卖出去,不是吗?'我说:'是的。'他说:'那么它的标题就是《生命的新科学》。'"

在此书出版三个月后,出现了种种评论。期刊编辑约翰·马多克斯(John Maddox)写到,"这条愤怒的道路是一场伪科学的运动",并且已经"成为创造论者、反导弹专家,以及其他形形色色人物所参考的言论"。马多克斯说,爆发的最佳候选人已经就位,但是燃烧书籍并不是一个好主意,我们更应该"坚定地站在知识分子写就的文献之中"。[12] 谢尔德雷克的事业被彻底摧毁,他再也不能在科学机构中工作。1995 年,约翰·马多克斯被封爵。

回归正统

科学正统不被怀疑通常是因为它自身十分正统,它的形成和建立通常是正确的:这就是为什么它能被建立起来。传统的智慧通常是真实的:这就是为什么它传统。因此,传统的智慧,例如,广义相对论给出了一个相当可靠的说法,解释了物体在太空中加速的情景,这就是你手机中的 GPS 工作的原理。如果有人提出一种新的想法,或者试图推翻传统的智慧,但却未能正确预测,就将被视为外行或怪人而不予理会。而现在,这种形态共鸣的说法也很可能被推翻或不被认可,不是因为科学家建立了什么辩护的机制,而是因为它确实缺乏一个能让人继续探索它的理由,不是所有的传统的想法都值得复兴。

谢尔德雷克声称,形态共鸣解释了很多事情,远远不只包括植物生长和晶体的形成。他分析了 20 世纪上半叶开展的有关小鼠的研究,根据那些研究的一些结果,他提出了一些颇具争议的言论:当小鼠在一个城市的迷宫中慢慢探索的时候,世界各地的老鼠会通过它们共享的记忆来快速地学习相同的内容。[13] 实际上,他迄今为止最成功的一本书是关于"动物头脑感应"的,当动物进入变态领域时，这本书描述的内容就可能是真实的。那本书的名字叫《狗狗知道你要回家？》(*Dogs That Know When Their Owners Are Coming Home*)，在美国已经卖出了 50 万册。

谢尔德雷克对头脑感应的研究（兴趣）足以让一些人拒绝接受他的观点。事实上，在《生命的新科学》最初出版十五年之后，他试图进行"硬"形态共鸣实验，提出在工业化学实验室和大学生物学部门进行果蝇结晶方面的实验。（例如，一种形态共鸣的预测是，化合物的反复结晶应该使晶体的熔点随着时间的推移而上升。）但是，由于谢尔德雷克的声誉不太好，所以这些努力都白费了。他的实验从未完成过。他缺少一个实验室，他最终决定做的唯一一个实验也是一个廉价的实验：宠物在窗户那里等着；人类感知到有东西正在盯着他们。"我的意思是，"他说，"我可以做一些和科学相关的事情。我的思想沿着思考实验的方向前进着——我梦想着设计我的实验——最后我终于可以亲自参与到这些实验中。"谢尔德雷克这些研究的结果在期刊和一些文章及书中引起了争议——但是很难说这些研究不是科学证明的一部分。当然了，这也是一个很多人都感兴趣的话题。

谢尔德雷克指出：大多数狗主人认为，他们的宠物知道他们什么时候回家。他说："他们常常会有一种被盯着的预感。百分之九十以上的人都有这样的经历。'是的，这也发生在我身上。'他们说。电话感应？——超过百分之八十的人知道可能有人会给他们打电话。这些是很多人的日常经历（感觉）。而在我看来，虽然这是一个超乎常理的事实，而且大多数科学家都有相同的经验，但整个制度科学结构对这些事情是予以否定的。""人们一般都会认为这种共同的经历是虚幻的。通常来说，他们可以通过我们的心理怪癖来解释这些现象，例如确认偏见，或者来自意想不到的实验者效应，即研究人员在正式研究的过程当中无意识地影响到了研究对象。也许对他们来说确实没有什么。"谢尔德雷克说。但为什么不找出来呢？

如果头脑感应存在的话，它当然会是所有黑匣子的根源。但是，光凭这一点是没有理由将其排除的。然而，主流心理学界不仅对这种现象（通常被称为"psi"）持明显的怀疑态度，还会在任何人认真对待它们时表示强烈不满。2011年，康奈尔大学名誉心理学家达里尔·贝姆（Daryl Bem）在顶级刊物上发表了一篇题为《感知未来》（Feeling the Future）的论文，详述了预知实验的明显的积极成果，表明受试者当前的行为可能会受到未来事件的影响。[14] 如果"之后"让他们重复说几次单词，他们现在能更容易记住这些单词。换言之，因果关系在时间上逆向而行了。贝姆认为这一影响是重大的。那么你可能会觉得，如果这是真的，那真是太令人惊讶、太有趣了。这本期刊的编辑、心理学家查尔斯·贾德（Charles Judd）表示，这篇文章已被收录，因为它符合编辑和科学标准——尽管如此，他补充说："并没有机制可以帮助我们理解这些结果。"（因此，他表示自己准备面对黑匣子的存在。）[15] 但是其他科学家迅速接踵而至地谴责他：这些实验是在"浪费时间"，其中一个科学家说到；[16] "真是疯了，纯粹的疯子，"另一个科学家说道，"这让整个领域都感到难堪。"[17] 一项调查显示，事实上，大约三分之一的心理学家认为psi不可能存在。随后，贝姆与同事一起发表了一项"荟萃分析"（meta-analysis），从统计学上重新分析了对psi现象的九十项研究的结果：该文件再次声称发现了积极的影响。[18] 其他人响应，如果结果真是如此，那么贯彻整个领域的标准统计分析方法本身就有缺陷。[19]（也许如此。）贝姆自己也说他一直是一个"特立独行的人"，如果他是一个想出人头地的年轻研究员，那么这样的研究对他来说是致命的，只能抱以侥幸能够从备受尊敬的研究生涯中退休，即使如此，他也会饱受同事们的失望和责骂。但更重要的是，无论贝姆是对还是错，坚持认为任何这样的现象在字面上都不可能一定是不科学的。

鲁珀特·谢尔德雷克谨慎地提议，公共科学预算的百分之一可以拿出来用于外行人士提出的研究。很多研究似乎都与动物相关。他指出："在英国，就像百分之四十的家庭养宠物一样，人们对狗、猫、家畜、马等有很大的兴趣。这就是每当报纸上登出一只猫从几英里之外找到回家的路的故事，人们都很喜欢看的原因。记者喜欢这种题材，动物视频一直在 YouTube 上像病毒一样传播：因为人们确实对此很感兴趣。然而，如果你去科学院，会发现对动物行为的研究总体上来讲是非常有限的。"

我们来思考一下——一只猫或是一只狗是如何从几英里远的地方回到家的呢？事实是，我们不知道。谢尔德雷克的大致观点是研究可以扩大网络范围，这是许多可敬的思想家都认同的观点——这就包含着可能证明是荒谬的东西会揭露出我们没有预见到的、令人惊讶的事情。例如，技术历史学家大卫·艾杰顿也提出了类似的论据，他认为各国不应该模仿彼此的"创新政策"。为什么呢？"如果所有国家、地区和公司都在'研究应该是什么'上达成一致，从定义上来说，它将不再富有新意；所有国家追求相同的研究政策可能不是一件好事，因为他们很可能会想出类似的发明。"[20]

原因是，根据定义，创新研究是一种正确的研究追求，对此每个人都持有不同意见。例如，英国生物化学家彼得·米切尔（Peter Mitchell）在 20 世纪 60 年代被广泛认为是门外汉，他在康沃尔郡的私人实验室里进行了隐蔽的实验。当时，谢尔德雷克说他是一个"彻底的异端"。但是，米切尔彻底改变了对生物线粒体如何产生 ATP（三磷酸腺苷）的认识，以及对能量传输的分子基础的理解。1978 年，他被授予诺贝尔化学奖。当然，我们指出了一个被证明是正确的特立独行者，但这并不意味着所有独行其是的人都是正确的。人们可能会对形态共鸣感到怀疑，因为它就像是一个鸿沟之神一样的概念。这些是我们目前不能正确理解的事情；这里有一个似乎可以统一并解释这些事情的概念。此外，就算其中一些鸿沟在现代没有闭合，它们似乎也已经缩小了。谢尔德雷克声称晶体的形成是完全不可预测的，但超级计算机上运行的现代数学建模技术已经涉足了这个问题的研究，因为它们也存在蛋白质折叠领域。"机械化"方法还没有全面进入死胡同。

同时，遗传学的长足进步给人留下了非常深刻的印象。它映射了整个的人类基因组，在克里克（Francis Crick）和沃森（James D. Watson）之后的半个世纪，正确的DNA分子结构被人们所发现。从某种程度上说，进入20世纪以来，对活力论不变的信仰是鞭策他们的一部分：克里克自己也声称他致力于消除活力论。[21] 随着生物学揭示了越来越多的构成生物体功能和发展基础的物理和化学过程，越来越多的活力论言论也被轻而易举地揭穿了。另一方面，时至今日，表观遗传学方面的研究使传统的遗传学变得愈加复杂。谢尔德雷克一直同意拉马克的信念，即生物获得的行为可以被遗传，可以为了本能而演变。进化生物学家斯蒂芬·杰伊·古尔德（Stephen Jay Gould）在他的著作《个体发生与系统发育》中描述了拉马克那个在19世纪十分普遍的观点：人们所相信的"本能"，是对通过激烈的方式获得并印在记忆里的不可磨灭的事情无意识的回想。生殖细胞本身受到影响，并将这些特性传给子孙后代。[22] 正如我们看到的，这个想法在20世纪的大多数时间里都被视作禁忌。然而据报道，在2013年，那些曾经习惯性地惧怕樱桃味化学物质的老鼠的后代们从出生起就本能地对这种气味感到恐惧。[23] 拉马克和谢尔德雷克扳回一城。

20世纪70年代，遗传学和发展之间的鸿沟让谢尔德雷克感到沮丧。更令人惊讶的是，"形态发生领域"的观点本身也正暗中向演化发育生物学的方向发展。该学派出现于20世纪末期，他们不再指望能弥合这一鸿沟。时至今日，这个想法已经发生了一些变化，比如研究形态发生领域控制特定的一批胚细胞是否会发育成一条腿或一只手臂。一些生物学家说，这不过是意味着细胞的区域"注定要形成这些特定的结构"而已——尽管这确实让目的论死灰复燃。[24] 其他人用特定的物理结构或过程来识别形态发生领域，将它称作具体基因和蛋白质之间的相互作用集合，或者更抽象的化学信号的空间分布。[25]（据说，它们编码了指导生物体发育领域的"信息内容"。）其他研究人员指出，事实上，即使潜在的基因和细胞相关机制不同，形态发生领域的行为也可以相同。所以，生物学家艾伦·拉森（Ellen Larsen）就曾建议道："形态发生领域具有紧急性质，独立于实施该领域行为的特定分子实体之外。"[26]

事物的那些超过和高于其组成部分的属性才能被人们记住，比如水分子的流动性的突现，或所谓的大脑活动意识的突现。在这种情况下，突现与"还原"的解释是相反的：它只关注受物理和化学控制的那些最小规模的机制。"系统生物学"的现代领域也研究了千变万化的生活系统，其整体方法与还原论相反。现在，演化发育生物学和系统生物学的出现都没有假定某种类似谢尔德雷克的形态场一样的非物质的东西存在——除了其中一个认为"信息"的概念在这场讨论中偷偷引入了一个新柏拉图主义的元素。无论如何，仍有人不能理解有关生物的东西在最小规模上的存在。对于突现和活力论而言，整体具有属性，而部分不具有。事实证明，即使在微观尺度上，许多生物系统的运作方式也并不像机器，它的运作有统计学或概率上的意义，而不是通过机械因果关系。[27] 为此，一些生物学家认为"突现"是一种新兴的、可敬的、现代版本活力论或有机体论。[28] 所以，那些旧的思想也可能没有完全过时。

谢尔德雷克乐于承认"形态共鸣的积极证据不是那么有力，因为对这个话题的研究少之又少"。（因此，他谦虚地称之为"假设"而不是"理论"。）谢尔德雷克的批评者们对他迄今为止实验给出的数据的正确分析提出了强烈的异议。然而，这也是科学上的分歧。他们说他的理论是不可证伪的，但是——正如我们在宇宙学中所看到的——这已经不再被广泛地视为驳斥科学假说的手段。谢尔德雷克的想法至少可以做出可试验的预测——那些从未实施的晶体实验——无论你想到了何种真相的可能性都是如此。他被称为异端，甚至被取了一些更难听的名字。但就算他错了，作为一个科学家，他也是通过正确的方式出错的。

垫脚石

把创见当成不可碰触之物投入旷野，将敢于表达禁忌观念的人驱逐出去，这不仅不礼貌，而且很短视。历史暗示我们，如果我们停止调查那些看起来似乎不太可能的事物，那么我们可能会错过令人惊奇的真相。而且我们已经目睹了太多这样的例子，一些观点在长时间的沉寂之后再次开始被人们提及。有更多的未知我们不愿去想象。更重要的是，即使一些观点是错误的，要去排斥它们，也会显得很愚蠢。科学史告诉我们，错误的想法也可能至关重要。哥白尼的日心说是错误的，因为这一理论中依然保留了天上的球体；布拉赫的理论正好可以用来反驳日心说。要进一步地理解一件事，我们可能需要暂时遵守科学理论，这些科学理论是富有想象力的探测器，它们注定要降落到不便的小行星上，分崩离析。有时候你需要先犯错，然后才能对。

例如，"黑暗能量"这一观点是当前宇宙学中时髦的话题。但不要在它身上下太大的赌注。"回顾五十年前，"宇宙学家安德鲁·彭岑沉思着，"我们可能会认为，存在黑暗能量的想法是非常幼稚的。"令人惊讶的是，黑暗能量不仅是一个尖端的科学探索，也是一个关于再思考的伟大例子。这一次，你也许会认为这个人在后世的名声已经谈不上"昭雪"一说。他就是爱因斯坦。

爱因斯坦在很多事上是正确的，但在一件重要的事情上，他犯了错。在他最初用公式描述广义相对论时，方程式中包括形容太空里真空的能量密度的"宇宙常数"。后来，爱因斯坦承认自己犯了错误，后悔没有动手深入到等式中将宇宙常数设为零。（爱因斯坦把这一失误称为他所犯下"最蠢的错误"，虽然没有直接证据能证明他说过这话，但这种传言一直存在。）[29]

后来，宇宙常数以复仇的姿态又回来了。但问题是，人们观察到宇宙正在加速扩张，以至于看起来似乎有某种反重力的斥力存在着，把一切都分开。科学家现在把它称为暗能量，它在很大程度上证明了爱因斯坦对宇宙常数的描述是正确的。（相关数字相同，精准度高。）

仅因为爱因斯坦的这一观点在死后得以昭雪,并不意味着我们现在完全理解发生着什么。毕竟,暗能量之所以被称为暗能量,是因为还没有人知道它是什么。它从未被直接测量过。而且,尽管它是过去几十年来无数科学论文的基础,但也可能从头到尾都是错的。也许根本没有这样的能量。

"我们倾向于以非常具体的方式来考虑这个问题,"彭岑指出,"我们称之为'暗能量',写下数学模型来描述由少数几个小图案组成的暗能量。但实际上——我们甚至没能想象到真实的情况是什么样的。比如说,我们没能正确地理解重力在如此大规模上的运作方式,于是在宇宙中添加了一些东西,我们将其称为暗能量,并把它视作宇宙加速扩张的原因。"

彭岑说:"目前我们根本不能将其与爱因斯坦的宇宙常数区别开来。所以我们看到的宇宙常数不为零也是可能的。"但是人们会问:"那么为什么它会是像10~120这样一些小小的数字呢?"你会认为它也可能是1或0。它似乎十分接近于零,好像也没有什么意义。所以,我认为这就是为什么人们正在寻找一种更深层的解释,而不仅仅停留在"这是一个数字"这样的解释上。但谁又知道解释最终是什么样子呢?

"很多人都意识到,我们在理解暗能量的方式上可能受到了蒙蔽。"彭岑总结道,"但另一方面,你应该怎么做呢?如果这是你探索的最佳途径,那么你就必须这样做。"

如果它是城市里的唯一娱乐方式,是带领我们向前的唯一基石,科学在发现错误之前被错误的东西所误导也就很正常了。流行科学中的一些历史往往会嘲讽那些被驳倒了的旧观点,如燃素(燃烧着的物质里释放出来的火热元素的名称)或光以太(宇宙中的一种填充物,可充当媒介供光波传递)。但是我们不得不先相信以太的存在,然后才能够取得今天所取得的成果。安德鲁·彭岑解释说:"以太的想法是一个必要的垫脚石,受它启发,我们才能做出像迈克尔逊-莫雷实验这样的实验。这些实验显示,我们对以太所做的预测是错误的。"19 世纪末，物理学家阿尔伯特·迈克尔逊（Albert Michelson）和爱德华·莫雷（Edward Morley）认为，由于我们的地球围绕着太阳运转，所以以太必须相对于地球运动。所以在 1887 年，他们进行了一个伟大且严谨的实验来测量光向各个方向运行的速度。毕竟，与以太朝同一个方向运行时，光本该传播得更快。但是他们最终并没有发现两者在速度上的差异——在当时，这是一个惊人的结果。而这一结果也最终使得阿尔伯特·爱因斯坦能够在几十年后提出狭义相对论。

所以彭岑指出，以太"是一个典型的例子，用以证明错误的想法是获得正确想法的必要条件。我们很容易在评判事情上吹毛求疵，我们本不应该这样做"。正如物理学家弗兰克·维尔泽克所说，的确，在另一个版本的哲学实用主义中，一个观点的"繁衍能力"就是指它是否引出了进一步的研究与再思考。在科学史上，这一点往往比观点的真实性更重要。[30]

一般来说，科学和人类的努力既需要错误式的英雄也需要正确式的英雄。不仅仅是因为前者激发了后者；也因为很少有探索者是完全错误的或完全正确的。第谷·布拉赫在太阳和地球谁围绕着谁转这一重要方面是错的，但在抛弃关于天上的球体这方面是对的。而艾萨克·牛顿在绝大多数事情上是对的，但仍然有点小错误。（如果要让 GPS 正常工作的话，你就需要用爱因斯坦的相对论来取代牛顿的运动定律。）更令人震惊的是，从长远来看，我们对所有事情的认识可能都是错误的。

再次犯错

1875 年，一名叫马克斯·普朗克的德国大学生被他的老师告知不要学物理学，因为"在这个领域，几乎所有的东西都已经被发现了，只剩下了一些不重要的坑洞在等待填补"。[31] 普朗克并没有听从这个建议，并在 1900 年发表了一篇有关辐射的论文，掀起了量子物理学的革命。他的老师错了。今天，谁又在扮演着普朗克的老师的角色呢？

学界一直存在着一个强大甚至可怕的观点——一种关于观点的观点，即一个元观点，在科学哲学中被认为是"悲观元归纳"。归纳是指从已发生的事情上推理出将要发生的事。太阳总会在早晨升起，所以，明天早上它也会升起。因此，元归纳在思考这种推理未来的走向。太阳将在第二天升起，我们是否总能对此想法抱有信心？

对于科学来说，这看起来并不好。人类历史上的每一个重大科学理论都出现过错误。科学的故事讲述着古老的理论被推翻的过程——诸如疾病是由四种体液的不平衡而造成的，或者太阳绕地球运动，等等。马克斯·普朗克的老师可能不会知道，25年后，他的学生会提出一个荒谬的观点——能量是以不可缩小的包或量子形式存在着的——这掀起了物理学上的革命。那么，是什么让我们认为我们现在的理论是正确的呢？如果你我生活在人类历史上最开始的时刻，一个科学理论是永远不会因一个更好的理论出现而被放弃的，这将是一个非常奇特的巧合。以前从未有这样的情况。为什么现在会这样呢？原因就是悲观元归纳的存在。在评估我们推断未来的能力时，我们应该持悲观的态度。基本上来说，我们的下一步是错的，现在做的也不对。

当然，这是一个古老的发现。蒙田这样说道："无论何时，我们都有很充分的理由不去相信一些新的教义。我们想起之前一个非常流行的想法被与之相反的理论推翻了，但是有一天，第三个发现又可能会将前一个理论推翻。"[32] 注意，这个想法从两个角度来看都说得通。一方面，它维护了推翻科学共识的那些人，正如伊莎贝尔·曼苏伊和其他表观遗传学家们试图改变生物学中以基因组为中心的局面一样。另一方面，对于理论能正确多久，它并没有报太高的希望。

我们很想反对这个观点，并认为悲观元归纳太过悲观。一方面，即使我们现在的理论仍然有错，与被它们所取代的理论比起来，它们可以为事物提供更为广泛的解释，同时它们也是更可靠的预测工具。（在高速度、强重力的情境下，爱因斯坦相对论能达到牛顿力学无法达到的部分，但牛顿的理论对于大多数日常情况来说仍然适用。）一直以来的悲观主义者也应该指出，就算不能确定我们是对的，也不能因此而判定我们过去总是错的。人类思想史并没有按照正确取代错误的一个线性顺序前进。它更像是一个黑暗而又缠绕的网，其间，闪烁的灵感可能会熄灭并在几个世纪里保持沉寂，直到有人再次将其发现，轻轻地吹亮溅射的火星。与此同时，我们目前的理论——即使是错误的——仍然足以带来医药和技术方面的显著进步。错了并没有什么可怕的。

事实上，错误的想法能带来很大的帮助，提醒我们还有多少是未知的。

更加好奇

也许真的如鲁珀特·谢尔德雷克和其他人认为的那样，自然规律会演变。我们可以肯定地说，科学思想的发展本身就是一个渐进的过程，没有目标或终点能让我们获得完美的真理。[33] 这是无休止的再思考，取决于我们（暂时的）已知和未知之间达成的微妙平衡。一定要保持开放的心态——但是不要那么开放，就像老笑话里讲的那样，一切都会消失。那么，我们如何才能取得正确的平衡，让自己有机会认识到更多的假设，找到更多已知的未知呢？

一方面，无知是好事。詹姆斯·麦克斯韦说："意识上的彻底无知，是科学每一次真正进步的前奏。""你也可以无知。"生物学家斯图尔特·法尔斯坦这样安慰未来的科学家，"想要走在前沿？那么，这一切，或者大部分，都是无知的。忘记答案，解决问题。"[34] 当他邀请客座科学家来哥伦比亚大学讲话时，他说，他们来"是要告诉我们他们想知道什么，他们认为什么是至关重要的，如何能知道自己想要的；如果了解了这个或那个事物，会发生什么，如果不了解，又会发生什么。他们还会讲述什么是可以知道的，什么不太可能被人们所了解，一些他们十年或二十年前不知道，但现在知道或者仍不知道的事"。35 约亨·朗德在一个更高的层次上总结，科学和人类的智力探索是一件这样的事——将不知道的未知转化为已知的未知，然后（通过一点运气）转化为已知的知识。

　　无知是件好事——但当然不能太无知了。我们通常认为好奇心是渴望知道某事。然而，矛盾的是，我们需要知道一些事情，才能好奇。我们需要知道我们不知道的。这就是乔治·洛文斯坦（George Loewenstein）所著的一篇有关好奇心理的著名论文所论证的思想。他认为，好奇心源于想要填充信息鸿沟的渴望。只有当我们已经拥有了它周围的信息时，我们才能意识到鸿沟的存在。

　　当这个观点在1994年由洛文斯坦提出时，人们并不认为它有何新意。像很多其他的事情一样，我们很快会看到，威廉·詹姆斯在一个世纪之前就提出了这一观点。洛文斯坦解释说："詹姆斯提出科学的好奇心，也就是一种密切回应特定认知好奇心的好奇心，是源自知识上的首尾不一或鸿沟。就像精通音乐的大脑对它听到的不和谐的声音做出反应一样。"随后，洛文斯坦解释了他的理论是如何贴近詹姆斯的想法的。"与这一观点相一致的是，信息鸿沟理论认为，当某人的注意力集中在知识上的鸿沟时，好奇心便产生了。这种信息缺口产生了一种好奇心被剥夺了的感觉。好奇的个体于是就干劲十足地去获取缺失的信息以减少或消除被剥夺的感觉。"36 洛文斯坦指出："如果是真的，那么这种好奇心的模式会带来影响，即'如果不了解自己未知的东西，人的好奇心就会受到极大的阻碍'。"

　　洛文斯坦继续说到，坏消息是"有理由相信，对好奇心构成障碍的事物普遍存在"。例如，在决策理论中有一个众所周知的过度自信的现象，"人们低估了自己知识缺失的程度"，还普遍认为在某个话题上懂得较多，而事实上并非如此。[37]

那么，如果我们重视好奇心并想鼓励其发展的话，该怎么办？一方面，"苏格拉底式"的质询方法在揭示一个人的假设和知识缺失方面具有很大的价值。事实上，洛文斯坦指出，基于上述原因，苏格拉底质询法更应该被用作一种教学方法，而非"简单地鼓励学生提出自己的问题"——因为如果他们缺乏足够的信息来意识到知识上的缺失，那么他们就不会好奇。因此，需要先给予更多的信息来"唤起他们的好奇心"。[38]然后，老师提出的苏格拉底质询可以使学生意识到他们知识中可管理的那部分缺失。"知道自己存在缺失的重要性可以解释为什么'苏格拉底式'的教学是成功的。"洛文斯坦总结说，这也促成了本书中再思考者的成功，他们知道自己并不确定旧的观点是否是错误的。

用约亨·伦德的话来说，克服过度自信和过度愚昧这种障碍的另一个有效途径，可能需要通过尽可能多的必要手段将不知道的未知（我们甚至不好奇的未知数）变成已知的未知。我们可以想象一下这种情景；或者想象一下，某些被认可的观点不是正确的，但却是了解更好事物所需要的垫脚石。鲁珀特·谢尔德雷克这样的人士提醒了我们，引发了争议。因此，我们在这一问题上不应该采取愤怒的抵触，而应报以感激。

处理不知道的未知时，创新就显得尤为困难。安德鲁·彭岑谈到试图找出暗能量是否真实时说："你知道，这是一个困难的目标。你正在想出一些你甚至不知道的东西——你真的不知道自己想要做什么。所以，你所能做的就是埋头苦干，希望在某种程度上，一切都会结合在一起。那时再回过头来看，我们会说'这真可笑'，就像现在回想以太那样，一切看起来可笑又天真。那么五十年后，再回顾今天，我们可能认为暗能量的想法是糟糕的……因为如果你一无所知，便无从下手。如果你有一个错误的想法，那么倒还可以做一些事情！"

1975年，奥地利哲学家保罗·费耶阿本德（Paul Feyerabend）出版了他的辉煌著作《反对方法》(Against Method)，引起了一场反文化的轰动。它表明，在描绘科学是如何在历史中前进时，带人类摆脱迷信、进入闪亮真知时代的统一的科学方法是多么失败。因此，他被指责在某些地方用有害的相对主义，甚至是虚无主义来感染易受影响的心灵。当然，费耶阿本德猛烈地攻击了卡尔·波普尔和一切"严格的伪造原则"的无用性。在他看来，"这些原则会消灭科学，并永远不会允许它开始"。[39]但总的来说，费耶阿本德在有关于他的故事上很快乐——特别是关于错误的潜在成果上。他写道："不管一个见解是多么陈旧而荒谬，它都能完善我们的知识。"[40]他确实说："完全没有价值而又不能够成为集中力量的出发点的观点几乎不存在。"[41]这并不是一个肤浅的态度：这是由科学考察史得出的理性结论。正如我们所看到的，错误的想法可以作为重要的探索和刺激来帮助思想家以某些方式来改进他们的立场。如果他们的观点一开始就被接受了的话，那么这些方式可能就不会出现了。

鲁伯特·谢尔德雷克在他的形态领域恢复一种生命主义的形式可能是不对的，但他认为自然规律可能演变的观点在过去被一些极有威望的人所推崇。他对可能存在的心灵感应所表现出的兴趣也成为一种思想，在学术心理学中定期再现并似乎无可否认。这些对旧观点的重新设计可能是错误的，但是它们对我们而言的价值在于，能指出我们的知识并不像我们所想的那样强大。

与此同时，错误也能给人们带来极大收益。自然界拥有永恒规律的想法可能是错误的——但它为现代科学带来了巨大成就。暗能量也许不是恢复爱因斯坦宇宙常数的正确方法，但可能最终会成为带领我们走向更好未来的必要垫脚石。就像第谷·布拉赫对太阳系绘制的具有革命性但不准确的图片那样，带有煽动性的错误往往比毫不奇怪的正确更好。

第 9 章　安慰剂效应

> 有些古老的创意蕴藏着惊人的力量，甚至无关对错。

我们不能因为一个观点是错误的就反对它。

弗里德里希·威廉·尼采
(Friedrich Wilhelm -Nietzsche)

一切皆在大脑中

这是一个大脑的时代。并且因为功能性磁共振成像扫描的存在，我们比以往任何时候都更了解大脑的工作原理。我们知道了患有精神障碍的人与没有精神障碍的人大脑的工作方式是不一样的。我们知道，大脑只能从最新的心理技术中受益。说得更宽泛一些，通过一切以技术为支撑所取得的医学进步，我们明白了，应该用精确设计的药物对人进行治疗，而不是使用安慰剂。

然而，这些都不一定是真的。

在一个夏天的早上，在我到了剑桥的赫歇尔脑与脑科学研究所（Herschel Institute for Brain and Mind Sciences）之后，一切变得明朗了。研究所在一座红砖建筑之中，位于英国主要研究医院之一艾登布鲁克斯医院外的一片绿地之中。我进去一会儿之后,一个有点男孩子气的神经科学家来大厅接我。他是保罗·弗莱彻,卫生神经科学的教授,他领着我到附近的一家咖啡厅说话。

弗莱彻后来说到了他职业生涯早期的一个顿悟:"应该说,'科学不仅仅是一种无止境的进步'这一事实,是我所遭受的最严重的冲击之一。"因为事实证明,现代认知科学中的许多关键思想都是一个多世纪前的一些想法和观点。今天许多的书籍和文章经常说,"眼下"脑部扫描才开始揭露如创造力和幽默这样复杂的社会文化现象。[1] 过去那些久远的理论家的观点或是在历史上被美化,或是被当作不科学的猜测而被人忽视。但若是更仔细地去看这些事情,我们就能重新去估量和看待我们那些思考方式的价值。我们已经看到了,在一定程度上认知行为治疗受到古代斯多葛学派的启发,也看到了斯多葛主义自身是如何复兴的。这只是一个例子,说明诸多前沿的头脑理论本身只是重新发现而已。

在前几个章节中,我们反过来回顾了那些不清楚正确与否的观点、那些绝对错误的观点,以及也许是错的但还有用的观点。现在我们将考虑一些似乎与以上问题完全无关的观点的回归。无论它们是正确还是错误都不要紧。这只是它们的价值所在。

安慰剂观点

我最近一直在尝试一个非常好的心理技巧。以前的情况是,当我为了写报刊评论而不得不去读完一本书的时候,我最不想做的事情就是坐下来,然后马上写评论。我也许会写下我在边上记的笔记,但是我通常会把实际的评论写作留到另外一天来完成。直到一个下午,当我真的看完一本书的时候,我对自己说:"哦,趁着我对这本书的想法还很新鲜,我应该做一些随机的记录。但我并没有开始写评论,所以没有压力。"

当然,两个小时之后,我就得写评论了。

喜人的是，这个方法成功了一次。而令人惊讶的是，它继续发挥了作用。每次我都会向自己保证，我实际上并不需要写评论，但最后我会写。没有因经验而产生的不信任感：我每次都相信我告诉自己的东西。显然，我可以用这种方式无限期地"愚弄"自己。

这样的观点——我不必去写评论，但实际上我会——似乎属于有益的观点，尽管它们不一定是真的。我们可以把这些观点称作安慰剂观点。

比如，安慰剂观点的另一相似案例可能就是所谓的酗酒病理论。过度饮酒实际上是一种器质性疾病的观点，与嗜酒者互诚协会的历史密切相关。近年来，医学研究人员已经开始质疑该组织的许多信条，其中包括，对于每个人来说绝对戒酒是正确的行动方式，以及"疾病"模型本身等。[2] 当然，任何特定问题都会涉及一系列的人类行为，而且这些人类行为的多样性可能与基因、环境和（如你所知的）神经表观遗传的差异有关。而且即使我们并不确定确切的因果关系，我们也经常将某些特定谱系的末端行为倾向贴上"疾病"的标签。无论这种分类的真实情况如何，疾病理论对酗酒者仍有积极的作用——它可以提供一种心理安慰，这种安慰来自知道自己的那些问题已经有人在研究并且已经得到相关的认定（许多患有精神健康问题的人在接受具体诊断时，会感觉更积极），并且有措施可以采取（即使能采取的措施不太多）。所以，即使事实上不准确，但酗酒的疾病模型确实可以帮助酗酒者：这就是一个安慰剂观点。

在某种程度上，挑战这种安慰剂本身就是一个道德问题。神经科学家马克·刘易斯（Marc Lewis）认为，酒精成瘾是行为问题。但他明白疾病标签对上瘾者的吸引力。"真正让我感到震惊的是，"他说，"我所接触的患者们说：'你不能把我身上的患者标签拿走。如果你拿走了我的患者标签，如果你不让我觉得自己患有疾病的话，那么我基本上就没法好了。'""因为疾病标签保护了他们，使得他们不会被社会所指责。因为他们觉得如果自己得的是一种疾病，这便不是他们的错，所以他们不必为此感到负担或羞耻。若是不弄出一些动静的话，是很难把毯子从地上抽出来的。"[3]

安慰剂观点的另一个例子可能就是"同性恋是被嵌在基因中的"这一观点：同性恋者，正如美国流行歌手嘎嘎小姐所说，"生来如此"。这个观点在20世纪80年代和90年代开始流行，不仅帮助一些同性恋者抛弃了附在他们性取向上的内在羞耻感，而且也成为同性恋者用来还击道德偏见的极佳理由。比如遇到那些厌恶同性恋并认为选择成为同性恋就是偏离正道的人，同性恋者可以说这仅仅是生物学的一部分。所以"同性恋基因"也是一个强大的安慰剂观点。

事实上，这体现了人类精神的复杂性，事实证明，即使一些观点绝对是虚假的，但是它们依然是强大的安慰剂。至少，这是对精神病性妄想的现代研究的一个暗示。但是要明白这些种种，我们首先要重新介绍一位19世纪伟大的德国科学家。

声音和视觉的礼物

"博学者"这个词被滥用了，但是我们之前简单提到过的赫尔曼·冯·亥姆霍茨——他抱怨过在他那个时代关于"投机科学"出版的狂潮——肯定就算一个。他对人类视觉和物理学进行了很多研究，还发明了史上第一个音乐合成器。这个发明是在冯·亥姆霍兹率先将音乐声音分析成其谐波频率之后出现的。通过精心设计的听力实验，他发现，使得小提琴或长笛与双簧管的特征音或音色不同的主要原因，是乐器在基音之上产生的不同谐波音，这就是演奏的"音符"（通常是我们有意识地听到的唯一音调）。然后，冯·亥姆霍兹用木材和黄铜搭载了一系列音调发生器，它们是由被电磁铁反复振动的音叉构成的。通过同时敲击不同的音叉来重建自己在真实乐器中听到的谐波，他成功地创造出了类似乐器般的声音，甚至人类言语中那些可识别的元音。"单簧管的鼻音是通过使用一系列不均匀的分音产生的，"冯·亥姆霍茨在1875年满意地说道，"而法国号的柔音是通过所有音叉合唱演绎出的。"[4]

因此，冯·亥姆霍兹建成了一个机械合成器，而且他的这一举动使得一个世纪后他的同胞"发电站乐队"（Kraftwerk）的工作成为可能。事实上，他基于自己的科学观察，继续在有关论文中建立了一个精细的音乐和声理论，尽管这个美学方案并没有真正流行起来。但是，他音乐研究的一个关键点与他在人类视觉理论中更著名的论点相吻合。他说，当我们听到小提琴的声音时，我们能感知到所有不同的谐波音，因为我们的耳朵有专门的结构来响应不同的频率。（虽然他那个时代的解剖结构稍微偏离了细节，但这个说法是绝对真实的。）但是，只有当头脑在内部处理中将所有不同谐波结合起来时，我们才能感知到这个声音，并认出这是小提琴发出的声音。因此，感知本身必定会涉及一些无意识推理的过程。

正如冯·亥姆霍兹在他那篇关于生理光学的伟大论文中所说的那样，真实听到的就是真实看到的。人眼所感觉的只是色彩和光线的等级。为了了解所有的数据，头脑必须在后台工作，将所有可用的信息组合到一起，并从中获取感官推论或"无意识结论"，以便我们能辨别事物，就像看到一张桌子或一品脱啤酒。[5]因此，我们在日常世界中看到物体的方式并不是透过一个透明的窗口。而且它不仅仅是一个神经激励的直接而无聊的过程。世界必须以某种方式在我们的头脑中通过外面模糊的暗示合理地重建。那么即使逻辑推理是无意识的，它也是感知的基本部分。

这个观点在19世纪后期存在很大的争议，当时许多研究人员将人类的感知简化为一种机械过程。在20世纪的最后几十年间，冯·亥姆霍兹被认为超越了他自己所处的时代。他的观点成为认知心理学的新准则，带领着认知心理学的新学科不断向前迈进。最近，剑桥神经科学家保罗·弗莱彻说，冯·亥姆霍兹的观点被研究头脑如何工作的前沿模型的论文和讲座广泛引用。他的洞察力也让我们看到了当现代思想出现错误时可能发生的事情。

"这只是一个猜测"

开始了自己的医学事业之后，弗莱彻马上就投身到了精神病学中。他说，"我见到的第一个病人是我神经学课堂上的一个学生，他患有非常严重的精神病"，这位患者认为电视上的人们在直接和他说话，可以看到无处不在的隐藏信息。最后他甚至伤害到了他自己。弗莱彻说："我真的完全被这种观点所吸引了，一个人自己在毫无证据的情况下去创造一个如此复杂的世界，并且把这个世界当作真实存在一样。"从那以后，他开始主要研究那些有幻觉的病人。通常我们会这样理解幻觉——看到或听到某些并不存在的东西——这些都是人的大脑存在问题的例证。但是，如果大脑一直如此，那又是怎么回事呢？

"让我非常感兴趣的是，比如在没有人的时候却听得到声音，或者没有任何东西存在的时候却能看见影像，这可能是由于大脑中有一项工作必须要去进行。"弗莱彻解释说，"这不一定是一个大的错乱问题，实际上还可能是一个创造性的过程。冯·亥姆霍兹提到过一件事——我认为这是理解这个过程的关键——他说：'为了在大脑的神经机制中产生相同的映像，这些对象总是被创造出来并且呈现于视觉中。'而他所说的就是，当你看到某些东西或者当你接收到某些东西的时候，你是想象你在那个地方，这些都是为了让你达到某种体验。"

换句话说，当我"看到"一张桌子的时候，我所做的事情就是进入场景数据库，然后提取那些关于彩色光线的残缺信息，然后再进行推理，并猜测（在最佳的成功案例中），如果一张桌子在我面前，那么它就会反射与我所看到的颜色相同的光线。所以我得出的结论就是我看到了一张桌子。

弗莱彻说，这个观点"起初是有点反直觉的"，但这个观点被有着"符号学之父"之称的美国哲学家查尔斯·桑德斯·皮尔士（Charles Sanders Peirce）再次提起。皮尔士介绍了一个第三种逻辑推理。我们都比较熟悉推论［关于在特定的场景或者事实中所需要遵循的东西，像夏洛克·福尔摩斯（Sherlock Holmes）一样］，以及培根归纳法（基于我们对过去的了解来推理以后可能会发生什么）。皮尔斯的第三种推理方式叫作诱导。弗莱彻说："基本上，诱导就是从你所拥有的数据中去推导你在这些数据中本可以成为的状态。"他还说："这有点像亥姆霍茨对感知的描述：这是一种诱导行为。你有一些数据，然后试着通过这一点去与可能成为原因的东西联系在一起。"诱导似乎必然是一件模糊的事情。

弗莱彻说，"这在逻辑上是非常站不住脚的，因为你实际上是在说：那里有个黑色的东西，乌鸦是黑色的，因此，那儿有一只乌鸦"，又或者沿着这些思维方式来看——你是在推理。并且正如皮尔斯所说，"这只是一个猜测"，但是没关系，因为如皮尔斯所说，猜测是人类理解方面进步的唯一方法。他写道："事实是，我们知识的整体结构就是一种暗淡的感觉，这种感觉是由一些单纯的假设所构成，而这些假设又是通过诱导通过来归纳和证实的。要是少了这一步一步的诱导，若是在这无聊的观察平台之外，我们的知识就根本不可能有丝毫进步。"[6]

如果我们将冯·亥姆霍兹关于潜意识推理在感知之中的必要性的理解，与皮尔斯将诱导式推理的逻辑形式的论证观点结合起来的话，那么我们就可以清楚地了解到我们的正常经历有多么的不可靠。正如弗莱彻所说："你会遇到一堆模糊、嘈杂、不确定的数据，而你需要弄明白的是你已知的东西。所以幻觉的产生可能是因为遇到的东西和已知的东西之间的平衡已经发生了变化。"如果你正在产生幻觉，那么你的大脑并不是在想象中不正常地工作，它只是比往常更多地倾向于你已经知道的东西，并尝试着从这些模糊的场景风暴中投射出一些意义。

所以也许幻想并不是一些可怕又奇怪的头脑变形。也许这只是正常人类都会遇到的问题。事实上，根据弗莱彻的实验，在包括解释嘈杂图像之类的任务中，容易出现幻觉的人表现得更好。弗莱彻说："我认为这是对一个我们都非常有用但可能引起误会的生理机制的夸张描述。我认为你可以直接追溯到亥姆霍兹的观点。"现在有一个人正在尝试去想象这个伟大的德国人在天空中用他的音叉合成器演奏着一场胜利的旋律。同时我们也许会想要重新调整我们对正常情况和功能失调的简单概念。我们都只是在黑暗中猜测而已。

不确定性原则

所以，当我们看向世界的时候，我们直接感知到了"真实的"世界——这是不正确的。但是如果没有这个观点，我们就无法正常运转。这是一个根深蒂固的安慰剂观点。

保罗·弗莱彻说，同样的推理甚至可以用于思考精神病的妄想，比如说去思考诸如"电视机在给你发送消息"这样的观点。最基本的问题是，你的大脑是与现实完全隔绝的："它实际上是远离世界的，它被包围在厚厚的骨头中，只接收到少数几个场景中那些嘈杂、模糊且不一致的信号。"所以许多神经科学家认为，大脑的策略是"将接收到的信号与过去收到的信号进行整合"，从而预测到底现在是在发生什么。

但这样的策略也有风险。弗莱彻说："如果我们把自己的预测叠加在投入上，那么我们在过多的创造感知这件事情上就会有危险。"（这就是如果你把某人放在一个剥夺掉感官的房间里会发生的事情：他们会开始出现幻觉。）为了避免这样的事情一直发生，我们必须对"失配信号"非常敏感，"失配信号"告诉我们什么是预测的，实际上的不同之处又有多少。它们被广泛地归结为预期的噪声，或者变化，或信号中那些不可靠的地方。这种不匹配信号或"预测误差"是"我们用来更新我们的知识以适应世界的一些变化的信息"。

因此，遵循一个非常简单的原则，大脑就可能获得最大的成功：总是寻求最小化的预测误差。为了做到这一点，当然你也需要有对预测做出预测的能力。"冒着听起来像拉姆斯菲尔德的危险"，弗莱彻说——我们看到，唐纳德·拉姆斯菲尔德（Donald Rumsfeld）广泛地（且不公平地）嘲笑这个观点——"你需要获得一种复杂的知识，了解你可以期望或充分预测什么，以及你所能预期的未知的东西。"换句话说，在精神生活以及商业和科学中，你需要好好处理已知和未知的东西。

保罗·弗莱彻认为大脑是"一个努力减少不确定性的实体"。我们都熟悉日常生活的不确定性。弗莱彻认为，"很多苦难"是由于努力预测不可预测的事情而造成的，但是由于我们不知道什么是真正不可预知的，我们注定会去提出、修改并抛弃那些假设，又或坚持那些不完美但却能反映我们所能做的最好的事情。不确定的感觉总会让人不舒服，所以当我们受到压力时，我们倾向于尽量减少不确定性。弗莱彻说："确实，我有时会觉得压力和不确定性是否几乎是同义词。"他暗示道，一个给定的信念，就算不是真的，但对某些人来说也许都会显得非常有用。它能降低事情的不确定性。或者按照我的说法就是：安慰剂观点是多么的强大啊。

弗莱彻说，妄想是特殊的信念，"就算没有足够的理由，这些信念也会出现。而且就算存在着各种矛盾的现实，它们也能不断完善"。弗莱彻同意这些心理学家的看法，就是将妄想看作是"在面对强烈的疑惑和不确定性时，拼命想要得到解脱的一种尝试"，但他也说，这也是"正常的信仰倾向"。他还说："鉴于非妄想的观点看起来是不合理的，那人们可能会问，一个人应该去相信什么才会被定义为妄想呢？虽然很抱歉，但是我要说，归根结底就是去相信一些大多数人不相信的东西。"事实上，现在许多研究人员更愿意认为每个人在精神病谱上都有一个特定的"疾病位置"，而不是以一个二进制的标准，将人分成精神病患者和"正常人"。

所以妄想以及幻觉似乎都是产生于大脑正常的工作——只是产生的结果更多了。但是这一事实其实使得我们对什么是正常的，什么是不正常的设想更加的复杂了。正如安慰剂观点对一个饱受巨大压力和不确定性的人来说是有帮助的，对于我们来说，很多司空见惯的正常的观点也许对我们而言也是产生了同样的效果。信念也可以是安慰剂。但是一个因为安慰剂而起作用的信念本身是安慰剂吗？也许我们还需要再次去思考：安慰剂是如何起效的？如何使用它们？以及我们有多依赖它们？

请取悦我

量子物理学家尼尔斯·玻尔在他乡村小屋的前门上钉了一只马蹄铁，意喻好运。一位客人对此感到吃惊，问道："你是不会相信这些无稽之谈的吧？"

玻尔回答："即使你不相信，它也是有用的。"[7]玻尔的笑话说得既聪明又准确。事实上，安慰剂效应非常有趣的一点是，即使你知道这只是一个安慰，它也还是会带来可观的效果。（这个道理可以用来解释为什么我还能继续对自己耍把戏，让自己继续写东西。）我们习惯于看人们谴责各种"替代"疗法，因为它们的效果都不如安慰剂，但这对安慰剂来说有点不公平。安慰剂的效果神秘而强大——但更神秘的是，它的效果似乎越来越强大了。[8]如果说干预物和药物的效果能和安慰剂一样好，那就已经很不错了。

根据一份广泛引用但有争议的荟萃分析结果，安慰剂效应几乎不存在。[9]同时，许多实验都已经取得了卓越的成果。对于口腔手术后感到疼痛的患者而言，医生给的常规公开处方无非就是盐水而已，开处方时给出的说法是盐水可以减轻痛楚，这样的公开处方与在秘密（没有告诉患者）处方中加入6~8毫克吗啡一样有效。但要是想比安慰剂更有效，吗啡的剂量必须增加到12毫克。[10]因此，安慰剂似乎可以达到人类已知最强大的止痛药一半的效果。在一段时间里，有人认为安慰剂之所以能达到这个效果只是因为人体自身就在产生止痛剂（内啡肽）。但先进的实验表明，基于之前所给予的药物，安慰剂反应会激活不同的内部化学物质。正如科学作家迈克尔·布鲁克斯（Michael Brooks）所说："每个人都认为'安慰剂效应'是一系列不同的效果，每种安慰剂效应都有其独特的生化机制。"[11]

其他的实验显示，当人们服用那些非常成熟的药物时，安慰剂却在产生意想不到的效果。研究人员巧妙地将术后实验对象分为了两组，开始给第一组的实验对象服用安定，并告诉他们，他们正在服用的药物能缓解焦虑。如实验人员所预期的那样，在听到这些话之后，第一组的成员马上就感觉没那么焦虑了。实验人员也通过打点滴的方式给了第二组的人员同等剂量的安定，但没有告诉他们。而这一组人员的情况就没有什么变化，还是那么焦虑。法布里奇奥·贝内德蒂（Fabrizio Benedett）参与了这个研究，他总结说："在明确公开地给出安定处方后，所达到的焦虑降低其实是一种安慰剂效应。"[12] 然而，如果你告诉他们你给他们的是安定，但实际给他们的却是一些完全无效的东西，那么能达到的效果也不会比真正给他们安定的结果好。由此，我们要记住，要是人们不知道他们正在得到的东西是他们想要的东西，那就不会有什么用。[13] 因此，在这样的情况下，安慰剂的效果取决于患者所期待的东西，以及一种具体的化学物质。

安慰剂在拉丁语中是"我会去取悦"的意思，直到20世纪中叶，当人们首次命名"安慰剂效应"时，安慰剂这个词就被用来简单地表示一种庸医的补救方式。例如，在罗伯特·胡珀（Robert Hooper）1811年出版的《新医学词典》（*New Medical Dictionary*）中，它就被定义为"非作用于治疗患者，而是用于取悦患者的药物的表述"。现在，我们当然知道取悦患者也有非常具体的好处。但是很久以前就有人已经开始怀疑了。在柏拉图的对话式著作《卡尔米德篇》(Charmides)中,我们了解到色雷斯国王萨科西斯(Zamolxis)的医生所遵循的原则:如果想要头脑和身体想要健康的话,那么就要先对灵魂进行治疗。而治疗灵魂的方式就是使用"好的语言、符咒或者咒语",用这样的方法,就能慢慢地把身体哄好了。[14] 而这些医生们的"好话"大概也就是那些能让患者产生安慰剂效应的东西了吧。

而安慰剂效应也有着非常强大的对手,就是"伤害剂效应"(nocebo effect:拉丁语中为"我会造成伤害"的意思)。要是实验对象们相信或者觉得有什么事情会出问题,那么处于药物实验中并且被给予了安慰剂处方(糖丸)的实验对象们就会出现更糟的症状;强效麻醉剂可以消除实验对象们的疼痛减少效应。这一点也是长期以来人们所相信的。比如说,要是诅咒真的能有效果,那也可能是因为"伤害"的行为起了作用。

那么,正如大家都能明白的那样,安慰剂和"造成伤害"的反应并不是简单地由介质(假药、辐射)所引起的,而是由包括个人信仰和广泛社会背景等因素所引起的。从这个层面来说,这些因素与身心都有关系。但这一切并不会让这些"效应"变得不真实,不管是它是积极的还是消极的,都是如此。其实这些效应也并不神秘。我们应该记住新拉马克生物科学家伊莎贝尔·曼苏伊指出的,谈话治疗可能会比目前的药物治疗更准确地锁定需要治疗的大脑区域。医生的保证或者服用熟悉的药物都能锁定需要治疗的大脑区域,然后激活这部分的大脑机能,从而发挥作用。法布里奇奥·贝内德蒂认为:"由于安慰剂效应基本上是社会心理环境效应,所以这些数据表明,诸如语言和治疗行为仪式等不同的社会刺激因素都可能改变患者大脑的化学成分和回路。"[15] 如果安慰剂效应在医药中是合理真实的,那么安慰剂观点也会是如此。如果一个观点重新排列了你的头脑,那它也必然会"改变你的大脑的化学成分和回路"。

与安慰剂效应非常相似的东西也在其他生活领域得到了很好的利用——

例如在餐厅。众所周知，人们会觉得，名字更好听的菜肴会比用食材原本的名字来命名的菜肴味道更好，并且餐厅的气氛也会影响他们对食物的感觉。你可能会觉得这很好笑，因为餐馆老板故意营造噱头以获取利润。但是我们应该记住，当食客们被这样以潜意识的手段所操控的时候，他们确确实实也是在享受他们的食物，比任何人都享受。正如当医学建议可以和6毫克吗啡达到同样的效果一般，在美食中，安慰剂效果也并不只是幻觉。

同理，即使电子频率分析显示，比起同型号但是更加低价的耳机，昂贵的耳机也并不能更好地再现音乐，但是也许对于购买那些高价并且款式新颖耳机的消费者而言，他们所购买的耳机确实能够带给他们更好的听觉体验。所以，"一个漂亮的餐厅里食物更美味""昂贵的耳机能发出更好的声音"这些观点，看起来都是完全无害的妄想。那么，如果安慰剂的效果真的能使得我们生活的各方面都变得更好，为什么我们还要去抱怨它们的存在呢？

但是在医学上，安慰剂确实构成了很多伦理难题。例如，你想进行一项临床实验，在这项临床实验中，用安慰剂和一种针对危及生命疾病的新药进行测试，那么"成功"就意味着安慰剂组中更多的人将会死亡。因此，现在的标准是，针对新的治疗手段的实验，也就是对这种严峻条件的新治疗方法进行实验，以及针对当前最佳的治疗方法进行实验，而不是对无效物质进行实验（即使只是因为安慰剂效应的原因，无效物质也发挥了很好的作用）。

还有就是"医生能够在多大程度上善意地使用安慰剂"这样的道德问题。医疗工作者在知道情况的条件下还是给出了安慰剂的处方，这样是可以接受的吗？人们很可能会说不，因为英国的议会委员会指出，通常安慰剂处方需要在一定程度上欺骗患者。但是即便如此，安慰剂处方也常常被开给病患。例如，对丹麦和以色列医生的调查显示，有一半以上的医生会对患者开出安慰剂处方。[16] 即使在某些情况下这可能会对每个人都产生负面影响，医生们也会这样做。想想那些同意给患者开抗生素来治疗流感的医生吧——其实这样不会起到任何生物化学作用，因为流感是由病毒引起的，而抗生素只会杀死细菌。但是患者常常要求医生给他们开这样的处方，而且很大可能也是因为安慰剂效应起的作用——也就是说，它们的感染没有得到正常的治疗，但是最后被清除了。但是滥用抗生素导致了细菌对抗生素耐药性的提高，也就意味着那些超级病菌会变得非常难以杀死。

但事实证明，告诉对方你给他的东西是安慰剂，并解释有效的安慰剂可以做些什么，也是可以诱导安慰剂效应产生的。[17]在这种情况下，没有人会被欺骗。但是如果我们并没有完全了解这个东西的运作机制，就拒绝使用一个有效的治疗，这会不会显得不道德呢？

色雷斯国王萨科西斯的医生坚持认为，健康是一个从灵魂到身体的过程。这一观点与法国药剂师爱弥尔·库艾的观点不谋而合。他们在自我疗愈技术中运用了斯多葛学派的原则。库艾也对安慰剂效应非常感兴趣，他将其称为暗示的力量。他在特鲁瓦市开了一家药房。他观察到，当他在药物作用那里多添加几句赞扬药物的话语，然后让患者看到，他们的病情似乎就更容易得到改善。所以他开始系统地做这些事。（他也认为，即使没有必要，医生也应该向所有患者开药，这样的话，那些纯粹的身心疾病就可以治愈。幸运的是他没有一大堆的抗生素。）

库艾后来在《通过有意识的自我暗示实现自我驾驭》一文中解释了他的安慰剂理论。他警告说，负面暗示可能会产生严重的后果："如果一个虚有其名的医生对他的病人有这暗示的影响，并且告诉他的患者他对于患者的病情无能为力，而且这种病是不能治愈的，那么他的话就会激起患者头脑中自我暗示，这可能会造成最糟糕的结果。"[18]（需要记住的是，库艾理论中的"自动暗示"是一种无意识的观点，这个观点会对身体产生巨大的影响。）现代科学与库艾在这方面的观点不谋而合：众所周知，一个负面的预知会引起巨大的伤害剂效应。

库艾写到，又或者，从另一方面来说，医生告诉同一个病人"他的病真的很严重，但是如果小心治疗，再花上时间和耐心，是能够治好的"，那么医生能"时不时，甚至经常地得到会让他感到惊喜的结果"。[19] 库艾在他"时不时，甚至是经常"的观点上很谨慎——与医生乐观地聊天不太可能治愈癌症。另一方面，若是故意误导（如果医生确实预知患者的病情无望再好转），患者也不会有任何好处，因为这个病人可能就会有条理地开始安排后事，而不会认为自己能够好转。

即使如此，库艾也是走在了他所处时代的前沿。他说，他想在医学院教学大纲上看到"暗示的理论和实践研究"这样的内容。现代研究人员们确实正在调查生物化学暗示的基础——但他们警告说，这种知识可能是有危险的。卢瓦纳·克洛卡（Luana Colloca）和法布里奇奥·贝内德蒂在《自然》中写到，安慰剂研究强调的是人类思想的不稳定（或亚稳定）及其有些危险的操纵趋势，特别是通过口头暗示。"例如，在适当的心理社会背景下，安慰剂、虚假的疗法、淡水和糖丸这些可以积极影响大脑生物化学的东西可能成为导致欺骗、谎言和亵渎的危险理由。"这些都是安慰剂研究"潜在的不利结果"。因此，"如果未来的研究能够全面了解人类思想的暗示感受机制，那么就需要对此进行伦理的辩论，以免安慰剂和伤害剂被滥用"。[20]

以前有一种观点认为，安慰剂只是通过一种有趣的心理伎俩起作用，其效果不如真正的药物。改变了这种观点之后，这样的辩论就会显得很有必要。安慰剂确实是有用的。

也许不真实

安慰剂效应不仅仅能和药物一起产生作用，还能和交流治疗仪器一起产生作用。认知行为治疗和斯多葛哲学想达到什么目的呢？他们试图帮助患者消除有害的观点——自发的消极思维过程；以及库艾谈到的"坏指甲"。那些观点（不论是否属实）都是有害的——他们会给人造成伤害。所以，他们应该被更好、更积极的观点取代——无论这些观点是否是真实的，情况都会好一些。换句话说，这些疗法是要在患者心中放置一套安慰剂。

一些赞成弗洛伊德传统学说的认知行为治疗怀疑论者认为，认知行为治疗仅仅是因为"安慰剂效应"才有效的。[21] 但还有有效的交流疗法吗？如果你将安慰剂效应定义为使用暗示的力量来使参与对象的感受产生变化，那很明显，认知行为治疗和精神分析必须要以某种方式一起使用才能取得疗效。事实上，一个持续而友好地关注你的人，也许才是这样一种治疗中真正强大的地方。这就可以解释一些研究提出的所谓的"渡渡鸟效应"；根据这些研究，不管其基础理论如何，所有心理疗法都可以彼此互相有效地工作。如果是这样，那么无论什么样的心理治疗都是一种安慰剂。怎么可能不是呢？如果我们还没有完全了解安慰剂效应本身的非凡力量，那么这个观点听起来就会显得很可笑。

对于一个安慰剂观点而言，它（的作用）就是权衡各个原因，然后找出它们的真相，或者相关的原因。我自己的安慰剂观点是欺骗自己写作，这并不能说是假的——有时候我只是写下了一些随意的观点，并没有写出完整篇文章。这很好，因为这就是我答应自己要做的所有事情。重要的是它常常会给我带来帮助，而给自己讲个故事并没有什么坏处。总而言之，这应该是我们对安慰剂的态度：我们不是以它们（最好是我们可以确定的）是真实的或虚假的方式来判断它们，而是以它们对我们有多少帮助来判断。我们期待这个观点能提供一些有用的功能，否则就会将它丢弃。实际上它是否反映客观现实都是无关紧要的。需要注意的是，这处于一个比大卫·刘易斯接受许多世界和无数驴的存在的理由更为激进的位置。刘易斯说，事实是，这个观点之所以有用，是因为有一个"原因"让人觉得它是真的。同意安慰剂观念的人说，事实上，一个观点之所以能够变得有用，是因为人们不在乎到底它是对的还是错的。

兴许这听起来像是危险的后现代主义，但实际上要比这更久远。当尼采说"一个意见并不会因为我们的反对而变成错的"的时候，他要表达的就是这个意思。尼采继续着，他必须如此：

问题是，一个意见能多大程度地进行生命延续、生命维持、物种保护，或许是物种养殖，我们从根本上倾向于认为，最虚假的意见是我们最不可或缺的，没有对逻辑假说的承认，没有将现实与纯粹想象的绝对和不变的世界进行比较，没有通过用数字不断地对世界进行造假，人就无法存活——放弃虚假观点就是放弃生命，否定生命。将不真实看作生活的条件；这肯定是以危险的方式冒犯传统的价值观念，一个冒险这样做的哲学肯定是已经把自己摆在善恶之外了。[22]

那么，就像我一直在强调的那样，如果安慰剂观点是不可或缺的，那么也许不真实就是生活的一种状态。

心理学家威廉·詹姆斯也持有类似的观点。他认为，决定是否要遵循一些戒律的合理方式，不是去怀疑它是否是真实的，而是要问，遵守这些戒律会使自己的生活更美好吗？这就是哲学中所谓的"实用主义"。詹姆斯解释说："实用主义提出了一般的问题。"实用主义认为："承认一个观点或信念是真实的，在一个人的生活中，真正的具体差异是什么呢？"[23] 如果它具有积极的具体差异，那么不管如何都一定要采纳它。

一些人类学家将部落社会中所观察到的某些社会行为分为"安慰剂仪式"（例如信仰治疗）和"伤害剂仪式"（诅咒）。想象一下，我们这些生活于工业化时代的现代人不会做相似的事情，这一点无可非议。事实上，有很多不需要怀疑的观点可以起到社会安慰剂的作用。在这些方面，再思考可以提醒我们在社会文化思想中最重要的是什么。重要的通常不是它们真实或者虚妄，而是它们对人产生的影响。安慰剂效应适用于群体，同样也适用于个人。

实用主义者

如詹姆斯所述，实用主义能在认知行为治疗系统中发挥作用。最流行的现代手册建议，如果你在某些情况下会习惯性地生气，那么你应该问："我生气有好处吗？"[24] 也许在某些情况下这会对你有所帮助，但在大多数情况下，其实并不会。所以，不能带来好处的愤怒应该被抛弃。读者们受邀以这种方式对所有的消极观点进行了"成本效益分析"。[25] 实用主义还说明了保罗·弗莱彻的建议，认为我们不应该根据真实性去判断信仰的价值，而是应该根据其减少不确定性的能力来判断。

威廉·詹姆斯在其他的一些事情也是正确的，但直到心理学家姗姗来迟，回顾以前的事情，并在80年后验证了他的观点，他的观点才开始逐渐被人们接受。而这些研究似乎表明，以斯多葛派或新斯多葛派的方式来改变你思考的方式，可能没那么困难。也许你所要做的只是改变你的行为方式。

你可能听说过微笑能让人开心。但是一个一纵即逝的露齿笑却达不到这个效果。现在就试试吧。放松你的额头和眉毛。以最大的微笑弧度将嘴角往耳朵方向伸展，确保笑容让你的眼角出现皱纹。稍微抬起眉毛。现在开始保持这个姿势，二十秒。

怎么回事？嗯，大多数人都说，在这样做之后，他们实际上感觉更快乐了，虽然有点傻，也没有什么很好的理由。这正是威廉·詹姆斯所预测的。因为他认为我们通常理解情绪的方式会让事情变得更加不好。我们认为我们要远离熊，因为我们会害怕。詹姆斯说，一旦我们发现自己在跑离熊的时候，我们就会变得害怕。头脑无意识地注意到身体的生理变化，然后将它们进行翻译，然后制造出适当的情感。事实上，最近的研究显示，身体相同的生理变化可以由头脑来进行翻译，然后再根据不同的情景做出不同的情绪反应。所以正如心理学家理查德·维斯曼（Richard Wiseman）解释的那样："根据我们当时倾向使用的解释和翻译，同样狂跳的心脏可以被看作是愤怒、幸福或爱情的标志。"维斯曼写了一本非常有趣的新詹姆斯学派的自助书，该书是基于这样的原则写就的：如果这是真的，那么改变人的行为应该是改变自己感受的最直接的方式。他把这称为"如果原则"，这是在詹姆斯的建议之后提出的："如果你想要一种品质，就表现得像你已经拥有了它一样"，换句话说，"冷静下来，像一个平静的人"感受团结，与人交往；感受决心，紧紧握拳，诸如此类。[26] 事实上，现代认知行为治疗本身就是一个关于治疗的 C（认知）或 B（行为）方面更重要的辩论。詹姆斯学派的人认为是后者，也就是行为，让人们产生了感觉。

保罗·弗莱彻说，威廉·詹姆斯认为情绪基本上是来自身体状况的无意识推断，时至今日，剑桥大学的自然科学本科课程上仍然会提及这一点。他说："有很多证据表明，确实是这样。"但是很难将其作为一种生活方式。弗莱彻说，他非常喜欢和学生交谈，因为每个人都接受这个逻辑，但没有人真正相信。

事实上，詹姆斯的观点在一个多世纪后仍然会令人震惊并感到愤慨。我们习惯于我们的情绪是我们内在的现实，我们是个人诚信的保证者。如果没有别的可信赖，我们就相信自己的感觉。在如今这样一个充斥着身份政治和触发警告的时代，我们的情绪似乎比以往任何时候都来得更加真实。所以，我们非常难以将心理完全形态的飞跃看作对生理过程的简单反应。或者遵循伟大的伦纳德·科恩（Leonard Cohen）的建议："我不相信我内心的感觉；内心的感觉来来往往。"[27]

威廉·詹姆斯自己选择从不进行实验来证实他的情绪理论，因为他讨厌实验。他写道："黄铜仪器和代数方程式心理学的观点让我充满了恐惧。"[28]（为纸上谈兵式思考或理性主义再下一城）。然而在现代，许多研究人员测试了詹姆斯的观点。他们看起来确实似乎正在坚持着。

1962年，心理学家斯坦利·沙赫特（Stanley Schachter）和杰罗姆·E. 埃辛（Jerome E. Singer）进行了一个很有意思的实验，试图在这一领域更进一步。[29] 保罗·弗莱彻设计了一些实验方案，他认为："假设物理感觉产生情绪是完全有效的，但是还有一种认知覆盖能调节这种关系。"如何测试这个观点呢？沙赫特和埃辛给一组志愿者注射了一剂肾上腺素，使得他们的心脏跳动更快，手掌出汗。弗莱彻说，这些身体症状"很模糊——他们可能是兴奋，可能是恐惧，也可能是愤怒"。然后实验者会告诉每组成员不同的事情。一组实验对象被告知他们会服用一种药物，这种药物会使他们手心出汗，心跳加速。另一组则会被告知虚假信息——实验者会说"这种药会让你的脚趾变得麻木"，或者让他们有一些其他感觉。第三组成员被注射了肾上腺素，但没有告知他们任何事情，而第四组（对照组）被给予一个安慰剂，不会引起任何症状（因为他们没有被告知该作何期望）。然后每个小组都被和一个表现得非常高兴或非常愤怒的演员放在一个房间里。

问题是这样的：那些不知道为什么自己心跳加速的人会感觉到情绪的变化更容易吗？他们是否会"理解"演员的快乐或愤怒，并且在无意识的尝试中解释自己的身体症状时变得开心或者情绪激烈呢？是的，这正是发生的事。同时，知道自己被注射了肾上腺素的人并不容易理解对方的心情。"如果你的身体有这些感觉，但是除此之外，你有一个认知模型，为什么会发生这种情况，"弗莱彻说，"你就是相对来说比较抵制情绪的那一类人。"

这是一个经典的实验，似乎证实了所谓的"双因素理论"的情感。（这两个因素分别是生理觉醒和认知。）"这个实验很有趣，"弗莱彻仔细地总结道，"唯一的问题是，每个曾经跟我交流过的人都说它从来没有被复现过。这个实验一直在课堂上被提及，但从未被复现过。"

"老师们会在课堂上讲授这个实验，是因为它非常美丽。"弗莱彻微笑着说,"我们总是会被科学中美好的故事所吸引,不是吗?"

我们知道头脑影响身体;詹姆斯断言,身体也会影响头脑。哈佛社会心理学家艾米·卡迪(Amy Cuddy)在 TED 上做了一个演讲,题目是《你的身体语言决定了你是谁》(Your Body Language Shapes Who You Are),点击量逾四百万。类似的观点在 TED 上取得了广泛的成功。她描述,现代研究表明,摆出"力量姿势",即一个舒展而强大的身体姿势,只需保持几分钟,就能让我们更有信心,并可以帮助我们更加成功。在现代科学术语中,这种现象需要通过大脑中的激素变化来解释。[30] 但是,身体立场影响头脑的概念在其他传统中存在已久——在那些历来讲究身心合一的概念中尤是如此。强大的身体姿势给人带来有益的心理影响吗?练习武术的人想必不会对此感到惊讶。

新詹姆斯学派的双因素情绪理论可能本身就只是一个安慰剂观点。但是,如果它有用,那就没有什么问题。实用主义者威廉·詹姆斯本人肯定会赞同这个观点。他的理论鼓励我们重新思考我们关于感情优先的主要文化假设,并把它们归因于我们实际上产生的精神影响的地位。而且,有趣的是,如果这样做能让我们感觉更好,那为什么不这样做呢?

不可能自由

另外还有一个强大的安慰剂观点在我们的生活中随处可见。它源自古时候的一场论战,令人吃惊的是,近年来又被人们花样翻新地反复提及。它就是自由意志的问题。作家山姆·哈里斯(Sam Harris)从众人中脱颖而出,在《自由意志》(Free Will)中优雅地谴责了这个观点,哲学家朱利安·巴格吉(Julian Baggini)也在《自由报》(Freedom Regained)中答应过会挽回这个错误。问题是,大多数人理解的自由意志似乎与现代科学的结果不符。所以哈里斯认为我们应该放弃这个概念。他认为,我们在自己认识的世界里并不自由，而我们并不重要。但问题仍然存在：我们知道我们没有自由意志吗？

我所使用的"自由意志"这个概念就是哲学家蔑称的"民间主义"或"自由意志者主义"。在这个概念上我有我的自由意志，换句话说，如果在过去的某个特定时刻我本可以做，但我实际上没有做——甚至假设宇宙其余的一切都是一样的。换句话说，在任何给定的时刻，即便是考虑到世界、我的身体和我的大脑的所有微观的实质情况，对于下一步应该做什么，我依然能有选择。问题是：这个选择来自哪里？一般看来，宇宙的现在的状态（包括我的身体和大脑的状态）毫无疑问是由宇宙过去的状态（包括我的身体和大脑过去的状态）所造成或决定的。这一刻到下一刻有着连续的因果关系链。但我可以从内部打断或者干扰关系链条，将它导向一个不同的方向吗？

过去人们认为这个问题的答案是灵魂。除此之外，似乎没有其他答案可以解释，为什么我们能不受可证明的因果关系或决定论的影响而做出决定。我们不能逃出自然规律这所"监狱"。（即使谢尔德雷克等人都表示它们只是根深蒂固的习惯，那也是如此。）所以我们根本不能有自由意志。这个观点至少可以追溯到古希腊哲学家德谟克利特的时期：由于一切都是原子和虚空，自由意志只是一种错觉。而量子不确定性的现代概念（即事实上，现实并不是确定的，而是概率或偶然）不能帮助到我们。粒子之间的随机性没有赋予我们自由选择的权利。对于陷入生存困境的人来说，这只是个偶发困境，而不是已经提前确定好了的危机。[31]

此外，还有一系列著名的心理学实验证明了自由意志不存在。20世纪80年代，本杰明·利贝特（Benjamin Libet）和他的研究小组要求志愿者自发地进行身体动作——举起手指或弯曲手腕——并观察他们决定这样做哪个动作的确切时间。同时利贝特也监测了他们的大脑活动。他发现神经元中的"准备趋势"先于有意识的移动决定大约三分之一秒。随后类似实验进行的许多讨论都得出了一个可怕的结论，即受试者所谓的自由选择事实上是由大脑的无意识来确定的——所以不可能有任何自由意志存在。但是，利贝特本人并没有用这样的结论来解释自己的实验：他认为一个人依然能否定脑部无意识发起的行动，所以仍然是自由的。（有些人称这个观点不是"自由意志"，而是"自由否定意志"）。其他观察家认为所有这些实验都不具参考性，因为实验方法上的操作问题有待商榷，例如，一个人很难将时间精确到几十分之一秒（在志愿者做出决定时）。所以对于许多哲学家和神经科学家来说，利贝特式的实验并没有解决这个问题。[32]

然而，无论对这些研究的解释如何，决定论的通用论证——我们是法治宇宙中的物质生物——似乎很多人都喜欢一个无法反驳的观点，即无绝对的自由。但是，记得挑战威廉·詹姆斯的情感理论是这样的：你可以接受论证的逻辑，但你的情绪不是你真实自我的有意义的一部分，这是很难接受的。这种情况与自由意志的问题是一样的：人们可以接受上述论证的逻辑，但是很难甚至完全不可能没有自由意志地生活。正如哲学家约翰·塞尔（John Searle）所说："举个例子，如果我在餐厅里拿到菜单，服务员问我想要什么，我不能说'我是一个决定论者，我只是等待看看会发生什么'，因为即使如此，这个话语只能是我自由意志的一个体现。"[33]

哲学中广泛流行的"兼容主义"试图通过采取比我们普通观念更有限的自由意志来解决问题。粗略来说，它描述的是一种没有外部胁迫、行动自由且符合自身性格和欲望的状态。对某些人来说，这似乎是一个借口：毕竟，你的性格和欲望是由什么形成的呢？在决定论的观点上，只是一个前所未有你无从控制的控制链。但是相容者只是耸耸肩致歉以示无奈，这就是你要得到的。丹尼尔·丹尼特（Daniel Dennett）是一个兼容者，他承认"兼容性从表面来看似乎令人难以置信，或是拼尽全力地做出某些伎俩"，但这是'大多数哲学家'所持有的观点（他的调查显示，59％的专业哲学家同意兼容性这一观点，你可能找不到这样的绝大多数）。为了增加对统计数据的怀疑，丹尼特暗示补充说，当"民间日常"——或不在大学哲学系工作的绝大多数人在我所描述的大致意义下谈论自由意志时，他们是明显荒谬的。[34]

然而，相容论并没有保留在自由意志概念中对很多愚蠢的"日常民俗"很重要的东西——我们本可以不这样做。因此，我们是否有自由意志，我们有自由意志这一思想就是非常重要的安慰剂。这也可能是一个社会安慰剂：有研究表明，那些成功说服自己，相信自己没有自由意志的人，表现得更加不诚实。[35]（当然，如果每个人都不相信自由意志，那我们的司法系统就必须全面改革了：如果某一犯罪仅仅是客观物理力量的奴隶，那么道德责任这个概念也就摇摇欲坠了，而且惩罚也似乎仅仅是虐待。）然而虽不是对所有人都如此，但至少对被说服的个别人来说，否认自由意志也有据可依。如果你能确认在过去的任何时候你都能采取与你过去所不同的行动，那么你将不会经历后悔和遗憾。（那任何时间点是指那个时间呢？在任一给定时刻，这对于你来说简直是不可能的。）诸如哲学家德·航德里奇（Ted Honderich）之类的人确实声称他们已经确信这一观点，这使人嫉妒。但是大多数人在通常意义下还是会认为自己是自由的。

即使这样，也请想想另一个可能性：也许"真正的"自由意志是一个黑匣子。它被如今大多数科学家和哲学家所抛弃，因为所有人都认为它和我们认知里的宇宙运转无法共生。但这并不能说明它是错误的，正如世人仅仅是无法理解拉马克遗传学是如何起作用的，直到一个世纪后表现遗传学的出现，情况才有了改观。事实是我们仍旧不知道在神经化学层面上，选择到底意味着什么。丹尼尔·丹尼特没有说的是，他根据对现代哲学家的相同调查援引道，接近14%的人持有自由意志论，这不同于政治观念上的自由意志论，这意味着他们相信真正的自由意志。（同时，12%的人认为根本不存在自由意志，15%的人选择了有趣的一项："其他"。）[36]人们通常不能看清自由意志的作用。但是如果我们坚信基本事物的本质，我们就坚信我们必须抵制它。这是个难销货,特别是对于这些本身职业就是调查基本事实的人来说,更是如此。在我们如今这个年代,机械唯物主义者比固执的生物学家更倾向于为奇怪的观点立证,也许是因为他们更加熟知事实有多么怪异。

量子物理学家埃尔温·薛定谔便是其中一人。在他名为《生命是什么?》(*What Is Life?*)的经典系列讲座中,他断言在我们思想运作中"量子不确定性在生物学上没有相关的作用"。的确,他深信"根据自然法则,我的身体是一个纯粹的机制"。然而,他也相信自由意志:"我知道,以无可争议的直接经验,我在指挥他运动,通过它我预测也许是至关重要的事实,在这样的情况下,我感觉到并为他们负全责。"正如他所见,唯一可以兼顾两者的方法是:"我——我这个词在最广泛的意义上,也就是说,每一个说过或者感受过的'我'的意识——是一个人,如果非要有的话,根据自然法测,便是控制'原子运动'的人。"[37]一个大方向认为,确有其实,正如薛定谔指出的一样,追溯到两千五百万年前的奥义书。固然神秘,却不比绝对论本身神秘。(考虑一下:如果我们坚持严格的绝对论,我们不得不相信莫扎特的第40交响乐在某种程度上已经存在,以某种潜在但是精确的形式存在于洪荒之际——因为这是不可避免的,而且在原则上是可预测的,它会被写出来。)

也许还存在有其他可能。就像是没有人会想到,绝对论和概率论的彻底二分法会缺少第三种选择。或者我们应该重新思考19世纪德国人亚瑟·叔本华僵硬而荒谬的观点了。他提出,驱动宇宙万物的动力正是继续存在的意志。(尼采后来对此观点的发展被称为"权力意志"。)那么,就此事我们将引起重视,并就盖伦·史卓森提出的泛心论做类似讨论。

那么比方说,众所周知,我们都有自由意志,但是这些自由意志是怎样从物质的交互影响下产生的我们却无从知晓。我们也抵制"幽灵涌现"一说,即一些完全不是物质的东西——无论是精神还是意志——都能以某种我们无法描述的方式从物质中"涌现"。但是就像精神一样,意志出现了,事实上是一切事物的基础。也许泛心论本身就是说的这样的观点,因为没有意志,很难生成意识。(虽然一个有拖延症的作家的懒散疲态就是最有力的反例。)

在其自传中,理论物理学家弗里曼·戴森(Freeman Dyson)明确阐述了他关于泛心论自由意志问题的结论。"我忍不住想我们大脑的意识和我们在原子物理学中所谓的'观察'系统有关联。"戴森写道,"也就是说,我认为我们的意识并不仅仅是一种我们大脑化学反应产生的被动附带现象。"相反,是一种迫使分子复合物在一种量子态和另一种量子态中做出选择的活性剂。换言之,精神是每个电子中已然存在的,而人类意识系统和当量子由电子构成时我们称之为"可能性"的量子态选择系统的区别,仅仅存在于程度上而非性质上。[38]

既然这样,那么,如果精神是每个电子中已然存在的,那么自由意志为使电子在量子态中做出"选择"也是固有的。如果你是泛心论主义者,那么你也能成为新唯意志论者。就比如,我不知道这是不是真的,但这让我感觉好多了。

现代神经科学时代赋予我们是否有自由意志这个陈旧的辩题新的生命,此论点是否值得论证已经不重要了。每个个体——除了一些极其清醒理智的灵魂——都在继续生活,就像他们一直生活的那样。我们的自由就像安慰剂思想一样,而最终发现接受事实才是真正的解放。放弃安慰剂思想去直接感知世界也很困难,虽然冯·亥姆霍兹的知觉理论暗示我们并不是这样的:无论是好是坏,我们都做出猜测和预测。那么关于威廉·詹姆斯的情绪理论作为次级效应而非内在意义的主要来源这个观点呢?大多数持有这个陈旧观点的人,在这个沉迷于个人真实性和个人成长的时代,特别容易遭遇顽强对抗。然而,这也是这些乐意重新思考这一观点的冒险灵魂们强有力的一剂安慰剂。如此一来,要重新提及过去的思想,要考虑的就不一定必须是"这是不是真的呢",而是更加本能和自我的"这有用吗"。

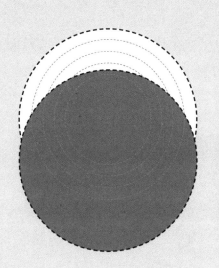

第三部分

预测

第 10 章　重回乌托邦

> 我们可以复活哪些旧创意来改善当今世界?

> 我确信,和思想的逐渐侵蚀相比,
> 既得利益的力量是被过分夸大了。
>
> ——
>
> **J. M. 凯恩斯**
> （J. M. Keynes）

请原谅我一直在期待乱糟糟的头发和不合时宜的花呢衣服。正如事实证明,在伦敦的一个时髦仓库里举行的年度历史唯物主义大会的现场,高贵的年轻知识分子们人头攒动。我和一个年长不少的伙计喝了一杯,并聊了一会。他知道伟大的德裔美国哲学家和公共知识分子赫伯特·马尔库塞（Herbert Marcuse）——马尔库塞因其反文化经典著作而闻名,比如他 1964 年发表的《单向度的人》（*One-Dimensional Man*）。马尔库塞也常被人们称为"新左派"运动的创始人或领头人。我的新朋友说,现在的学生们能够深刻意识到马尔库塞对消费主义的心理和社会成本,现代"管理生活"的不自由,以及科技可以运作为"一种社会统治形式"[1]的方式的惊人抨击与他们切身利益的相关性,这让他感到无比欣慰。那是马尔库塞半个世纪前提出的。你可以想象,针对社交媒体上对暴徒的羞辱,以及对监听我们言论行为的普遍存在,马尔库塞可能会发表什么看法。

是的，鉴于历史唯物主义大会的演讲室里座无虚席，我们可以判定马尔库塞回来了，同时对当下主流经济模式的批判也卷土重来了。事实上，自2008年全球金融危机以来，随后是占领华尔街运动和大卫·格雷伯关于债务的书籍以及托马斯·皮凯蒂（Thomas Piketty）描述不平等的书籍的意外畅销，世界各地的人们一直在把政治拉回到政治经济之中。在希腊，左翼联盟的当选以及持不同政见的经济学家雅尼斯·瓦鲁法克斯（Yanis Varoufakis）短暂地当选财政部长；在英国，2015年杰里米·柯比（Jeremy Corbyn）意外当选工党领袖，2009年，亿万富豪乔治·索罗斯（George Soros）出资创办新经济思维研究所（Institute for New Economic Thinking）。新经济思维研究所的参与者之一是英国金融服务局原主席亚戴尔·特纳（Adair Turner），他宣称："对于如何谈论经济学和如何培养经济学家，我们需要进行彻底的再思考。"[2] 英格兰银行甚至开始雇用非经济学家。即将上任的英格兰银行行长马克·卡尼（Mark Carney）解释说："我们需要更多样化的思想。"[3]

在现代经济中，金融危机甚至只是银行挤兑，可能本身就是一个长期以来消亡的思想的华丽回归。[4] 而且自从经济崩溃以来，越来越多的人这样说："当一个国家的资本发展成为赌场活动的副产品时，资本发展就很可能出问题。"或者说："我们所生活的经济社会的突出的缺陷是它无法提供充分就业以及它在分配财富和收入时的任意性及不公平。"

这些说法是批判2007年全球金融危机后新兴的"赌场银行"和不平等的典型说法，但是八十年前它们就曾出现在约翰·梅纳德·凯恩斯所著的作品中。[5] 经过了一段不短的时间，约翰·梅纳德·凯恩斯的所说才又回到公众视野。部分原因是，正如诺贝尔经济学奖得主保罗·克鲁格曼（Paul Krugman）所写的那样，美国在第二次世界大战后在经济学教学中一直在努力压制凯恩斯主义思想的传播。[6] 为什么有些人想压制它的传播呢？克鲁格曼解释说："凯恩斯经济学如果是真的，这意味着政府不必对企业树立信心深切关注，也不必通过削减社会计划来应对经济衰退。所以它不但不能是真的，而且还是必须严厉反对的。"[7] 换言之，"企业界憎恨凯恩斯经济学，因为他们害怕它可能会起作用，因为这样做就意味着政治家不再需要因保守信心之需在商人面前放下他们的身段"。[8]

1798 年，托马斯·马尔萨斯曾警示世人不要对人类社会的完美性持过度乐观态度。他写道："作家也许会写，人最终会变成一只鸵鸟。"我不能完全反驳他，但是，在他能让任何一个有理性的人同意他的观点之前，他应该展示，人类的脖子已经在逐渐变细，嘴唇变得越来越突出，腿和脚的形状每天都在改变，并且头发开始变成粗短的羽毛。而直到如此美妙的对话可能展示出来，此前详述人类以鸵鸟形态存在的快乐肯定是浪费时间，也没有说服力。即描述鸵鸟般的人跑步和飞行时的力量，将他置于所有狭隘的奢侈品都会被蔑视的状况下，在这种状况下，人类只为得到生活必需品而受雇工作，且在那种状况下，每个人的劳动份额都不大而休闲时光充足。[9]

马尔萨斯的观点公正且表达生动。但也有关于重新调整我们的政治经济的理念，这就是老旧思想的现代化版本，而不是依赖于鸟类质变。它们是非常简单的。而且它们引发我们去重新思考什么应该和不应该在现实中被认为过于简单而无法工作。

基本收入

赫伯特·马尔库塞在《单向度的人》中所写的与当下许多人观点产生共鸣的看法是："经济自由意味着从经济世界自由，即可不受经济因素和经济关系的控制，可免于为日常生存和谋生而斗争。"[10] 如何实现世人皆获此等自由？有一个简单的答案就是免费为所有人提供足够维系生活的钱财。等等，或许这太过简单粗暴。也在两个层面上过于激进，即这会损害部分人的既得利益，同时天真地想要直击这个问题的根源。它永远不可能实现！是吗？

事实上，给予每个人足够维系生活的钱财是另一个陈词滥调，且它一直以来被视为荒谬无稽，但它正在重新回到全球各国的政治议程中。通常被称为全民基本收入（Universal Basic Income，简称 UBI），恰如其名，它想说的就是政府无论贫贱，给予每个公民足够维系生活的钱财。不再是经过经济情况调查的补助，而是每月一次性支付一笔款项，而这些钱可以通过提高企业税或其他税收来支付。如此一来，人们就可以自由支配自己的时间——有些人可能还是会想要通过炒股致富，其他人可能会更愿意成为灵气治疗师等。

芭芭拉·雅各布森（Barbara Jacobson）是一个幽默的加拿大人，她在伦敦市中心的费兹罗维亚区（Fitzrovia）从事福利顾问的工作。自1982年以来，她一直是一个有关住房和福利的激进主义分子，并一直通过志愿者组织"英国基本收入"（Basic Income UK）促进全民基本收入的实施。在伦敦大英图书馆的广场上，我们见到了与她一道的来自荷兰的志愿者马斯·坎嫩（Marlies Cunnen）。就着雅各布森慷慨提供的拿铁咖啡和草莓，我们探讨了这如何又是另一个多次回归的思想。这一次，它最终会不会坚守？

首先，让我们想象一下有一个基本的收入会怎么样。你会怎么做？辞掉工作并参加再培训？或者只是全身心地投入绘画或瑜伽？这个想法的一个优点是它倾向于个性化一些否则非常抽象的问题。雅各布森指出："谈论货币或银行改革时会遇到的问题就是人的眼睛几乎会立即变得呆滞，且要深入探讨利弊相当困难。而我发现谈起基本收入，人们经常会激动无比，暂且勿论赞成与否，起码这能够成为一个话题。"

关于类似 UBI 的言论起码能追溯到托马斯·潘恩（Thomas Paine）1796年发表的《土地的正义》（Agrarian Justice）的小册子。在书中，他提到了革命性的法国政府，并指出，贫困"是由文明生活所创造。它的存在不是自然结果"。为了减轻贫困的影响，他认为每个人都应该在21岁的时候，得到资产的馈赠，在50岁的时候得到一笔养老金，以反映他们"平等的自然属性"，即对土地和空气的共同继承。"我恳求的不是一种慈善行为,而是一种权利,不是赏赐而是正义。"佩恩补充说道。[11] 同样地,法国哲学家查尔斯·傅立叶(Charles Fourier)认为文明社会违背了大家在共同的土地上狩猎、捕鱼和放养动物的自然权利,因此政府欠贫困公民具备"最小"保障的生活。[12](也是因此类观点,傅立叶被斥为"空想社会主义"的典范,尽管他的许多其他观点今天看来并不那么愚蠢。例如,傅立叶被认为在1837年创造了"女性主义"这一术语)。但比利时作家约瑟夫·查尔利尔(Joseph Charlier)可能是自1848年起,第一个提出了现代公认的无条件基本收入体系的人。[13]

然而,直到20世纪,UBI才开始在政治领域受到重视。事实上,我们目前正在经历该思想在一个世纪内的第三次复兴。在20世纪20年代,关于UBI的讨论甚嚣尘上,然后到20世纪70年代,它又一次进入公众视野,但它们最终被抛弃或至多算再次退居学术界的边缘。"我们有一个很年长的支持者,他曾参与了希思政府。"雅各布森说。差不多1972年、1973年的时候,希思政府曾认真考虑推行基本收入。雅各布森接着说:"大约在同一时间,尼克松也在美国考虑最低保障收入,或者称之为负所得税计划。"但随后希思政府倒台,在短短几年内,无偿给人们钱财成为一个非常不受欢迎的选择。"所有这些前瞻性要求与撒切尔的去世一起结束,"雅各布森说,"每个人都开始自我保护。"

然后,在金融危机之后,基本收入的想法又回来了,以最适宜的方式闪亮登场。在2013年秋天,示威者在瑞士国会大楼外堆了八百万枚硬币。八百万代表每个公民对应一枚硬币,这是由一个名为恩诺·施密特(Enno Schmidt)的艺术家发起的一次UBI运动的号角。这个瑞士积极分子说,一份全民基本收入会帮助大家"过上适宜人类的生活并开始参与公共事务"。他称他们已经收集了足够多的签名,能够让政府启动公投,决定是否采用UBI。公投也许不会成功,但他们已经成功挑起了一个非常有意思的主流话题。

恩诺·施密特多次接受美国媒体的采访，并简要地回顾了一下大家常有的反应："每一个美国人都应该像那个来自瑞士的愚蠢的画家那样生活？"他是否介意被称为愚蠢的画家？"不会，"他在一次采访中说道，"我很自豪，因为要做一些好事，你必须要在那一瞬间有点笨。笨一点能让你看到更多。不要太聪明了，因为那样你能想象到所有反对的情形。"[14]这也许可以概括为："不要想太多，而要再思考！"

空闲的穷人

令人惊讶的是，在硅谷这个纯粹的科技风险资本家的世界，UBI 也正在普及。在机器人取代所有人类的工作之后会发生什么呢？人们将如何生活？这是推动美国科技领域的 UBI 支持者们在各个政治领域去推行 UBI 的问题。在美国科技领域的许多支持者中，网景（Netscape）的联合创始人马克·安德森（Marc Andreessen）和特斯拉汽车公司的首席软件工程师杰拉尔德·赫夫（Gerald Huff）是其二。[15] 其中，美国著名创业孵化器 Y Combinator 的总裁萨姆·奥尔特曼（Sam Altman）已承诺斥资数百万美元在美国研究全民基本收入的可行性。"我相当有信心，"他在 Y 组合的网站上公布，"在未来的某个时刻，随着科技继续消除传统的就业机会和创建大量的新财富，我们将从国家层面看到某种形式的 UBI……我认为 50 年后，我们使用不工作就没饭吃来吓唬人们并激励人们辛勤工作会显得很可笑。同时，我也认为没有某种形式的保障性收入，人们无法真正拥有平等的机会。我认为，随着创新不断降低人类过上舒适的生活的成本，做这样的事情，有利于我们在消除贫困方面取得实质性进展。"这是一个震撼人心的目标，即使一些观察家可能会怀疑，硅谷拥抱这个想法的动机是一种愤世嫉俗的自我辩解。毕竟，机器人和软件这些将取代人类所有工作的东西正是诞生于此。

但这里也许藏着一个更深层次的问题。如果在近几个世纪里，UBI 已多次提出又遭拒绝,那是不是这个想法里有根本性错误的方面呢?我问雅各布森和坎嫩,他们在谈论UBI时,遇到人们提出的典型的反对意见是什么?"不!那样所有人都不会再做任何事情!"坎嫩说。"这是常见的反对意见。"雅各布森表示赞同。"可是,"坎嫩补充说,"如果你问他们:'你会这样吗?什么都不做就只是看电视吗?'他们会说:'不!但其他人会。'"

嗯,就是那个永恒的问题,即别人永远没有自己那么可敬可信!你会只是坐在那里,看电视吗?或者你会转行去做自己喜欢的工作?或者画画,并帮人遛狗?

查尔斯·傅立叶自己也预料到会存在这样强烈反对的声音。他怀疑有了生活保障之后,普通人即使会工作也只会做很少的工作,所以就必须构建某种有吸引力又强制性的工作体制。傅立叶当时候并无从得知,但是我们现在知道当UBI真正实施的时候,情况和傅立叶想象的并不一样。在许多不同国家的村庄和城市进行的试点研究表明,UBI并不会让每个人都变成游手好闲的人。

20世纪70年代,在加拿大曼尼托巴省(Manitoba)的多芬镇(Dauphin)推行了一个为期五年、名为Mincome的UBI项目。卫生经济学家埃弗兰·福尔热(Evelyn Forget)对项目实施结果进行了分析,发现只有青少年和初生母亲会减少工作。[16]此外,雅各布森解释说,福尔热"发现UBI还带来了很多健康福利,即人们身体好不需要就医,家庭暴力减少了,犯罪也减少了"。另外,还有教育福利:"青少年读高中的时间变长,或者本来不会完成高中学业的青少年完成了高中学业。"因此,她说,在英国还有一种有利于UBI的说法,就是"这将帮助英国国家医疗服务体系(NHS)节约很多钱"。

更重要的是,"现实生活表明,为了工作,你需要钱。实际上,你首先需要金钱去旅游、购买衣服、购买食物,等等。"雅各布森指出,"这实际上是德国企业家和UBI推动者格茨·沃纳(Götz Werner)用来证明UBI好处的论点。实际上，你需要先得到报酬，然后你能够去工作。"而当人们得到 UBI 支持后，人们很可能会去从事更有意思的工作。"我认为让一个人花费二十年的时间在美国开卡车穿梭来回是滥用人力，"纽约风险投资家艾伯特·温格（Albert Wenger）对作家法德·马尼奥（Farhad Manjoo）说道，"这不是人类向往的工作，这是对人类大脑的亵渎，而自动化和基本收入有利于解放我们，让我们真正去做许多更符合人类特征的事情。"[17]科技正在让工作消亡的事实让人恐慌，除非原本从事那些工作的人能够生存在一个安全网内，并得以解放出来去做更有意思的工作，而不是被淘汰掉。

如果我们赞同 UBI 不但不会让每个人好逸恶劳，实际上还会帮助人们更好地工作，甚至可能有助于提高公共健康水平，那么另一个问题出现了。究竟应该给多少钱？在 2015 年的英国大选中，绿党提出了每周 80 英镑的 UBI，这个数额是鉴于现行的税收政策，认真计算出来的政府能够支付的费用。但是，没有人可以靠每周 80 英镑活下去，所以这不是一个特别激动人心的政策愿景。在美国的高科技领域，人们讨论的每月 UBI 数额通常是 1000 美元以上。当然，越高越好，起码对受助者来说肯定如此。"当我们聚在一起讨论的时候，"雅各布森说，"真的很明显感觉到，人们根本不会为了一个年收入不足一万二千英镑的工作去浪费精力，好吗？"她笑着说。所以绿党的建议没什么吸引力。"在我们的宣导中，"雅各布森说，"我们的目标是尝试征收各种税收用于保障基本收入，无论是地价税或公司所得税，反正是其他资金来源。"

那么，对每个人来说合适的收入水平是怎么样的呢？"嗯，我个人看来，"雅各布森开始说，此时坎嫩插进来说："尽可能高！"雅各布森表示同意坎嫩"尽可能高"的观点。"不过我认为，刚开始比较合适的做法是保障生活所需，所以刚开始比较合适的是 14500 英镑一年。"

雅各布森说："绿党的提议还有一个问题，就是它并未触及现有的福利制度。"而 UBI 的一个优势就是摆脱现有福利制度。事实上，长期以来一直有一种关于 UBI 应该推行的极端保守情况，那是支持者们在二十世纪提出的，其中提出的人有经济学家 F. A. 哈耶克（F. A. Hayek）和米尔顿·弗赖德曼（Milton Friedman），他们认为 UBI 能够帮助政府节约在管理失业补贴、住房补贴、残疾补贴等各种补贴上造成的人力财力浪费。事实上，绿党提出一个颠覆性的不劳而获政策是一回事，也许我们更多需要看到的情况是严厉的右翼推行效率。

雅各布森指出，按照现在的情况，目前的社会保障制度是一个典型的陷阱，因为一旦你能赚更多钱，你的保障就会被剥夺，也就是说现行社会保障制度又不会支付你钱财让你去工作。"针对大多数财产审查性收益（means-tested benefits）的边际税率，"她解释说，"是介于 75% 到 98%，是根据利益损失和税收与你的收入之比征收。政府似乎并未意识到这样操作对经济发展存在巨大的抑制作用。"她回忆起曾和一个税务会计师的谈话，当时那名会计师正在向企业家们解释这个问题："你不能雇得一个一周工作两天、每次工作四个小时的接线员的原因，是因为这不值得，根据他们所能获得的救济，这个工作时长已经超出了，因此这样的工作实际上可能会让他们失去钱财而不是赢得钱财。"然而，如果人人都有一个基本收入，他们可以快乐地工作，而你只要做最重要的工作即可。

不仅是当前的社会保障体系是一个陷阱，它实际上还可能对救济金领取者的身体健康造成不利影响。雅各布森本人就在帮助人们领取就业和支持津贴（Employment and Support Allowance），因为这种混乱的官僚体系非常复杂。雅各布森认为，对于那些有心理健康问题的救济金领取者，一份 UBI 会带来惊人的改变。此外，"如果这份 UBI 足够多，那么残疾人就不会时时强调他们的身体有多么不适。相反地，他们可以开始做一些事情，并想方设法展示自己所能为之"。然而再一次，当下的事实是，为了拿到救济金，人们要去

"证明自己的身体状况很糟糕"。不幸的是，在这个获取救济金的过程中，你能看到人们的身体健康在不断恶化。这绝对是令人不能容忍的。

总之，基本收入不应该被当作乌托邦式的左派思想。"任何守旧的保守派都可以看到，贫穷花费了国家大量的资金，"雅各布森说，"不管是从犯罪、健康问题或者日复一日地从事毫无意义的工作方面去考虑都是如此。所以基本收入不仅是针对反官僚主义有意义，针对公共财政救济亦是如此，至于那些过去故步自封的保守派，不管怎么说，他们也认可了这个计划，签下了自己的名字。"

从免费开始

我不知道这个想法在某些领域依然遭遇到阻力是不是因为它一定程度上触犯了公平的基本含义。我们是不是对让每个人可以不劳而获这件事情有一种道德层面的不愿意？当然，一种说法就是富人已经能够躺着赚钱，不需要付出什么，就能赚取高额的利息、租金、投资收益，等等，既然如此，为什么我们这些平头百姓不可以这样呢？

人们可能还会回应说，在任何情况下都不会有"白白得到"这种事情。相反，如潘恩和傅立叶所提出的，这是对我们的共同传承的认可，以及对文明社会坚守的我们的权利的限制。另一种不同的声音是来自坎嫩："企业已经在不劳而获，但没有人谈起企业公益金。"（比如说，英国的工作税收抵免制度，就是使用公共资金来弥补劳动者的工资不足。）雅各布森表示同意："非常正确！有些人，尤其是左派人员，认为基本收入的初衷可能会被扭曲，它会变成对雇主的补贴，但实际上，一旦基本收入设定的金额足够高，它就能赋予雇员拒绝的权利和勇气。"所以雇主将被迫支付更多。"我们所称的就业市场实际上根本不是一个市场，"雅各布森说，"因为求职者被迫去从事一些工作，否则他们就有可能根本无法生存下去。因此，这不是一个真正的自由市场。"

另一个消除对公平的疑虑的方法可能是改变资金的来源。雅各布森说："事实上就是，救济金是来自所得税和国民保险，所以它基本上就可以定义为是对稍微富有的人群征税，然后将这些税收转送给穷人。"这往往会引起社会不满，这种社会不满很容易被各种到处叫嚣救济金欺骗等的小报煽动起来。在雅各布森看来，UBI或其他救济金的来源最好是收益，即"来自利润，或者是非劳动收入，如租金或征收更高的遗产税"。

另一个想法由经济学家和发展学教授盖伊·斯坦丁（Guy Standing）提出，他认为从版权和专利处获得的钱财超过一定水平就应该进入一个主权财富基金。"因为所有的发明和创造，"雅各布森指出，"实际上都是历史遗产和我们周围的人一起创造出来的产物。"

她补充道："这不是说一个人单独坐在一个房间里，就能够发明、想象或创造出什么来的。"正如保罗·费耶阿本德所说："没有任何发明是在遗世独立的情况下创造出来的。"是的，那些鼓吹"自主研发"的商人会对这种说法嗤之以鼻，但是让苹果电脑得以运送至各商店的道路难道是史蒂夫·乔布斯自己建造的吗？一个优秀的对冲基金经理对公式的运用能力是基于他的数学学习，但是他并未为这种数学教育支付学费。思考和再思考的相互协作不可弱化。即使你的合作者只是早已作古的作家。

社会红利

反对基本收入的另一缘由是许多人认为这个想法过于简单。人们认为，现实世界中的问题往往极尽复杂，所以用如此天真的方法来解决这些复杂的问题并不可行。在这种争吵中，我们常常用到"只是在用钱来解决问题"这样的话语，意思就是这么单纯的想法，有可能导致各种事与愿违的后果。

然而，事实证明，只用钱来解决问题往往是解决问题的最好办法。尤其是当问题的症结本就是人们没有足够的钱。

在过去的几年中，在巴西、乌干达和肯尼亚等地推行的扶贫项目中，直接给穷人钱这种扶贫方式居然收效最佳，观察者们对此感到非常的不可思议。当然，这是另一种激进的想法，但它居然奏效！即便是自由市场经济的捍卫者《经济学人》(*Economist*)杂志也承认说："直接拿钱给穷人的效果出奇地好。"[18] 唯一令人惊诧的地方是大家都会感到出乎意料。

在肯尼亚，Justgiving组织正在尝试为整个社区提供基本收入。"这似乎真的是远比其他扶贫方式都更有效。"雅各布森说。就是给他们钱，对吧？"是啊，这很简单！"坎嫩说。"我去参加一些社会保障相关的会议，现场会有一些福利顾问，谈论起基本收入，"雅各布森说，"他们每个人都会说'不行！这太简单了！你不能只解决这些问题！'"但是，也许你可以。只是它需要你的一些心理上的改变。

当然，我们倾向于将复杂而深刻的想法看得更有价值。看似太简单的想法，我们会说它幼稚，因为它不曾考虑到世间每一个细微的情况变化。但有时候，一个至简的想法却是真正的好想法，比如给人们钱财这个想法。

在我看来，现在唯一美中不足的，就是"基本收入"这个词本身并不鼓舞人心。"'基本'不是最激动人心的词，难道不是吗？"雅各布森和坎嫩笑着说道。现在，还有一些词语表达的是同样的想法，包括"公民分红""社会红利""社会工资"或"生活保障收入"(Guaranteed Livable Income)。在19世纪，约瑟夫·查尔利尔将他革命性的提议命名为"属地红利"。选择哪一个词语来表示基本收入这个想法更好呢？"我真的很喜欢社会红利这个词，"雅各布森说，"因为基本收入这个词在过去的三十年里使用非常频繁，以至于人们把它和最低工资标准混为一谈了。""而生活工资这个词也一样。"坎嫩插话道。雅各布森接着说道："更重要的是，红利这个词不会让人们自动联想到你要为之工作。因此，现在我们更多地开始使用它了。"

我们的选择就是社会红利。这显然是一个缄默的例子，即指一种政治标签，表示偷偷代入一种有利于该想法的说辞。毕竟，"社会"这个词是一个时兴的代表温暖和不明确的标记词（如"社交媒体"），而"红利"巧妙地将从投机性金融（股东分红）处借用的一个概念民主化了。[19] 总之，至少它们都代表了好的初衷。

但是，谁会做那个吃螃蟹的人？哪个国家会真正建立起社会分红制度，以及速度会如何？我们知道它在瑞士已经是重要议题。而在 2015 年 4 月的芬兰大选中，随着新成立的政府承诺会在 2017 年开始进行项目试点，所有主要政党都表示出了对该想法的支持。对于这样一个明显理想主义的想法，它最终也看似离现实只有一步之遥了。"我的意思是，弗吉尼亚·伍尔夫（Virginia Woolf）曾在《一间自己的房间》(A Room of One's Own) 一书中呼吁社会红利。"雅各布森指出。"我们都需要知道的是'莎士比亚的妹妹'，"她说，"一年会得到 500 英镑，那相当于现在的两万英镑，而两万英镑可以拥有一件自己的房间，你明白吗？"弗吉尼亚·伍尔夫的呼吁发生在 1929 年。也许，到弗吉尼亚·伍尔夫的文章发表一百周年之际，雅各布森说："我们会再次找到莎士比亚的妹妹。"

但对一些人来说，加快采纳这种提议的唯一方法是彻底革新政治阶级。我们生活在这样一个时代，专职政治家们把连任看得比一切都重要，而主要政党提出的政策范围大大受限。当 2013 年喜剧演员拉塞尔·布兰德（Russell Brand）奉劝英国年轻人不要将投票当回事时，他是在政治哲学领域及在普通民众中，利用大家的普遍认识，即认为政治民主已经被破坏。政府一方面被国内富人群体的游说利益所吸引，一方面又崇尚国外债券市场的投机者。这种职业化的政治家基本没有，甚至是完全没有从事普通工作的经验，所以他们在乎的只是自己的连任。为了成功连任，他们不得不安抚富裕的赞助者们，而每隔四五年一次的选举让他们没法站在社会最大利益的角度进行更长远的思考，去处理长久以来人类社会所面临的挑战，诸如全球变暖问题等。2012年美国总统竞选期间，米特·罗姆内（Mitt Romney）在他私下录制的音频中吹嘘说他可以忽略43%的美国人怎么想，其实这是一种对事实情况超乎常人的坦率。毕竟，所谓的"民主"确实就是这么回事。

也许政治家本身是问题的症结所在。一个多世纪以前，很多人似乎就觉得如此，其中包括英国小说家托马斯·哈代（Thomas Hardy）。1885年，格莱斯顿（Gladstone）卸任英国首相后，哈代在他的日记中写到，前几周，在伦敦晚宴上转悠时，听到一些非常平庸的政治谈话，而他遇到的那个可悲的平庸之人却迅速地上位进入了内阁。"可以说，牛津街上一排排商店的店主在处理国家事务上的能力也和那个平庸之人差不多。"哈代悲叹道。[20]

托马斯·哈代的控诉本是意图羞辱政客，并非为牛津街上的店主们正名，但是，如果我们严肃地来看待这个事情呢？如果我们的统治者不是职业政治家，而是随机选择我们的同胞们呢？

这也是一个很古老的想法。

抽签

在许多现代西方社会中，人们可以被调用出任陪审员。陪审员是随机选择的，所以陪审团能够代表社会的不同阶层。也许其中有些人是可怕的"白痴"，但是整个陪审团都是"白痴"的可能性几乎没有。在12个个体组成的团体讨论中，个人的弱点会得到均衡，也就不那么突出和重要了。总之，数百年来，人们都相信陪审团在决定他们同胞命运的时候，能够基于证据做出合理的决定。当然，由陪审团判决，也会有司法不公或者其他人认为裁决不正确的时候，但是相比如罪行由法官来决定的其他审判机制，判错的可能性往往要小得多。

那么，为什么不能在社会整体层面运用同样的原则？也就是说，不再采用职业化的管理者，让从各个普通阶层随机选出来的人充当我们的领导人。他们将获得不菲的收入，然后服务于一项特定的事情。也许随机选出来的人中，有许多人会是可怕的"白痴"，但是在当下西方的选举体制下，也有很多可怕的"白痴"被选举出来了啊！而且几乎不可能说我们随机选取出来的几百个人全部是可怕的"白痴"。这样一个"陪审制政府"很可能与普通百姓建立起更好的联系，从选举和游说议员所导致的目光短浅、浅薄及腐败中解放出来。

当然，这听上去是异想天开。但是，古雅典人就是这样做的。这被称为抽签，也许是时候再次试着采用抽签的方式了。

在古雅典，四分之三的主要政治机构的选举都是通过抽签实现的。而这种方式一直延续使用到意大利文艺复兴早期。事实上，"对于大部分欧洲的历史，"人类学家戴维·格雷伯解释说，"选举并不被认为是民主的方式，而是一种选择政府官员的贵族模式。"归结到底，"贵族"的字面意思是"最精英人群的统治"，而选举则意味着普通民众的唯一用处就是在一群"优秀"的人中选出最优秀的那一个。至少从希腊时代开始，民主的官员选择方式就被认为是与抽签这一方式大相径庭的。[21]

在现代社会，抽签究竟能起到什么作用？现在的问题是训练一些认真的政治思考者。哲学家亚历山大·格雷罗（Alexander Guerrero）将他自己的模式称为"lottocracy"。这个模式的主要特点是：它不是一个大的立法机构，而是由很多"针对单一问题的立法机构"组成，如一个针对农业，一个针对医疗，一个针对教育，一个针对运输，等等。格雷罗指出，这样做的好处就是，相对于上周还在充当健康专家，一接到通知就要马上改头换面去冒充教育学家的政治家而言，服务于这样一个专家式立法机关的普通民众会有更多的时间去对某一个特定问题进行深度钻研。

"这种模式并不要求被选出的人们必须提供服务，"格雷罗写道，"但是会提供巨大的经济激励，而且会花大力气去协调工作和家庭生活，同时公民的文化素质需要大力发展，以形成一种良好的文化氛围，即提供服务是一种重要的公民义务和无上光荣 。"[22] 当然，整体来说，如果将服务定性为一种只为少数特别不利于履行服务承诺的情况所豁免的强制性行为肯定更好，比如，需要照顾生病的家庭成员时可以豁免。

抽签也有利于官员们考虑到所有人的需求，而不再受制于一种传统义务，即他需要代表在选举时为自己投过票的特定局部区域的特殊利益。"相反，"格雷罗说，"那些与我们来自相似背景的官员们，将拥有比我们更好的机会针对自己管理的特定主体去学习和钻研，成为我们的进阶版。"

同样地，抽签听起来也很简单。这是对政府应该如何工作这一问题的再思考。它所面临的问题是它需要动摇那些根深蒂固的利益。正如火鸡不会为圣诞节投票，即没有人想做不利己之事，我们很难看到整个政治阶层会投票让自己消失。但是政治阶层毕竟只是人民群众中的少部分，民众的力量不可忽视。

乌托邦的回归

抽签和基本收入（或社会红利）经常被描述为"乌托邦式的理想"。在我们这个时代，乌托邦总被视为一种左翼弊病。

但是，还有另一种形式的乌托邦并非经常被打上这样的标签，它对任何的人类计划行为都存怀疑态度。它坚信自由市场，只有少量监管或者是完全没有监管，才是提供社会产品的最佳场所——有时这也被称为新自由主义。它的追随者们真诚地相信，任何自上而下式改善社会的思维并不值得提倡。相反，自由市场的运作，在没有任何计划或导向的情况下实现，能为所有人带来最好的结果。好了，真的会吗？纵观近十年全球经济史，这个观点似乎并不太正确。

哲学家杰米·怀特（Jamie Whyte）曾在一次会议上发表讲话。他认为，政府对学校课程进行规划是乌托邦式的。相反，他认为，关于小学教育和中学教育，应该建立一个完全的自由市场，也就是说学校有能力提供学生喜欢的任何课程。一段时间之后（虽然他并没有明确多长时间），只有那些真正能提供良好教育的学校会留下来。看吧，无计划才最完美。

在他演讲的最后，我暗示怀特，他的想法本身就是乌托邦式的。毕竟，他认为现在许多孩子的教育（这些孩子会被送到垃圾学校）会被毁，在未来那些"垃圾学校"都将被淘汰——虽然这个未来没有具体时间，也没有被证实。怀特的回应只是想表达，在他看来，现行国家课程体制下，儿童的教育已经很糟糕了。但这真的意味着可以让它变得更糟吗？对于那些认为值得这样做的人［另外一个代表人物就是动物学家马特·里德利（Matt Ridley），在他的《万物进化简史》（The Evolution of Everything）一书中有所提及］，也许可以用保守派哲学家罗杰·斯克鲁顿（Roger Scruton）描述自由主义者所使用的一句话："同现实为敌的无良乐观主义者。"[23]

竞争最终会带来最好的学校教育，这样的想法本身就是乌托邦主义，但仅仅是建立在纯粹的信仰之上的乌托邦主义，缺乏深思熟虑和周密计划。介于乌托邦主义和适度理性之间，我们无从选择。我们必须在两者之中做出选择。而且，完全无计划的乌托邦就一定比人们精心设计的乌托邦好吗？这其实并未可知。无论如何，也许对于把进步提议当作乌托邦的批评已经失去了它的锋刃。也许全球金融危机以来对政治经济学的反思，让我们进入了一个新乌托邦时代。

如果真是这样的话，那也没什么不好。关于抽签，亚历山大·格雷罗在结尾写下了一段鼓舞人心的注解："从根本上重新设计政府的任务通常被视为乌托邦主义而不予考虑，但没有理由认为代议制不能像所有其他类型的技术一样得到改进。"²⁴ 当然是可以改进的。如果我们能不断改进电动汽车和抗疟疾药物，那么改善政治制度也不会超出我们的能力范围。只要稍加再思考，就可以实现。

为什么不呢？

为什么我们不给每个人足够的钱来维持生活呢？好吧，那是行不通的：人们只会懒散而无所事事。我们为什么不直接把钱给穷人呢？好吧，那是行不通的：不能总是用钱解决问题。为什么我们不通过抽签来选择我们的政治家呢？好吧，那是行不通的：由普通老百姓来管理国家不靠谱……但实际上，这些方法是可以奏效的，只不过是在有些实验中，以及在古代社会。早已经做过这样的实验，结果是可以的。一定程度上，基本收入和抽签也是赋能型创意的例证。就像格蕾丝·霍珀的编程愿景一样，它们会赋予更多人以权力，而不仅局限于目前的精英阶层。这种想法遇到阻力，原因可想而知。

在政治领域，和在其他领域一样，再思考就是不停地问"为什么不呢"，就像一个顽固的孩子，不愿被草率且糟糕的解释所蒙蔽。也许这有助于重新构建一个概念，例如，使用"社会红利"这一说法，而不是"基本收入"。如果我们被指责为乌托邦主义，我们会说：当然，你不也是吗？现在盛行的观点不都是乌托邦的吗？乌托邦之间我们总是有选择的。

如果我们仔细规划我们的乌托邦，而不是把它们留给市场不可预测的运作——这种情况下还担心会出什么问题，实际上就是一种悲观主义，是对人类集体理智力量的悲观。如果人们群策群力，可以制订一个太空计划，成功将人类送上月球，将机器人送上火星，那么人们集众智设计学校课程，让每个人都有最好的机会接受体面的教育，似乎就不那么困难了。如果你现在处于室内或城市环境中，花点时间看看周围。你看到的每一个非生命物体都是由人类构思、设计和制造的。真是太神奇了。当然，对人类合作的理性能力的无限信任可能是错误的。但如果我们没有这样的信念,我们就永远无法达成任何事情。这是很重要也很有用的想法,即使它可能并非准确无误。这便是另外一种安慰剂观点。

同时,许多人都在为基本收入和抽签等旧观念在现代的可行性而争论,这也从另一个方面表明,我们的时代同以往的诸多时代一样,并非那么新奇,那么前所未有,过去的思维都可以有效地应用于这个时代。正如经济学家约瑟夫·斯蒂格利茨(Joseph Stiglitz)在建议当今美国延续罗斯福新政时所说的那样:"你以前听过这句话,并不意味着现在我们不应该再试一次。"[25]

第 11 章　超越善与恶

> 旧时代里的哪些邪恶创意值得我们从另一种角度重新审视和思考？我们的哪些创意会让子孙们感到战栗？

> 时代并不比个人更可靠；每个时代都会衍生出很多观念，而这些观念在后人看来错误且荒诞；这是必然的，如今很多深入人心的观念会被以后的新时代排斥，就像旧时代的很多观念被当下时代排斥一样。
>
> ——
>
> **詹姆斯·米尔**
> （J. S. Mill）

　　新建的弗朗西斯·克里克分子生物学研究所带有波纹状的凸形金属屋顶，使其犹如一只庞大的钢背犰狳，安静地卧在伦敦的圣潘克拉斯后面。一个秋日的午后，我漫步走入了游客中心，那时候科学家们还未搬进大楼里，我看到正举办一场小型展会，陈列了科学家们微笑着帮助治疗疾病的一些照片。多年前该项目酝酿乍始，院里一位友善的宣传官员告诉我，当地居民惶惶不安，难以终日。一些谣言和危言耸听的言论甚嚣尘上，比如"他们到底想在那儿研究什么？"后来，附近的居民非常担心埃博拉疫情会如定时炸弹般随时爆发，并认为可能潜藏着相关的恐怖威胁。研究院官员通过社区大会，努力平息了这场满城惶恐的风雨。

　　然至 2015 年 9 月，有消息传出，克里克研究所的科学家们已获准进行人类胚胎基因工程领域的研究。一石激起千层浪，媒体的报道顿时又让人们纷纷议论起人们又会在"犹狳"里搞什么卑劣的科学研究。

"哦，对的，"另一位官员淡然地笑道，"'设计婴儿'出现了，跟往常一样。"我们想说："目前而言，该项目实际上只可批准开展为时两周，情况基本如此，所以不必担心。"她爽朗地大笑了一声，像是在平复民众的惶惶之心。

但不论如何，创造设计婴儿究竟何错之有呢？

世人鄙夷的观念

有些观念似乎难以在道德层面以永恒、客观的方式界定其是非对错。但我们也知道，同一观念在不同的历史背景下会得到世人截然不同的道德评价。诚然，在一个人的生命中，道德观念也随时会发生颠覆：近些年一个明显的例子就是人们对于同性恋者结婚的看法发生改变。因此，重新审视会让你触碰到以往的邪恶观念，让你平心静气地重新看待它，那么它似乎在你的心目中可能变得无可厚非，甚至是好的。

你会注意到，对某些思想和社会实践的道德观会依时间和社会环境的不同而产生不同，这往往会招致道德相对主义的强烈指责。但这却是颠扑不破的真理。例如，性同意的年龄在人类历史中因时期和地域的差异而大相径庭。成年男子与十二三岁的女孩结婚曾经不足为奇。若想自身从道德相对主义的可怕控诉中完美抽身而出，则需对该问题在永恒时空下的黑白性做出一种普遍判断。再隐讳地说，整个社会与文化都将无法幸免地遭受道德的谴责。或许，限制我们自身对社会中我们所认为的正确事物做出判断毕竟更为实际可行。至于其他安排，也就是时代不同，风俗各异。而这句俗语中的人类智慧即使在未来时代也同样适用。将来某一天，我们的道德观将得到重新审视，一如以前发生过的那些。

关于人类历史，某些悲观论者称不会相信进步。其他人都在歌颂人类进步的累累硕果时，他们却在一如既往地否定、排斥这一切。他们的现代继承人利用了电力和良好的口腔医学，却同样使然。或许在否定进步的怪圈里，是没有进步可言的。

有些人会承认科技方面取得了进步（电力、口腔医学等），但他们却排斥道德进步的所有可能性。一个世纪以前，有一种司空见惯的现象：一些富人前往非洲射杀一些大型动物，并攫取它们的头部带回去，嵌在他们的木板研究墙上。在 2015 年，一位美国牙医将一只名叫塞西尔的狮子诱出津巴布韦的一个自然保护区，并射杀了它，为此招来了人们普遍的反感。这对于大型猫科动物崇拜者来说肯定是一种骄傲和进步。你可能也会想，废除奴隶制、妇女选举权、普及教育等这些似乎足以彰显颇为可观的道德进步，至少在这些国家中可以有幸地看到它们已建立完备。诚然，正如我们所知，奴隶制、酷刑等道德僵尸在各种地方得以恢复原形。但尽管如此，依然抹杀不了道德进步的必然。正如科幻作家威廉·吉布森（William Gibson）所言，"未来已经到来，只是分配不太均衡"。[1]

有时候，一种观念与其以往造成的恐惧密不可分，已然成为邪恶的代名词。当它试图卷土重来时，人们对它曾经的阴影仍心有余悸，势必竭力阻止，甚至谈虎色变、避讳提及。但这并不公平。一种观念可能会在某种情境下受到侵蚀，进而成为遭世人鄙夷的观念。比方说，创造设计婴儿的观念。

更健康、更快乐

假设你有一个孩子，试想有一颗药丸就在你眼前，比较廉价又非常安全，可显著地优化你孩子的智力。你会给他（她）吃这个药丸吗？为了方便论证，我们设定在其他条件均不变的情况下，经优化的智力将提高孩子的生存机会。你何不给他吃这个药丸呢？这颗药丸的效力就相当于其他父母平常会处理的很多事情，比如说，交音乐课学费，或者辅导他（她）完成家庭作业。这（想象）就是我们现在所处的世界：有一颗廉价且安全的药丸可帮助提高你孩子的生命质量。如此情境下，说不给你的孩子吃这种药丸是一种失策，似乎才算俘获人心。

现在想象情况稍有所不同。一个女人发现自己怀孕不久，恰巧有一颗唾手可得的药丸，比较廉价又非常安全。若服下它，这种药丸将改变腹内婴儿的基因组，等到婴儿出生、渐渐长大时，他的智力水平将得到显著提高。她是否应该服下药丸，继而通过基因方式让自己的孩子变得更聪明呢？诚然，此处持与第一个例子相同的论点，难道她不应该吃这个药丸吗？

毫无疑问，大家已明白我在这里要讲什么。显而易见，针对第二种情况的明确回答是支持优生学。但这个例子中讲到的药物优化方式和基因优化方式在道德层面到底有何实质性的差异？优生学不被接受的点究竟在哪里？

这个问题似乎无需讨论。优生学的历史充斥着各式恐怖——对那些被视为弱智或血统下贱的人施行强制绝育、禁止结婚，甚至彻底的谋杀（委婉地称之为"安乐死"）。这些于20世纪早期在美国得到了风靡，人们都认为美国优生学实则对纳粹主义产生了一定的影响。早在1911年，卡耐基研究院就已推荐将"安乐死"作为社会遗传退化问题的一个解决方案。虽然说人们注定对类似计划逡巡不前，但却通过"致命的疏忽"手段使那些"身心不全"的人失去了生命。[2] 在1936年，美国优生学家哈里·劳克林（Harry H. Laughlin）竟然被授予德国海德堡大学荣誉博士学位。优生学观念也已在英国和欧洲的一些所谓先进分子圈中流行起来。

一切已过去。大多数人都开始对优生学观念讳莫如深，一位现代记者写到，"当看到前方是奥斯维辛集中营大门的一刹那"，[3] 他们也许会问，它是通往这里的？还是被推到这里的？

我们所谓的"积极优生学"是对那些我们认为所谓有益可取的潜在人类

的工程。（鼎盛时期的优生思想，后者术语的应用稍有差别："积极优生学"则意味着鼓励高能力的一类人群多生育。当然，那时培育特定品质的孩子还缺乏实际性。）

从另一方面来讲，要抵制现代积极优生学似乎变得更为困难。在点滴生活中，人们总是会有意无意地接触到它，从配偶的选择方面可见一斑（这个男士身材魁梧，风趣幽默，那么与他结为伴侣后将来的孩子也有较大可能是性格风趣而形象不俗的）。随着基因操作技术的日趋成熟化，何不采用系统化处理方式，帮助一些准父母悉知更多未知状况？科技发展日新月异，有望迅速赶超科幻小说的步伐，这场争论也将随之兴起。CRISPR 这一新型基因编辑技术曾被科学杂志誉为 2015 年度最重大的突破。它有点类似于 DNA 的文字处理器。通过 CRISPR 的运用，研究人员已在治愈成年患者遗传性失盲症状领域取得了初步进展。[4] 此外，该技术还可以在人类胚胎时期修改 DNA，因而可显现出缺失的片段，使得优生学更加实际可行，也在某些情况下使该义务更具道义感。

存在着一种可能与此相抵触的论点，即优生学干预可能是代价高昂的，且不是对所有人机会平等——使得富人的后代越来越漂亮、聪明，而穷人的后代只能听凭基因的造化，而更加望尘莫及。也许由于处在现代资本主义选择性医学的背景下，其本身论点与积极优生学并不存在原则性的悖逆。这只是一个警告，如果我们不想进入一个两极分化的社会，就必须谨慎管理其社会机制的机会（在许多其他方面，我们也一定是这样）。

或许更重要的在于这个问题：谁来判定什么才算是"进步"呢？也许得益于"审美优生学"的普及化，那些金发碧眼的人口将越来越壮大，这对一些人来说可能会是一件可喜的事，但对那些喜爱黑发者的人未必算得上是一种全球升级和进步。

然而，也许此时我们应该重新地认真考虑开明优生学了。其缘由不仅在于生物技术的发展日新月异，更迭不止，且我们阻挡不了其迅雷不及掩耳之势，或许也在于人类的整体进步的确算是一种进步。或许在不久未来，我们会以科技的新眼光重新思考人类本身。我们是否应该利用科技？

优生学之父

弗朗西斯·高尔顿（Francis Galton）是达尔文的半个表弟，也是另一位伟大的维多利亚时期的博学人士。他创立了统计学领域的重要概念；利用指纹将图案分门别类，并将其成功带入法庭审判中，充当证据使用；制备了有史以来的第一张报气象图；并且创立了心理测验学学科（依靠调查问卷收集人们的智力信息）。同时他还是一位优生学家。实际上是由他创造了"优生学"这个词，"优生学"在希腊语中的直接释义是"好的继承"（他最开始给他所谓的"家畜的进化科学"命名为了不那么容易记忆的"病毒文化"）。[5] 为此，在20世纪下半叶，他的名字势必遭受千夫所指。

然而从某些方面来讲，高尔顿的课题带有人道主义色彩。这个观念是指理性的人类现已能够掌控自身的发展，这比天性支配要友善一些。他曾在1883年指出："迄今为止，进化过程显然一直在进行，而我们应当采取怎样的开展方式呢？机会和生命遭到大肆浪费，若尝试将个人不幸置于度量内，将积极改观这种态势。以我们的智慧和善心作为衡量标准，其包括于所取得的成果中，避免生命或机会的浪费，避免遭受不必要的痛苦，并享有平等无意犯错的额度，就我们的判断力范围内，地球上的进化过程从来都不是靠智慧和善心来进行的。"[6]

换个说法来讲，地球上的进化迄今为止都是以苦难或死亡等盲目的方式来进行着［1864年由赫伯特·斯宾塞（Herbert Spencer）提出的"适者生存"口号，往往掩盖了同样有效的观点，即不适者面临淘汰，这是关于进化真实、血腥的动力源泉］。但后来诞生了一种人类化的有意识性、推理性的心智力量，它的出现似乎把高尔顿打了个措手不及，一个多世纪以后，托马斯·内格尔同样如此遭遇。（高尔顿猜测，"我们的性格可能是永恒、浩瀚的心智力量中短暂而必要的元素"。）[7]

高尔顿认为，人类有能力让自身存在比自然天性要友善一些，即在我们的能力范畴之内，实际上也是我们的义务："人类已在不知不觉中实现了很大程度进化，但出于自身个人利益的考虑，尚未足以觉悟到意图性、组织性地履行此事属于其义务。"[8]

目前看来，一切是合情合理的。然而，当高尔顿自信地提出论断——"低级"或"劣等"人必然会消失时，当代人感到不堪耳闻。他认为，非暴力手段，只需采用鼓励所谓"更高能"人群多生育这种方式即可实现。"我敢称之为'优生学'最仁慈的方式包括对一些血统或种族的表现做出观察，并加以因势利导，让他们后代的队伍越来越壮大直至逐渐取代旧的一代。"[9]他知道这可能听起来有点卑劣："现在存在一种情绪，这在很大程度上是不合理的。"但他表示，这份情绪建立在族群与个体之间的淆乱、微妙关系中，就像毁灭一个族群相当于毁灭一大批数量的人。通过族群成员的早期婚姻，通过同样压力下释放更大的生命力，通过更好的谋生机会，或通过他们在混合婚姻的优越性，灭绝的过程在缓慢渐进地上演，但并不是这回事[10]。

接下来我们想详说关于高尔顿的是，他并非是一个前终结主义者。事实上，他在历史上的不幸可以归结为没有制定出实现优生目标的任何具体方法。考虑到一些反对意见，"在提出特定实施计划之前，所有优化人类族群的蓝图都是乌托邦式的"，他认为对于要求自己制订出某种实施计划是一种不公平："因为当任何目的重要性的说服力侵占人们的思想时，他们迟早会发现实现该目的的相应方法。"[11]只是时间早晚的问题。

生命伦理学

然而于 20 世纪后期，高尔顿成为一个遭世人鄙夷的知识弃儿，优生学亦然成为一个饱受鄙夷的创意——受到罪恶的玷污。出于此原因，许多拥护现代生物工程前景的人纷纷避讳谈及"优生学"这个词，而喜欢代以"人类优化"。（就像"社会红利"，这无疑是一个争辩性例子。毕竟谁会抵触"优化"呢？何况是全人类的优化？）另一些人主张，我们应承认这种发展即是优生学这一事实，并大胆地恢复该术语本身。这种思想流派往往借以"优生学"名义，使人听起来颇为矛盾，故也是激发好奇心的不错尝试。

某些反对优化或优生学的现代论点，一旦与高尔顿沾边时，就会遭遇阻碍。因为现代积极优生学完全不是主张剥夺一些人的生育权，更别提要杀死他们。我们在此无需过多考虑对"扮演上帝"的恐惧，因为那些玩转"上帝扮演"的人鲜少同意我们也应停止通过种植农作物或开发抗生素来"扮演上帝"。

那么，究竟有没有反驳优生学的比较可取的论点呢？苏格兰生物伦理委员会 2014 年年书记录了此次会议的讨论成果，对持正反两方意见的论点做的总结大有帮助。原先支持该观点的人最后却改变了阵营，理由在于为了改善个人生命质量而选择优生，否定了《世界人权宣言》所诠释的人的"本身固有的尊严和价值"。[12] 然而，人本身固有的价值和某种"生命质量"观念指引下作出的某些选择是否截然对立，尚未清晰。如果我们看重一个人某方面，那么是否意味着否定另一方面？拿一个成年人选择性伴侣来讲，一个女人择此弃彼，未必意味着她客观否定了那个人的"固有价值"。她只是选择自己所好而已。同样，父母选择培养孩子的运动技能，并不代表她认为不运动的数学天才本身价值就小。

如果"生命质量"学说被简单地界定为意味着生命存在的意义为零或类似观点，如一些极端者宣称的"不值得拥有生命"，这种观点应该招致怨声，甚至受到抵制。从另一方面来看，选择优生（对孩子的某些特性的选择）和孩子本身价值看上去并没有本质上的冲突。毕竟宣扬"与生俱来的尊严和价值"的观点并没限制我们就人的一些方面做出区分，比如出生、性别，或者仅仅是比他人更偏好某类事物或人。"与生俱来的尊严和价值"是国家出于种族歧视、财富差别等提出的保护人们权利的原则，但根本不能保障人们免受各种歧视，比如一个人找工作时因为没有合适的技能就会被用人单位拒绝。我们还可以再进一步问一问：父母做出他们认为最有利于家庭的选择的权利算不算他们固有的尊严呢？

对优生学自由最深刻的挑战，或许来自德国哲学家尤尔根·哈贝马斯（Jürgen Habermas）。哈贝马斯写道："行使对未来人类基因倾向的支配权，意味着从那时起，每个人，不管是否已经被基因编程，都可以将自己的基因组视为可批评的作为或不作为的结果。"年轻人可以打电话给他的设计师，要求他解释为什么在决定这个或那个基因遗传时，没有选择运动能力或者音乐天赋，等等。[13] 孩子们收到父母为他们挑选的礼物，会永远高兴吗？或者说这些能力会变成负担吗？对于积极的优生学来说，这是一个可以预见的人际和社会问题。这个问题是否比积极优生学带来的其他好处更重要，是值得探讨的。

至少有一个好处看似无可争辩。作为DNA结构的共同发现者，詹姆斯·沃森说："遗传基因的选择豪赌中，依然会有许多不应受此责难的个人和家庭遭受遗传基因缺陷带来的厄运。公平起见，必须有人将他们从遗传深渊中拯救出来。如果我们不扮演上帝，谁会？"[14]

我们需要一个非常强有力的理由拒绝以这种方式减轻人类的痛苦。如果可能的话，我们还需要有充分的理由拒绝促进人类繁衍。请记住，虽然并非非常系统，但是我们已经在实施优生学。神经外科的研究进一步得出创伤引起的压力和抑郁可以传递给下一代。这意味着避免创伤情况遗传的父母会进行优生学选择，保护他们的孩子免受不良遗传的影响。不过，如果可以做得更准确呢？如果 CRISPR 样式的基因组编程变得可靠并且广泛可用，那么优生学可以得到系统地实施，并由此明显减少许多由遗传性疾病引发的痛苦，甚至可能创造出更多更具天赋和魅力的人。如果优生学能够达到这些目标，那么在关于监管的辩论中，这些切实的好处将用于衡量利弊究竟孰轻孰重。人们已经制定了一些禁止特定的基因选择行为的法律：例如，在英国，自2008 年开始，就将在生育治疗中主动选择存在缺陷的胚胎视为非法行为。通过这种方式，某些非优生学的（*dysgenic*，与"优生"相反，意思是"不良遗传"）干预被认定为违法行为。所以我们禁止用非优生学选择伤害。那为什么不能用优生学选择帮助？

有些人可能对现代优生行为的细节和实施范围不能苟同，有些人可能会因为哈贝马斯提出的复杂道德原因而反对它们。但是，当下关于优生学的争论甚嚣尘上这一事实表明，优生学不再像在 20 世纪下半叶一样，超出绝大部分人的想象。这是一个慢慢在远离它的弃儿地位的创意。

实际上，优生学可能正在经历一个历史性的过渡期，正在成为被追捧的积极创意的道路上。也就是说，在未来，完全不在自己身上实施优生技术，可能被认为是道德上的错误。詹姆斯·沃森说："体面需要它。"这也是罗伯特·爱德华兹（Robert G. Edwards）强烈拥护的观点，罗伯特·爱德华兹因在创造体外受精（in vitro fertilization，IVF）治疗法方面所做出的贡献而获得2010 年诺贝尔生理学或医学奖。1999 年，他说："在不久的将来，如果孩子还在遭受遗传病带来的沉重负担，那就是父母的罪过。我们正在进入一个我们必须考虑我们的孩子所携带的基因质量的时代。"[15]

此处，爱德华兹掷地有声。在当代，IVF 治疗法的实施不仅可以识别胚胎中的已知遗传缺陷，而且可以纠正它们——例如，通过优生干预，孩子们将不再生下来就患有镰状细胞病，这是现代医学最伟大的胜利之一。这种观念很难消除，即因为 IVF 治疗而没有镰状细胞病的人的"生活质量"高于患有疾病的不幸者，并且任何人只要有机会都会为他们的孩子选择不患病，所以这并不是否定所有人的内在价值和尊严。

因此，如果优生学可以从错位的乐观主义开始，那么就会激起大规模谋杀并变得令人无法接受，然后变得如此必要以至于逃避它会成为一种"罪恶"或道德失职，那么它之前的弃儿地位是与特定的社会政治背景相关这一事实就会变得显而易见。

将来的弃儿

如果坏创意能变成好创意，那反之亦然。我们当下信奉的哪些创意会在未来看似邪恶？除非我们认为现在的道德水平已经到达巅峰，而且我们生活在一个完全公正的世界，否则我们现在确信的一些惯例和想法在几个世纪后，在我们的后代看来，会是极端腐化或者愚蠢。问题是哪些创意会经历这种命运？你的哪些想法会让你在未来成为一个弃儿？

一些统治思想似乎已经在被唾弃的道路上：它们是现状，但是批评的声音甚嚣尘上，越发激烈。其中一个例子也许就是食用动物。我们对动物的了解越多，我们对食用动物的看法就变得更复杂。猪非常聪明；连鱼都会感到疼痛。严格的素食主义者可能也不愿意吃群居昆虫。将来，人类经常食用动物的时代可能会成为令人震惊的野蛮时代。我写这个，因为有些人真的不想放弃食用牛排、鸡肉和手撕猪肉。幸运的是，我可能没必要。如果目前在实验室培育动物蛋白的研究发展，或者，正如口号所说的那样，培育"没有脚的肉"，能够实现不用养鸡然后杀鸡，只生产便宜又美味的鸡胸肉，那么一切都会迎刃而解。当然，有些人几个世纪以来一直在向我们倡导素食主义，所以这不是一个新想法，但似乎在未来，食用为此用途而专门宰杀的动物的想法可能会带上令人鄙夷的色彩，而在当下大部分人都不认为这有什么问题。

自动驾驶

每年由于道路交通安全事故，全球有超过一百万人死亡，数千万人受伤。交通事故大部分是由于驾驶员的疏忽造成，它也是全球十五岁至二十九岁人群死亡的头号杀手。[16] 迄今为止，人们担心饮酒驾驶，或者在发短信时开车，或在打电话时开车（即使使用免提电话系统）的危险。在不太遥远的未来，我们可能会认为这些担忧相比一个真正的大问题来说微不足道，即首要问题是允许人类驾驶他们自己充满高度易燃液体的高速金属物。人来开车？现在这是一个坏主意。

至少，看上去很有可能，未来大多数或所有汽车都会由机器人驾驶，就像谷歌和其他制造商目前正在测试的一样。也许无人驾驶的汽车永远无法实现零事故，但是整体来说，计算机超快的反应速度和超强的专注能力相比容易犯错的人类来说，肯定能做得更好。计算机化的汽车将能够更快、更紧密地驾驶，因此能够减少拥堵，同时也更安全。它们会把你送到办公室后，自己去停车。所以，还有什么可以挑剔的呢？

好吧，首先，作为计算机辅助"解决主义"的媒体批评者，耶夫根尼·莫洛佐夫（Evgeny Morozov）指出："对于一些人来说，对城市规划的不利影响可能是不可取的。""随着越来越多的人开始驾车出行，自动驾驶汽车会导致公共交通质量下降吗？"他想知道。[17] 这是通过富有想象力的探寻可以揭示出的那种意想不到的后果（一种"未知"后果）。

纽约大学心理学教授加里·马库斯（Gary Marcus）指出了自动驾驶汽车必须与之搏斗的另一个问题。假设你正坐在一辆穿过狭窄桥梁的自动驾驶汽车上，一辆坐满孩子的校车失控撞向你，而且桥上没有足够的空间让两辆车错身而过，那么自动驾驶汽车是否应该决定冲出桥梁，以你的命换孩子们的命？[18]

马库斯的例子表明，驾驶汽车不仅仅是一种机器可以更有效操控的技术操作。它同时也是一种道德操作。如果我们让汽车自动驾驶，我们不仅是把机械控制权给了它,还把我们的道德判断权给了它。我们很可能会考虑值得付出的代价,以挽救每年数百万因交通事故死亡的人。但至少我们要确切知道这些自动驾驶汽车的算法是如何编程的,以及其中暗藏了哪些道德选择。

家庭计划

在瑞典和许多其他国家,养宠物需要获得许可证,但在世界上大多数地方,任何人都可以生孩子。这是个好主意吗?过去人们并不总是这么认为,当然未来人们可能依然不认为这个是好主意。

在苏格兰生物伦理委员会(Scottish Council on Bioethics)发布的关于优生学的文章中,它声称在 1963 年,DNA 结构的共同发现者弗朗西斯·克里克写了一本名为《人与未来》(Man and the Future)的书,书中宣称有些人不适合做父母,所以应该设立一个官方的生育许可制度。对克里克的崇拜者来说,这似乎令人沮丧,毕竟伦敦最先进的生物学新研究中心名为弗朗西斯·克里克研究所——它真的应该以一个认为有些人不配拥有孩子的人的名字来命名吗?

对于这种对一个已逝的人所说的话进行断章取义的行为总是值得再三核实。在这个例子里,人们发现,实际上,那些号称是克里克说过的话克里克并没有确切说过,而他也没有写过一本名为《人与未来》的书。然而,他确实在一次会议上讨论过优生这个问题。而他和其他人真正所说的其实比上面提到的更有趣。1963 年,科学的非营利性汽巴基金会(Ciba Foundation)举办了一场关于"人与未来"的研讨会,生物学和其他领域的杰出人士讨论了人类进化及其改进的可能性。遗传学家约书亚·莱德博格(Joshua Lederberg)向其他与会者说:"我们想为未来做一些准备,这样人们就会有更多一点点的机会避开特殊的意外情况。"[19]

弗朗西斯·克里克本人并没有在会议上发表演讲,但他在看了两篇关于积极优生学的论文之后参与了一般性讨论：如何实现在没有强制手段的情况下提高人类（比如说）的一般智力水平。[其中一篇由赫尔曼·约瑟夫·穆勒（Herman J. Muller）撰写的论文提出了一个精子库系统，女性可以从中选择显见更优质的捐赠者的精子——当然，这一点已经实现了。]

那么克里克到底说了什么？他当然是提出了一个热门问题。"我想专注于一个特定的问题，"他说，"人们是否有权生孩子？"然后他开始科幻性地思考这个问题。

在场的有些人赞同克里克的某些观点，理由是"社会"应该有权利决定什么是对整个社会最有利，如果必要的话，可以推翻个人的偏好。其他人强烈反对他的观点。后来因其著作《性爱圣经》(*The Joy of Sex*)而声名大噪的动物学家艾利克斯·康福特（Alex Comfort）博士说："我认为人们是否有权生育孩子应该取决于具体情况。我可以肯定的是，没有其他人有权阻止他们，这是一个完全不同的问题。"[20] 在场的有些人敏锐地提出了我们如何判断以及谁来判断哪些人更"符合社会期望"（socially desirable）这个问题。

换句话说，这是科学同行之间展开的一场实实在在的知识辩论，而不是某个人对自己的理想政策的专制陈述。克里克本人强调为了提出这个问题，他正在进行蓄意挑衅性的思考实验。"我认为我所描述的有点极端。"他说。在描述完他所说的或许应存在的许可制度之后，他提出这个制度永远都不会被"社会认可"，所以没有必要尝试去建立它。他建议，一种较为温和的做法也许是利用税收激励政策，来激励更多"符合社会期望"的人多生育。

无论是支持克里克还是康福特，那次会议中的讨论都对今天我们在关于自由优生学的争论中再次出现的话题进行了引人入胜的解读。在当代，权利被想象为属于个人私人的事情，克里克强调的在这种时代背景下来再思考会带来益处的一点正是："我想如果我们能够让人们认识到他们的孩子并非完全是他们自己的事情且这不是私事，这将是一次巨大的进步。"[21]

无论如何，克里克实际上并没有说有些人不适合做父母。然而，即使在今天，优生学也是道德厌恶的触发因素，以致经曝光和优生想法沾边的思想家们都被一种不受欢迎所绑架，即便他们所说的并不完全像经报道的一样。弗朗西斯·克里克和弗朗西斯·高尔顿就是这样。同时，托马斯·马尔萨斯是另一位长期以来受如此待遇的思想家。

回顾并阅览一个弃儿思想家实际所说的话对再思考而言，常具启发性。大部分情况下，我们会发现那些臭名其实有失公正。那么马尔萨斯真正所想的到底是什么呢？

人口问题

消极优生学，即试图阻止遗传基因不受欢迎的人群生育孩子，仍然遭受着深深的唾弃。然而，人们可以想象未来，在出现严重资源稀缺的反乌托邦情况下，消极优生学可能会复兴，那时人们可能真的会觉得既然没有足够的资源支撑小孩的成长，那么生育就是一种"道德错误"。托马斯·马尔萨斯在1798年出版了一部名《人口原理》(*An Essay on the Principle of Population*) 的著作，当时他就在文中提出这是一种道德错误，他的"马尔萨斯主义"（Malthusianism）也是这么认为。这本书迅速变得臭名昭著。在接下来的几年里，马尔萨斯接连遭到了拜伦、雪莱、柯勒律治（"荒谬的实践诡辩"）、黑兹利特（"不合逻辑、粗暴且矛盾的推理"）等人的抨击。[22] 为什么他仍被认为是如此怪诞？

事实上，马尔萨斯从不认为人们应该被强行阻止繁殖。但他认为（正如克里克后来所做的那样）社会激励措施都是错误的。他首先辩称，如果不加以控制，人口会趋于几何式的倍数增长，而农田支持人口的能力的增长却是只能按加法来增长。由于人口数量和可获得的食物之间存在冲突，人口的增长往往会使社会的下层阶层陷入困境，并且妨碍一切切实改善他们困境的措施的实施。[23] 如果要避免穷人的饥饿和困苦如病毒式传播,那么必须鼓励对人口进行"审查",马尔萨斯认为首先是要在资源稀缺时推迟结婚。

为什么这是个好创意?马尔萨斯以非常同情的口吻解释了应该以这种方式激励人们的原因,从两个社会层面举例说明。首先,他认为:"一个受过自由教育但只有够维持自己一人与绅士阶层保持联系的收入的人,必须坚信,如果他结婚并拥有一个需要他来负责任的家庭的话,一旦他融入社会,就会被迫沦落到中产农民及社会更低层的商人阶层。"当然,这是一个女性不外出工作的时代,所以我们的自由主义绅士必须将他本来刚刚好支撑他一人的收入拿出来支持整个家庭,因此也就不可能还能支持他待在他本来所在的阶层。马尔萨斯认为,这对他心爱的人来说也是非常不公平的。"一个人怎能让自己所爱之人陷入一个与她的品位和爱好非常不协调的境地。"[24]

接下来,马尔萨斯解释了一个勤恳的工人阶级在负担不起家庭的情况下,阻止他组建家庭的原因其实也是类似的:

一个每天挣 18 便士且如果单身的话能够过得还算舒适的工人,当他需要把这份微薄的、几乎仅够一人使用的收入分成四到五份时,他会犹豫不决。为了与他所爱的女人一起生活,他会屈服于更廉价且更艰苦的工作,同时他还必须意识到,如果他有一个大家庭,或者家庭遭遇任何不幸,那么不管他多么节俭,或者多么努力地工作,甚至耗尽自己的劳力,也不得不面对让自己心碎的境地——孩子们挨饿,或者丧失自己的独立,被迫向教区寻求支持。[25]

马尔萨斯认为,太多的人已经"被迫求助教区",接受《济贫法》(Poor Laws)规定的救济物品。事实上,当时英格兰 1060 万人口中超过 10% 的人口正处于我们现在称之为"接受社会救济"的状态。[26] 马尔萨斯称之为"依赖性贫困"(dependent poverty),他认为这对接受救济的人来说是一个非常不好的事情。他悲伤地写道:"尽管个别人会遇到非常困难的情况,但是依赖性贫困却是可耻的。""如果人们进入婚姻,可能要面对的前景就是接受教区救济,很难甚至是完全没可能维持其家庭的独立,那么他们就受到了不公正的诱导,给自己和孩子带来不幸和令人可耻的贫困性依赖,而且他们无形中被诱导伤害了自己所在阶层的所有人。一个进入了婚姻,却无法支撑家庭开销的工人在某些方面可能会被视为所有工人同胞的敌人。"[27]然而,当今社会,人们生育子女是不可剥夺的人权,与此相对,马尔萨斯可能会简单地把孩童选择出生环境的权利拿来做一个对比。

从毫无偏见的现代观点来看,马尔萨斯似乎并不比美国或英国的许多保守派来得更可恶,而且确实比许多人更关心他的人类同胞的繁衍。如果你通篇阅读他的《人口论》(*Essay on Population*),你不会怀疑他的真心。甚至并不是说批评福利制度的不合理激励就是右翼分子,回想一下芭芭拉·雅各布森的观点——福利陷阱(benefits trap)。事实上,对于现代人来说,可能会常感到遗憾,马尔萨斯提出采用人工避孕方法居然被视为是一种"恶习"且不被欢迎,不过人类后来在该领域的发展可能会让他感到好受一些,更不用提20世纪农业生产力的突飞猛进。

但马尔萨斯的身后名誉和弗朗西斯·高尔顿一样不好,而且遭受非议的原因也相似。马尔萨斯被与一个相比他提出的观点更无情且残酷得多的学说联系在了一起,即"新马尔萨斯主义"(neo-Malthusian),"新马尔萨斯主义"运动利用他的观点鼓动消极优生学行为,即对穷人和不适宜生育孩童的人群进行强制绝育。今天,一个厌世的新马尔萨斯主义为生态思维的"深绿色"翼提供了理论依据,他们将这个星球描绘成已经人口过剩,也在被过多的人类所侵扰。例如,在回应2015年《纽约客》(*New Yorker*)上刊登的伊丽莎白·科尔伯特(Elizabeth Kolbert)关于全球变暖的一篇文章时,一位读者写道:"如果我们能够减少人口,全球第一大难题将会大大改善,这个观点应当引发讨论。"[28]有趣的是,这位读者只字未提人口应该如何减少。实际上,马尔萨斯本人的所著与悲观的厌世情绪相差甚远，但是即使在今天，人们通常还是会不假思索地将这种悲观的厌世情绪归咎于他。[29]

与此同时，马尔萨斯对经济学和人口学的发展产生了重要影响。我们甚至要感谢马尔萨斯为查尔斯·达尔文和阿尔弗雷德·罗素·华莱士（Alfred Russell Wallace）共同发现自然选择的进化原理提供灵感。正如达尔文在他的自传中所说的那样："在我开始系统调查15个月之后，我碰巧在闲暇时读了马尔萨斯关于人口的书籍，并且当时我通过连续不断地观察动、植物的习性，已经完全能够意识到到处都在上演的生存之战，所以我在阅读马尔萨斯的书籍的时候，突然灵光一现，原来在世间万物为生存而斗争时，会倾向于把有利的变化保留下来，而把不利的变化毁掉。这样取其精华、去其糟粕的过程会导致新物种的诞生。在这里，我终于得出了世间万物运行的原理。"[30]

现在再来讨论限制人类生殖权利，是否会被接受甚至是得到善意支持？与此同时，哲学家莎拉·康利（Sarah Conly）在她2015年出版的书籍《一个孩子：我们有权利要求更多吗？》(*One Child: Do We Have a Right to More?*) 中提出这个问题，并在书籍的副标题中回答了这个问题，她的回答是"没有"。

会不会在人类更加没有幸福感的未来，我们回过头来看不管是马尔萨斯还是弗朗西斯·克里克，我们会觉得只要可以，任何人都可以生孩子并且随便生的创意是完全错误且不利于社会的。（这很容易被认为是错误的且不利于社会，例如，在宇宙飞船上，人不是越多越好。）就像当年汽巴研讨会的与会者所知道的一样，谁决定谁适合生孩子的问题是一个政治难题。但如果资源继续减少，这个问题可能会再次出现在公众视野。

未来视角

如果一些旧创意要回归，它们需要抛开自己罪恶的过去，以削弱它们的弃儿地位。我们需要在最开始的时候就去仔细核实提出这些创意的先辈们究竟说了什么,而不是把人们对这些创意的唾弃看成理所当然。不带偏见地倾听过去被不公正地诽谤过的人究竟说了什么,是再思考的道德要求,而我们常常也能从中获得好处。

谈论这些创意引发了一些煽动性的问题,但没有不能谈论的猜测。正如克里克所说:"这并没有疯狂到我们完全没必要讨论它。"宣称有什么不可想象的事情其实是对所有思考的人的侮辱。或许,通过将我们正在考虑的观点归于开明的后代,有助于消除这些争论的热度。一般来说,采用我称之为未来视角的方式来看待这些争论是会有帮助的。这是另一种再思考:将一个人的思想投射到一个文明程度更高的未来,同时虽带着赞同却以严格的公正态度来审视现在,以质疑当下的统治思想。当下我们习以为常的多少惯例行为在未来的某一天会让我们的后代感到不寒而栗?

第 12 章　不要开始相信

> 今天我们还对什么存在误解？我们应该如何反思对于各种创意的态度？

> 日复一日把鸡养大的人最终却把鸡杀了，
> 说明提升对自然齐一性的认识才能拯救鸡。
>
> ——
> **罗素**
> （Russell）

快乐的怀疑论者

曾经有一位画家，画画方面并未取得成功，后四处游学，最终创立了最富影响力的哲学派别之一。他的名字叫皮浪（Pyrrho），公元前 360 年左右出生于奥运会的发源地古希腊伊利斯城。虽然相隔年代久远，但他还是有很多值得我们学习的地方。

皮浪开始走入公众视野，是为伊利斯城的体育馆创作了一些火炬接力赛跑的画作，优秀的古哲学家传记作家第欧根尼·拉尔修（Diogenes Laertius）称他的这些画作平平无奇。[1] 之后，皮浪放弃绘画，到一所苏格拉底哲学学校学习哲学。后来，皮浪和哲学家阿那克萨库（Anaxarchus）成了朋友，后者是可笑的原子论者德谟克利特的追随者。巧的是，阿那克萨库和亚历山大大帝（Alexander）也是朋友。于是，皮浪和阿那克萨库跟随亚历山大的远征队伍到了印度。

虽然关于阿那克萨库的哲学理论我们知之甚少，但是传闻却让人产生颇多联想。他把我们看到的事物比作绘画出来的风景，并且主张我们的日常经历和空想家、疯子的是一样。（以此，他预先想到了现代感知理论中的心智建构，以及精神病的范围。）阿那克萨库也喜欢拆亚历山大大帝的台。一次，亚历山大大帝自称是宙斯的后裔，阿那克萨库指着这位统帅流血的伤口说："看到了吗？凡人的血！"当阿那克萨库说宇宙中有无穷个世界时，亚历山大大帝为还未征服一个而感到沮丧。显然，他太过沉迷于荣耀和成功。对于阿那克萨库而言，智者应该对于事物的价值淡泊于心。他似乎就是这么做的：他被称为快乐的人。[2]

据传，阿那克萨库一直都保持淡然直到生命结束。一次和亚历山大大帝一起吃饭时，他出言侮辱了同时在场的塞浦路斯国王奈柯克里昂（Nicocreon），奈柯克里昂向亚历山大大帝称臣。亚历山大大帝死后，阿那克萨库坐船意外在塞浦路斯靠岸。奈柯克里昂抓了他之后，把他放在一个臼中，并下令用铁杵将他捣击至死。阿那克萨库嘲笑他说："你可以捣击装着阿那克萨库的袋子；你无法伤害阿那克萨库本人。"就这样，他离开了这个世界。[3]

这一泰然面对生死的英勇事迹无疑让他那位年轻的朋友皮浪受到感染，而在印度之旅中，和天衣派教徒（裸身主义智者）、修士的交流也对皮浪产生了影响，他带回希腊的新思想种子，就是后来著称于世的怀疑主义的快乐哲学。

我们现在认为怀疑主义是一个相当痛苦、消极的事物，尽管他有时让我们变得理性。但是，对于从皮浪开始的古代怀疑论者，它是实现真正快乐和满足的唯一可靠途径。第欧根尼称它为"高尚"哲学，建立在"不可知论和悬搁判断"基础上。的确，怀疑主义的指导原则就是如果无法完全确定，就不要就任何积极主张作出判断。这种态度他们称为悬搁（epoché）。这意味着"暂停搁置"：不是像我们所说的悬搁怀疑，而是悬搁信念本身。［两千年后，德国哲学家埃德蒙·胡塞尔（Edmund Husserl）又重拾了这一思想：对他而言，悬搁对外部世界的成见使我们能够在没有偏见的情况下审视我们自我意识的内涵，从而更好地理解我们的经验。］笼统说来，悬搁可以用来表示暂停对于任意想法的判断，不将它划定为是或非，或道德上对或错。有时，人们也说"搁置"一个观点，暂不做出判断，就像把东西小心地夹在两指之间。（这也让我想起受斯多葛学派影响的认知行为疗法，它的教学方式是让你以中立的态度观察自己的想法，而不是做出判断。）

怀疑论者这个词本来的意思是对事物进行查究或探求而不是简单地排斥的人。[4]而事实就是，在积极寻找可靠的知识的时候，怀疑论者却一点也找不到。我们总是被外表愚弄。因此，唯有悬搁判断，拒绝为信条所奴役，智者才能达成不动心（ataraxia）的清明平和心境。

当然，你的生存需要一些有效的信条——比方说，掉下悬崖会死，或者有些东西吃了于身体有益，而有些东西却带毒。皮浪后来的追随者表示，皮浪虽然受事物表象的引导，吃苹果而不去吃黄蜂巢，但是并没有真的相信。[5]第欧根尼说，皮浪在路上走不会去留心危险，遇到前面有马车或悬崖也根本不预先采取措施，只是他忠诚的学生看顾着让他远离危险。不过有一次，他被一只扑向他的狗吓到了。有人指责他虚伪，而皮浪轻声回答说，要让人完全摆脱人性的弱点是非常困难的。的确，有时候动物诠释了不动心的理想状态。一次，皮浪乘船时遇到风暴，同行人都吓坏了。他镇定自若，指着船上正在进食的小猪，说这应该是智者追求的状态。[6]

也许令人惊讶的是，像皮浪信奉这样一种虚无主义哲学的人，居然受到广泛的爱戴。他和他当助产士的姐姐生活在一起，在家庭中承担自己分内的事情；人们经常看到他抓着猪和鸡到市场上去。皮浪喜欢前辈德谟克利特的著作，也喜欢引用他的《论荷马》，并经常重复那句："如树上的树叶，这是人的生活。"事实上，他受到希腊人广泛的赞赏，以致希腊通过了一项法律免除所有哲学家的税。[7] 真希望这样的完人生活在我们这个时代。

皮浪从来没有写过任何东西，但是他的追随者有记述，甚至柏拉图学院一度为怀疑主义者接管。皮浪死后近一个半世纪的公元前二世纪，记录这一哲学流派早期思想的著作才面世，由一位叫塞克斯都·恩披里柯（Sextus Empiricus）的医生完成，他骄傲地自称皮浪主义者。之后，这一哲学理论逐渐消失，直到文艺复兴时期又被人们重新发现，开启了一系列连锁反应，激发了法国散文家蒙田和英国哲学家大卫·休谟等人的才华。时至今日，其核心思想——信仰的悬搁——已成为现代科学家的重要指导原则。

悬搁

皮浪的导师阿那克萨库被折磨致死，给第欧根尼·拉尔修留下了深刻的印象，他为此写道："奈柯克里昂，你尽管使劲捣击：它只是一个袋子。打吧；阿那克萨库的本体早已和宙斯住在一起了。"[8] 换句话说，阿那克萨库不朽的灵魂对物理击打免疫，升入了天国。

当然，我们拥有灵魂这一观点仍然是许多宗教派别人士共同坚守的一个信条。据皮尤研究中心 2014 年的调查显示，超过三分之二的美国人相信来世。[9] 但在世俗哲学和科学的世界里，长久以来"灵魂"一直被认为是最不可信的想法。没有人相信我们的身体里包含一些看不见的、非物质的灵魂实体，是它们让我们的身体运作，让我们产生想法和梦想。我们都是坚定的唯物主义者；我们知道物质实体真实存在。我们当然不是"物质二元论者"，不像笛卡尔那样将世界分为物质实体和精神实体。

灵魂的死亡也许像是精神安慰的丧失。不过，现代分析哲学家彼得·昂格尔（Peter Unger）非常重视灵魂的问题，并且发现这一观点让人迷惘。他问到，如果我们拥有非物质的灵魂，我们会变成什么？他的答案没有提供太多的帮助。昂格尔认为，缺了大脑和身体感觉器官（如眼睛和耳朵），非物质的灵魂不仅可能无法看到、听到或感受触觉，而且可能会遇到类似发生在人身上的"前瞻性失忆症"的可怕症状，无法为当前的经历存储下新的记忆。昂格尔还提出疑问，如果没有人体中完成记忆存储的神经元的电化学结构，你如何能够存下新的记忆？

"按照我们目前的欲望和价值观，"昂格尔写道，

"对于一个无实质的灵魂，孤孤单单，永远都是单调乏味的经历，这样的存在真的值得吗？虽然这样的存在不像不断遭受酷刑那样痛苦，但干脆地死去总要好一些。如果这种体验以后要持续数十亿年，甚至永远这样下去，没有出路，这一点就特别清楚了……除非所有有效的证据几乎都存在严重的误导，否则我们会变得和我们真正希望的相差甚远，除此之外，无论是哪一种，都会是我们许多人所害怕的。"[10]

这让人倒吸一口凉气。不过，还有希望，毕竟昂格尔很可能是错的。对此，他很乐意承认。的确，也许昂格尔论证最有趣的地方是他对于一个观点的两种态度所做的区别。"在这个大型社区里，这是我论证过的，我还会继续论证。"他在描写他对赋予灵魂的解释时写道，"虽然我一直都在论证，但我根本不知道对于这些大的形而上的问题该相信什么。所以，对于所有这些，我都是不可知论者。"[11]

听起来很奇怪。在日常生活中，有人主张一个观点却不相信它的情况，如果不是虚伪，我们也许会说他缺乏诚意。但是，昂格所做的区别是明智的，甚至是人道的。有时候，相信的要求会对一个观点施加过多的压力，不管真实与否，它可能有其他潜在的优点，如赋能、安慰剂效应，或者描绘尚未开发的可能性空间的纯粹趣味。其次，相信是狂妄的：它否认错误的可能性。第三，信条往往是非常危险的东西。人为它而死；更多的是为别人的信

条不甘心地死。可叹的是，发达国家的人们不再相信任何东西。

在某一特定的角度提出信念的问题也常常会引起社会归属或异化的非理智问题。这是昂格尔自己后来提出的一种可能性："我希望我不愿意接受实体二元论，不是因为它在我的职业文化圈内非常不受欢迎，甚至受到非常广泛而深切的鄙视。"[12]

当然，一个观点被鄙视的事实本身就没有理由让人对它进行反思和支持。但是，也没有理由抛弃它。毕竟，现实一再表明，我们鄙视与否都不会影响到客观事实。

通过选择论证不朽灵魂的特定立场，而不相信，彼得·昂格尔和皮浪、怀疑论进行穿越的交流。也许你会说，在哲学形而上学相对较低的阶段，论证但不相信的研究方式似乎是一个不错的方法。但是，我们在真实的世界中不能使用这样的方法，美国中央情报局传奇式的间谍秘籍手册当中推荐的一种和悬搁非常相似的经典态度除外。

理查兹·J.霍耶尔（Richards J. Heuer）是美国中央情报局的一名分析师。在大学里，他本来学习哲学，后来逐渐对认识论问题（也就是我们通过什么过程认识事物）产生了兴趣。这是一个永恒的理论问题（怀疑论者认为我们永远都无法真正认识事物），但它显然也是间谍世界中一个重要的实际问题。最终，霍耶尔为美国中央情报局创作了一本题为《情报分析心理学》（*Psychology of Intelligence Analysis*）的著作，广受称赞。他在书中写到，"延期判断的原则"是创造性思维最重要的方面。"分析的思想发生阶段应该与思想评价阶段分开，评价要推迟到所有可能的想法都被提出之后，"他解释说，"这种做法与正常的产生想法同时进行评价的程序相反。"换句话说，悬置所有的想法，直到需要作出抉择。为什么？因为"判断性态度抑制想象力"。[13] 间谍的想象力必须够丰富，心眼多到让人防不胜防，善于虚张声势。事实上，正如前反间谍部门主管詹姆斯·耶萨斯·安格尔顿（James Jesus

Angleton）指出的那样，间谍在某种程度上比科学家更为困难。生物学家通过显微镜观察，可以认为她所看到的并不是故意安排来误导她的。但是，间谍必须始终考虑到敌方共谋制造虚假信息的可能性。[14]

过快采信一种解读，对于间谍是危险的，对于商业也有害。这让人想起沃伦·巴菲特在价值投资上的成功。巴菲特投资的策略并不能立即反映在股市的日常波动中。他购买并持有股票，在波动中悬置判断，渡过危机，就像物理学家不会断然放弃一个想法，以防它日后有非凡表现。巴菲特的策略让我们反思一个投资者的判断节奏应该是怎样的。它讲的是从长计议。

如果我们以类似的方式评判想法会怎么样？也许，在考虑要买进还是卖出股票时，也应该避免做出膝反射式的反应。在我们现代的自由社会中，普遍认为对他人和他们的生活方式指手画脚是错误的。不过，很多人乐于对观点看法做出判断。通常，人们会很快否定一些看法，将之归为愚蠢或邪恶，明显错误或微不足道。但是，正如霍耶尔所说，它抑制了想象力。释放它的一个方法是像上一章中所讲的采取明天的看法，判断时努力摆脱特定历史环境给它附加的道德负担。而且，我们可以试着习惯悬置对于更多想法的判断。

采取悬搁或暂停搁置的态度是调查的关键工具，但并不意味着任何事情都可能发生。回想一下皮浪这位怀疑论智者"向表象妥协"，这样不至于吃有毒的东西，也避免掉下悬崖。这似乎是一种虚伪做作，但是现代科学通常就是这样。表象上受其引导，而对于其真实性悬置信任，这和量子物理学仅仅专注于数学方面，而不过多在意它所隐含的真实本质。[这样一种新的怀疑主义立场用一句最著名口号总结就是："闭嘴，乖乖计算！"通常，人们将它归因于理查德·费曼（Richard Feynman），这大概是错的。][15]

更普遍的来看，似乎只有悬搁判断，我们才能意识到，一个想法的真伪并不总是最有趣的地方（它可能是安慰剂或垫脚石），或者一个想法显著的道德价值可能是历史上的偶然（以后可能会被人们抛弃）。唯有通过使用悬搁的方法，本书中的思想家才会注意到，被抛弃的想法终究有其价值。

当然，到了某个时候，我们需要对一个想法做出判断。但是在这个过程中，悬搁仍然有着关键作用。譬如，刑事陪审团的运作。陪审员得到的指示是，除非确信能够排除合理怀疑，或者以现代英国法律的说法，"确认你已经确定"，否则他们不能认定被告有罪。换言之，除非事实证明，否则他们必须搁置判断。

在日常生活中，有时我们想要产生很多想法，然后选择最好的那一个。即使这样，悬搁也是这个过程中的重要组成部分。《魔鬼经济学》（Freakonomics）的作者史蒂文·莱维特（Steve Stevie Levitt）和斯蒂芬·杜布纳（Stephen Dubner）这样写道："对我们而言，一个有用的窍门是冷静期。想法在孵化时几乎总会看起来绝妙，所以我们从来不会在24小时内去考虑新想法。"[16]

请注意，如今我们使用"怀疑主义"这个词所表达的意思已经不再等同于怀疑论者所指的悬搁。在抵制任何陈旧的糟粕的情况下，怀疑主义有其专长，确实对科学至关重要（"继续，我拭目以待"）；但另一方面，它往往会固化为一种对于任何新的或让人不安的可能都猛烈抨击的不相信。在我们这个时代，"怀疑论者"一词经常代指这样一些人，他们断然拒绝某些主张，同时轻率地抓来一些可疑的、似是而非的论据来加以驳斥。例如，"气候变化怀疑论者"拒绝接受人为因素造成全球变暖这一证据充分的观点。有时，他们被称作"否定论者"，但是更准确来说，他们的问题在于缺乏悬搁意识：在收集到令人信服的论据之前，他们就急于将具有共识的想法判断为错误。而另一方面，取得成功的科学融入了悬搁的理念，至少是在其理想形态中：最顶尖的成果仍然应该始终被视为是临时的、近似的——在更好的成果出现之前都是值得采用的。这并不意味着我们目前最好的理论不足以将机器人送到火星上去，或者通过免疫法来拯救数百万儿童的生命。

没找到证据不等于没有

悬搁的立场是以一种疑惑、保持距离的态度看待证据。此外，还有另一个方面的考虑，以一句我们熟悉的话总结起来就是：没找到证据并不等于没有。现在，这句话被那些因为现代科学无法支持他们对鬼魂的真诚信仰或对Wi-Fi敏感而感到被剥夺了应有权利的人使用，所以大多数推崇科学成功的理性的人们倾向于讨厌它。他们倾向于认为它表示任何事情都有可能发生。哲学家伯特兰·罗素在回答我们不能证明不存在"上帝"的反对意见时，指出我们也不能证明在绕火星的轨道上没有茶壶——但是，这并不意味着我们有丝毫理由去相信有茶壶。

然而，"没找到证据并不等于没有"是一条影响深刻且重大的真理。在英美法律体系中，刑事陪审团裁定被告无罪，而不是"无辜"。因为没有充足的犯罪证据不等同于完全没有犯罪证据。这个原则在人类长久的思想史观中生动地呈现出来。数千年来，始终没有直接的证据证明原子的存在。事实上，在新思想最早被提出来的时候，没有证据表明它的存在，也许是它的本质特征。或者，至少除了已有的解释采用过的证据外没有更多可以采用的了。[想想哥白尼的太阳系模型解释行星的运动并不比第谷·布拉赫的准确。]诚然，如果你认真实验，却毫无发现，你会更倾向于认为这个想法不会实现。这样，想法就可以被排除：如果有理论预测会在一定能量范围内发现一种粒子，而经过反复的努力后没有发现，那么这个理论很可能是错误的。然而，即使是在科学中，也很少能这样明确地否定一个想法。

甚至，往往没有明确支持一个想法的证据。一方面，存在的一些证据都是已经根据某种理论（通常是各种理论）构建并整理过的，就像混杂在大型强子对撞机中一样。"证据"并不能提供稳固、不变和绝对可靠的基础让各种想法可以竞相发挥。事实上，正如生物学家斯图尔特·法尔斯坦指出的那样："所有科学家都知道眼前的事实是不可靠的。在下一代科学家使用新一代工具的情况下现在没有论据是牢靠的。已知的永远都不安全；永远都不够充分。"[17]另一方面，同时还有其他相互抵触的想法，令人惊讶的是，你能轻易地将现有的证据任意拼凑去支持你想要的任意想法。这并不是对科学的可靠性的怀疑，而是科学史发展的真实写照。[这并不意味着在公共卫生和其他领域我们不应该力求"循证"原则，但我们应该关注是谁收集的证据，按照什么指导原则（即存在什么隐含的偏见），以及是否有数据本可以作为证据却又被忽视了。]

就这一点而言，理查德·霍耶尔明确了科学探究与间谍工作之间的相似之处，他指出："无论有多少信息与给定的假设相匹配，都不能证明这一假设是真实的，因为相同的信息可能可支持一个或多个其他假设……有了充足的相一致的证据，可以很容易做出任意合理的假设。"[18]

所以，我们最好尽量悬搁对于任何特定的合理假设的信任。

水疗法

不过，我们无疑可以排除一些谬论，对吧？拿顺势疗法来说。我们知道其中并没有什么玄虚。顺势疗法的药剂制备方法是将草药提取物溶解在水中，并对其进行"摇动"（说白了，就是振荡）。然后，再次用水稀释和摇动，接着一次又一次……直到液体最终稀释到极有可能连一个活性成分的分子都不存在的程度。在这种情况下，顺势疗法的临床疗效除了安慰剂效应，必然再无其他作用了。当然，众所周知安慰剂效应作用强大而神秘。但是此外，顺势疗法是荒谬、愚昧的代名词，就像所有其他"非传统"医师一样，他们阻碍了人们就医的机会，有时是非常危险的。

没错。但是，正如拥有物理学博士学位的科学作家迈克尔·布鲁克斯（Michael Brooks）所指出的，我们对水本身仍然了解不多。"我们对液体知之甚少"，布鲁克斯说，而"水是一种特别奇怪的液体"。[19]我们都知道的水的怪异特征（包括冰比液态水的密度小，冰会漂浮在水面上）也许是地球上有生命的首要原因。水分子可以以我们意想不到的几何形态聚集（例如，规则的二十面体）；可以形成"珠"和"链"。在微观层面，一定量的水根本就不是以我们想象的单一状态排列的。即使是在分子水平上对水分蒸发的理解直到最近也都还是谜。[20] 如果你承认水的取向附生（布鲁克斯解释说，这是一个著名的现象，指的是结构信息从一种材料传递到另一种），那么照此推测，顺势疗法所说的水可以保留曾经溶解在其中的东西的"记忆"就可以实现。（正是物质的分子结构决定了其一般性质。）[21]

然而，如果顺势疗法制剂不进行反复稀释，或许疗效更好。布鲁克斯描述了一些关于数学增强型支序分类学（生物有机体的分类哲学）的有趣研究，研究表明和顺势疗法制剂组合在一起用以治疗特定的身体系统的药物实际上具有相似的化学性质。"这意味着，"布鲁克斯写道，"稀释和摇动……不仅仅是浪费时间，而且是顺势疗法所存在问题的根源。如果它的疗效是化学方面的，就没有必要反复稀释，在液体中刻录分子结构。"[22] 毕竟，从植物中提取的经验证的药物在医学上是完全可靠的。阿司匹林（提取自柳树的树皮）就是范例，大制药公司一直都在做这件事情。

19世纪，英国医生理查德·休斯（Richard Hughes）曾是《英国顺势疗法学会年鉴》（Annals of the British Homeopathic Society）的编辑，他呼吁减少对植物提取物的稀释，造成轩然大波，引来其他医生的强烈反对。在他死后，他的名字从顺势疗法的官方历史上抹去。[23] 因此，也许顺势疗法的真正问题是它的拥护者一直维护的正统，限制了其治疗的有效性。从社会学的角度说，（如果证明属实的话，）顺势疗法的问题在于没了稀释和摇动，顺势疗法就不再是一个独立的"思想"了。所有精心设计的流程和合理性都成了无谓的徒劳，"顺势疗法"又回归研究自然物质药性的悠久传统。

毕竟，顺势疗法可能是一种黑匣子式的思想（也就是说，即便不知道其原理，也能正常运作），直到人们使用数学支序分类学才揭示其内在模式。这个例子所揭示的更为普遍的问题是，由于科学需要明确的因果解释，所以通常会对黑匣子产生误解。当有人提出一个现象，而没人能够理解背后的机制，比如获得性特征遗传或通过洗手减少病人死亡率，科学往往会拒之门外。部分原因是科学，就像马克斯·普朗克的老师，倾向于假设对于存在什么样的原因和力量都非常了解。而这些假设让它能够做出有用的预测，所以我们的飞机和电脑都按照我们的期望工作。

飞机上的黑匣子包含解开谜题的具体信息；相比之下，一个黑匣子式的想法核心是谜团，是必须相信的。这就是为什么从坏的黑匣子中找出好的黑匣子式的想法富有挑战性。公平地说，20 世纪坚决抵制拉马克学说的科学家认为他们有坚实的证据进行反驳——基因是固定命运的旧图景。但是，随着表观遗传学的发现，这一证据突然变得似乎不再牢靠，这为研究人员再次认真对待新生的拉马克学说提供了必要的机制。而且，这也在其他领域提出了问题。是否有可能某一天，研究者提出一个似乎合理的机制来解释鲁珀特·谢尔德雷克感兴趣的心理现象，比如宠物心灵感应呢？这听起来像是空想，但是历史一次又一次地告诉我们，绝对的信心是不可靠的。

斩断偏见

1998 年，印度政府开展了一次核弹试验，这对美国分析师来说是一个意外，因此成了"情报失察"的典型例子。理查德·霍耶尔说，这个失败可归因于对战略设想的高估以及对抗性战术指标的低估。在印度这个例子中，美国的战略设想是"印度新政府会因为担心美国的经济制裁而不会进行核武器实验"，而当时有效的"战术指标"则包括印度政府实际正在准备测试核武器的报道。[24] 令人惊讶的是，美国情报部门认定这些报道一定是假的，因为他们非常坚定地相信这不可能发生。同样地，亚里士多德抵制原子假说，因为他的战略假设（四个要素是不可分割的）不受德谟克利特关于面包的气味和水蒸发的具体论证的战术指标影响。亚里士多德作为这样一个在许多方面都有辉煌建树的思想家，他不想悬搁这个假设，让新的论点改变自己的想法。但是，悬搁教会我们即使是对看似稳固的战略假设也要悬置信任，避免掉入陷阱。

还有一个更好的消息。采取怀疑论者的悬搁的态度，不仅仅是为了避免被某些看似有说服力但却有缺陷的想法俘虏，它还让我们得以解脱，尽可能地成为最好的思考者。我们已经知道有很好的理由去拒绝有希望的想法。（在很多方面，第谷·布拉赫对哥白尼学说的抨击都是正确的。）但是，也有不好的理由，而且很多都是由我们的认知偏见驱动的，就是约亨·朗德在讨论商业策略时谈到的心理波动。我们经常容易受到可得性启发（认为先入为主的事件更常见）或证实偏差（仅考虑符合我们观点的观察结果）的束缚。并非所有这些偏见都是有问题的，而且正如我在其他地方所说的，它们的存在无疑不足以证明人类通常是"非理性的"。[25] 然而，它们会设置陷阱。

幸运的是，我们有很好的防御措施：悬搁本身。悬置信任可以避免我们过快的决断，在这种情况下怀疑额态度更具建设性和更有前景。一旦我们意识到有认知偏见的危险，我们就可以做出反应。理查兹·J. 霍耶尔也建议情报分析人员在审视不同的想法时，要认识到认知偏见并尽可能长久地悬搁判断。这样做，他写到，"我们就不会对自己认为了解的东西那么笃信"。[26] 这种信心的降低为新的视角开辟了空间。在和我们自己的认知偏见的战斗中，悬搁信任的能力可能是我们拥有的最好的武器。

在本书中，我们已经探讨了许多审视思想的方法，有老的也有新的。它们都依赖于保持悬搁的观念。这让我们有时间从其他可能更有成果的角度来看待一个想法，也许是重新发现其持久的力量。选取一个想法，看看它是否可能是一个黑匣子（拉马克学说）。看待一个想法，忘记它是真或假，考虑一下它可能的安慰剂效应（威廉·詹姆斯的情绪理论），或者它是否是必要的踏脚石，即使它是错的（暗能量）。探问一个想法是否被拒绝，不是因为它是愚蠢的，而是因为它会是一大助力（多语言计算机程序设计）。认真关注最不可笑的选择（泛心论）。发现我们所知自己不了解的，以刺激好奇心。放弃常识，逆市下注。换个角度审视看似简单有效的东西。对于当前的思考从明天的角度找到启发性的视角。悬搁信任是发现和重新发现的强大引擎。

结语 回到未来

> 将来总有一天，思想之光和不懈的钻研会为我们揭示出现在还隐藏着的奥秘……将来总有一天，我们的后人会惊叹为何我们对那么一目了然的道理视若无睹。
>
> ——**塞内卡**（Seneca）

我们的文化沉迷于对过往战争的各种叙述和对已消亡社会的一些戏剧性描写，却很少注意人类历史上在思想领域所做出的艰辛努力。而一种文化如果认为过去无关紧要，那么在这一文化中发明创造就可能会停滞。最强大的创新者是那些了解历史的人，比如埃隆·马斯克和伊莎贝尔·曼苏伊。我们需要 CRISPR 和 Twitter，也需要格雷丝·霍珀和皮洛（Pyrrho）。这本书对人类思想的循环演变过程拍出了高度选择性的快照；综合考虑，快照上的图景强烈地暗示，尽管我们现在已经取得了不少成就，有了表观遗传学、安慰剂效应和社会红利这样的思想，解决许多其他问题的新方法可能仍然安睡在我们已经走过的路上，等待各自的时刻，等待我们通过再思考重新发现它们。

乔治·桑塔亚那（George Santayana）说过，"那些忘记了过去的人注定会重复它"——而忘记了人类的思想史也是一样。举个例子，21 世纪伟大的新无神论运动中的所有争论点中，几乎没有哪个会让中世纪僧侣们感到新奇陌生，因为中世纪僧侣们那时展开了同样的争论，而且他们争论的层面更为周密、更富人性化。无知的重复不会给我们带来进步。苹果电脑过去有个口号，叫作"另辟蹊径"；完成这一任务的有效方式是去有意识地重新审视一些旧的思路，比如电动车或者拉马克遗传。我们的社会崇拜原创性，可原创性被高估了。（如果在本书中我偶然提出了什么新的想法，你接受这些想法之前应该对之进行探究。）某人有了自己的想法，如果有人指出，这个想法以前有人已经有过，该人不应为此感到羞耻。相反，他应该满心欢喜！也许那个想法可以进一步完善。

古代雅典政治家索伦（Solon）说过，现在不要说某个人幸福，要等他死了才能定论。因为到此已有很多遭到嘲弄的想法复活回归的例子，我们也许对他的说法做点儿改动：现在不要说某个人的想法是错的，要等到时间的尽头我们才能确知。如同现今并不像弗朗西斯·福山（Francis Fukuyama）1989年首次宣布的那样，是地缘政治的历史终结一样，当今时期也不是人类思想发展的历史终点。我们只不过是在经历着另一个错误加演变的历史阶段。真理，可能与巴黎一样，是一个移动的盛宴。但是，我们并不应因此而停止寻求真理，过去不应停止，将来也不应停止。

最后的前沿

2003年2月1日，"哥伦比亚"号航天飞机在距地球表面35英里（约56千米）的高度解体。一块隔热绝缘板松动脱落，在机翼上凿出了一个孔，从而使航天飞机再入大气层时所产生的高热气体进入了机体的内部。航天飞机的解体导致机上所有人员死亡，同时也终止了太空时代。或者当时看来好像是这样的。NASA取消了除国际空间站以外的所有的载人航天计划。有两年半的时间，没有发射任何航天飞机，而且那之后的发射频度也慢了，直到该计划最终取消。航天飞机的最后一次飞行任务由"亚特兰蒂斯"号于 2011 年完成。因为在地球这个家园中战争、饥荒、和全球变暖这些问题依然没有解决，有个观点在过去十年中逐步变得越来越主流：太空探索过于异想天开，过于昂贵，对我们解决真正的问题造成了干扰。似乎很明显，我们应该首先理清在地球家园中与人类生存有关的各种问题，之后才该在空间探索上花费数十亿美元，到漆黑的空虚中飞翔，以期找到有趣的东西。我们仍会派出探测器和着陆器，还会把遥控机器人送上了火星，但是把人送到低地球轨道之外似乎又成了不可思议的科幻故事。如果某一天你偶然抬头看着月亮，想到人类曾经实实在在地飞到了那里并漫步其上，整个事情感觉就是个惊人的奇迹，就像是只有古代英雄才能完成的荷马史诗般的壮举。

　　空间探索成为有关人类未来的范式远景已有远远超过一个世纪的时间了。然而，每个实际的太空任务都是一个古老的想法，而这并不仅仅因为这些任务的规划可能要花费十年或更长的时间。现代火箭的基本原理包含在已知的第一台蒸汽动力的机器汽转球（aeolipile）中，而汽转球是亚历山大港的希罗（Hero of Alexandria）于公元前一世纪发明的。（加热一个装有水的球体，使蒸汽从球上相反侧的两个管子喷出，从而使球体旋转。）而且远在这些成为可能之前很久，作家们就描写了载人的太空航行以及机器独自行进到更远的地方。公元二世纪，希腊讽刺作家萨摩萨塔的卢西安（Lucian of Samosata）描写了到月球的旅程。（月亮上原来住着三头秃鹫和一种半是女人半是葡萄藤的生物。）到了现代，流行科幻作品影响同时也反映了当代科学中的各种思想。现在已经有了真正的物理学，探讨时间机器问题；同时宇宙学家劳伦斯·克劳斯（Lawrence M. Krauss）的名作《星际迷航之物理学》（*The Physics of Star Trek*）也导引了一个成长中的流派，审视瞬时远距移送或者快过光速的时空翘曲驱动这些想法的现实可能性。但是在航天飞机的职业生涯行将结束之际，当航天飞机看起来已经开始更像一种通向低地球轨道、有着光荣历史的史丹顿岛渡轮（Staten Island Ferry），而不再被想成是《星际迷航》中的"企业"号星舰的前身时，流行的科幻作品就变得内向化、虚拟化，或哲学化了。其模式成就了《矩阵》(The Matrix) 和《初始》(Inception)，而不是《2001：太空漫游》(2001: A Space Odyssey)。

太空旅行有其固有的危险性。在太空这一恶劣的真空条件下，旅行者必须随身带自己的大气和环境，全都裹在一层薄薄的金属中。可仍然有些人认为这一切是值得的。一批航天支持者作家一直保持着他们的信仰，他们写出了那种有关不远未来的硬科幻小说，描绘人类如何继续探索星空。有时这种故事的基础是有关 NASA 在过去几十年发展的另类历史。小说家斯蒂芬·巴克斯特（Stephen Baxter）这两点都占了。巴克斯特在航天工程方面受过培训，他曾经透露威尔斯（H.G. Wells）对他的作品影响巨大；确实，他甚至为《时间机器》(The Time Machine) 写过一本"授权"续集。[即使是科幻（SF），最具前瞻性的文学分支，也会回溯一些旧的想法，特别是在现实不能提供任何新的灵感的时候。]巴克斯特的一些作品有着神秘可怕的先见性：在他 1997 年的小说《泰坦》(Titan) 中有个震撼、可怕的片段，一个航天飞机在重返大气层时解体，不过故事中船员们逃出并生存了下来。那个航天飞机的名字是什么呢？"哥伦比亚"号。

然后一件意想不到的事情发生了——每人似乎都再次对太空感到兴奋不已。2014 年 8 月，欧洲航天局的"罗塞塔"号（Rosetta）飞行器成功地拦截了那个草草命名的彗星——67P/Churyumov-Gerasimenko。"罗塞塔"是一个 3000 公斤的飞行器，其太阳能电池板翼展 32 米；当时该飞行器追逐那个彗星的尾巴已有十年，其间四次获得了独立的重力助推，一次绕过火星获得投掷力，三次绕过地球获得掷出力，从而调整到与其目标物匹配的速度和运动方向。然后，11月12日，"罗塞塔"向那一彗星的表面发射了一个称为"菲莱"（Philae）的着陆器。那是个勇敢无畏的着陆器，洗衣机大小，反弹了两次，其间坚持发回一些照片，然后落到一个火山口壁的阴影中才休止，整个期间都有观察者们通过社交媒体屏住呼吸在观看。没有足够的阳光照射到其太阳能电池板上，其上的电池会在六十小时后耗尽。在这种情况下，"菲莱"还是发回了该项任务所计划的表面测量数据的80%，然后到11月15日午夜过后才中断了联系。它所做出的最重要的发现之一是，那个彗星上有像丙酮和甲醛这样的复杂有机分子；这一发现意味着，"构建生命的基石"在太阳系形成的早期就已存在。[1]

尽管着陆器碰到了困难，"罗塞塔"母船伴随该彗星沿其轨道绕太阳一直飞行到2015年，并在这期间分析了该彗星定期释放出的气流：研究结果说明，这些气流含有氧分子，显示氧在彗星形成时肯定也已存在。[2] 而且，让那些喜欢赋予机器人以人格的热心者所兴奋的是，"菲莱"最终再一次醒来。尽管其在该彗星上的位置不好，每天只能获得几分钟的日照，它还是慢慢为其电池冲了些电，并脱离了安全模式。

不幸的是，这只是一个短暂的复活，"菲莱"自7月9日起就又渺无音讯了。但此时另一艘航天器正取而代之，迅速获得公众的关注。NASA另一钢琴大小500公斤重的新视野探测器，当时已经在太阳系中飞行了九年，平均飞行速度超过每小时30000英里。7月14日，它飞到了冥王星及其卫星的位置，并首次发回了逼近这颗微小星球拍摄的一些惊人的特写镜头。大多数人过去都认为冥王星只是一个死寂的、受到过多次冲撞的雪球；可事实上，它却有着高耸的冰盖山脉，还有冰川活动，慢慢地在其表面刻画出山谷，这些都指向一个意外的结论，在该行星的核心有着一个内部热源。[3] 另外一个发现是，这个行星上有一层范围广泛、与大气层相似的"烟雾"，这层"烟雾"由烟灰状颗粒组成，使日间在其上方会出现蓝天。[4]

再思考

在这个 Twitter 的时代，在全球范围内人们对科学都充满了热情，这些也就成了重大的文化事件。[范吉利斯（Vangelis）受委托为"罗塞塔"任务的宣传片段谱写音乐，XKCD 漫画作家兰德尔·门罗（Randall Munroe）在菲莱登陆之日在他的网站上当场绘制了即时更新的漫画。]但也许最重要的事件，起码从对未来空间旅行影响的角度来看，则是另一个飞行器在地球表面上成功完成返回着陆。

不满足于彻底改变了电动车，埃隆·马斯克还有一家商业空间公司——SpaceX；该公司与 NASA 签约，向国际空间站运送物资，还与一些私营公司签约，为其发射卫星。[这是科幻小说在现实中为我们提供灵感的又一个例子：该公司的火箭称为"猎鹰"（Falcon），以向"星球大战"中的"千年猎鹰"（Millennium Falcon）表达敬意。]SpaceX 在洛杉矶的火箭工厂不按航天工业的传统做法行事，他们自己制作几乎所有组件，从发动机到电子零件，这样他们就能对设计快速进行修改或者彻底重做。（内包是新的外包。）[5] SpaceX 的火箭有过一些运作初期发生的问题——他们的一枚火箭于 2015 年夏天在执行国际空间站（ISS）补给任务时发生爆炸，经历了马斯克凝练地称之为"快速、非计划解体"的失败。（不可避免，有些相信大地是个平面的人士，会把这当成证据，宣称火箭撞上了覆盖我们这一碟形行星的那一无法穿透的穹顶。）但是到了 12 月份，他们在卡纳维拉尔角（Cape Canaveral）发射了一枚经改进的"猎鹰 9"火箭，成功地将 9 颗通信卫星部署到了预定轨道。然后，其主级助推器，一个十五层楼大小的物体，完成了非测试性火箭从未做过的任务。将其负荷发射出去后，主级火箭在每小时 3000 英里的速度上，尖声做了一个 U 形转弯，燃烧中返回穿过地球上的大气层，并准确地在其起飞的位置上着陆，靠着自己喷出的火热尾气缓缓下降，最后落定在其可收放的腿架上。十天后，马斯克在网上贴出了一张那枚火箭的图片："'猎鹰 9'回到了卡纳维拉尔角的机库中。没有发现任何损伤，已可用于再次发射。"所以这是航天飞机之后第一个可重复使用的可入轨太空飞行器。并且,能够重复使用硬件会让航天飞行变得更具成本效益。成本效益能增加多少呢?马斯克解释说:"这种方法的成本只有其他方法成本的百分之一不到。""这会使一切都大不相同。这绝对是根本性的进步。而且我认为这一技术大大地增强了我的信心,在火星上建设一座城市是可能的。你知道,那就是所有这一切的核心。"[6]

等等,一个火星上的城市?是的,突然之间,老旧的、太空时代的梦想又变得鲜活起来了,而且出资者是一个意志坚定的亿万富豪。又一次,新近出现的一种迷人的魅力罩上了那种敢做、敢闯的实干精神,而这种精神正来自20世纪下半叶科幻小说的上一个黄金年代,那时候这种精神颇为常见。这些都通过一些电影在公众意识中得到了反映;这些电影有"星际"系列、《地心引力》,特别还有雷德利·斯科特的《火星救援》,在这部电影中,科学与工程,像演员马特·达蒙(Matt Damon)一样,都是英雄。eBay 的共同创始人彼得·蒂尔对埃隆·马斯克的传记作家说道:"把人送上火星这一目标远比别人提出的那些要在太空中完成的事情更能激发干劲儿。""一切都是因为这种回到未来的想法。太空计划一直在缩小,人们已经不再像20世纪70年代初期那样对未来抱有乐观的愿景。SpaceX 取得的成就显示,有办法去找回那种未来。艾伦正在做的事很有价值。"[7]

但是,对于埃隆·马斯克来讲,前往火星并非仅仅为了让幻想成真。追寻这一目标是要保全人类。只要人类仅存在十一个星球之上,我们就是脆弱的。即使我们可以避免全球变暖所能造成的最严重的后果——为此马斯克本人正在努力通过特斯拉电动车公司和 SolarCity 太阳能公司帮助完成——人类仍可能因为一颗小行星而灭绝,六千六百万年以前灭绝了恐龙的那颗直径只有十公里的小行星就能灭绝我们。在另一个星球上有块殖民地就像是有了保险:这关系到人类的生存力。正如 SpaceX 总裁兼首席运营官格温·萧特维尔(Gwynne Shotwell)所说的:"如果你讨厌人,认为人类灭绝没有什么大不了的，那就随你吧。你不用探索太空。如果你觉得人类做些风险管理、找到第二个可以前往生活的地方是值得的，那么你就应该专注于这个问题，并情愿为之花费一些钱财。"[8]

小行星可能撞击地球造成大规模生物灭绝，这种前景也提供了动力，促使我们为核武器这种老旧技术找到新的应用。至此，核武器还没有毁灭人类——我们知道，部分功劳归于核战略家们的努力——而且核武器最终甚至可能拯救人类。如果我们探测到，有块太空岩石处于会与地球相撞的轨道上，那时发送一个带有核弹头的航天器对其进行拦截应该是一个很好的主意。像在世界末日里那样，让布鲁斯·威利斯（Bruce Willis）去挖出一条隧道进入到小行星内部并将其炸毁则不是好主意。炸毁一颗小行星是个非常糟糕的想法，因为那许多爆炸形成的岩块将继续前行撞向地球并像雨点儿一样落下，造成灾难。相反，像 NASA 解释的那样，在小行星之上完成一次爆炸，其所释放的中子，会照射到小行星表面的一个区域，将其吹掉，这一过程会给小行星余下的部分施加一个轻微的反冲力，从而改变其速度，使之最终正好飞过地球而不与之发生碰撞。"诀窍是要将小行星轻轻地推开，让其不会伤害到地球，而不是要将其炸毁。"[9] 俄罗斯火箭科学家们想要将洲际弹道导弹（ICBMs）升级，以便使它们可以成为运载工具，帮助对杀手小行星进行打击以拯救人类，他们还提议在称为阿波菲斯（Apophis）的小行星上对他们的方法进行测试，该小行星会于 2036 年以令人担忧的近距离飞过地球[10]。

与此同时，欧盟领导的 Neoshield-2 项目是一个由科学机构和航天公司组成的全球性联盟，他们目前正在研究以"航天器作为高速动力冲击器"撞击小行星使其改变航向的可能性；还有研究"定向能行星防御"的 DE-STAR 项目，该项目由加州大学圣巴巴拉分校的实验宇宙学小组管理，他们正在研究如何使用天基激光器烧掉小行星表面的一部分，从而改变其轨迹。[11] 越来越多的政府和科学机构开始认为小行星撞击地球其实是一个值得严肃对待的风险。可能杀死地球上每个人的小行星将来的个时候一定会飞向我们，唯一的问题是具体什么时候发生。如果将来很久才会发生，我们到时候可以很容易使用机器人和激光进行处理。如果比那快些，我们也许最终有理由对人类发明了核武器而感到非常高兴。

2015 年夏天，俄罗斯投资者和前物理学家尤里·米尔纳（Yuri Milner）一亿美元的捐赠，使一个以太空为基础的想法重新变得引人瞩目。该项目的内容是，扫描天空，在太空中找寻存在其他文明的证据。米尔纳的突破性侦听（Breakthrough Listen）项目为以 SETI（Search for Extra Terrestrial Intelligence，搜寻地外文明计划）为中心、热心搜寻外星智能的社群增添了不少活力。为什么现在这么做呢？米尔纳说道："20 世纪 60 年代，弗兰克·德瑞克（Frank Drake）做了 SETI 这一开创性工作，项目的部分资助持续到了 80 年代。""之后，那个想法似乎消失了。现在有几件事情变了，这些改变最后会使我们将来能够在一天的时间里处理目前需要一年才能处理完成的数据量。我们现在确切地知道，银河系中存在可能孕育生命的星系，有几十亿个。过去，难以获得使用望远镜的时间，但现在私人项目也有机会购买使用望远镜的时间。最后还有摩尔定律：我们可以设计出一个后端基础构架，获得以比过去更快的速度处理大量的数据的能力。我们要将硅谷最强的计算能力与科学所能提出的最好方法结合起来。"米尔纳个人认为，在浩瀚的宇宙之中，人类并非唯一。"如果我们真是独一无二的，那么就有人多的地产资源被浪费了。"[12]

追梦

2016 年，NASA 选择了一个新的航天飞机为国际空间站供货，该航天飞机本身历史复杂，就像一个寓言故事一样值得我们反思。这一新的太空飞船船体美丽，翼尖儿向上翘起；该形状基本上就是一种旧的苏联设计；苏联的那种飞船称为 BOR，于 20 世纪 60 年代首飞。它比美国人那时候所拥有的一切都更为先进。1982 年，一架 BOR 系列飞船溅落在印度洋上，当时有一架正在飞越的澳大利亚的间谍飞机对其进行了拍摄。拍到的照片后来传给了美国中情局兰利总部，那里的工程师再造了照片中的设计，在风洞中进行了测试，最终对该设计的空气动力学性能有了很深的印象。NASA 本来计划自己建造一艘那样的航天飞机，补足当时美国新建的航天飞机，但他们从未真的那样做。可是最终，NASA 依照那一旧式苏联航天器进行重新设计的结果，为建造新太空船的工程师们提供了直接的灵感。[13] 而那艘新飞船的名字是什么？追梦者！

所以成了这样，在 21 世纪的第二个十年里，现实又开始追赶虚幻的梦想了。俄罗斯宣布了新的载人航天任务，其他大国也努力在月球背面着陆一个探测器。[14] 2015 年底，在 SpaceX 之后，NASA 发表了一个令人瞩目的路径图，打算将人送到红色星球之上。其中，该机构听起来比以往任何时候都更充满信心："NASA 正在领导我们的国家和我们的世界启动前往火星的旅程。与阿波罗计划相同，我们为了全人类而启动这一旅程……我们正在开发所需的各种能力，使我们能够到达、着陆，然后在那里生活。"[15]

在地球之上，我们其实境况并非理想。也许我们中有几个总是盯着星星的人，这并不是一件坏事儿。

致　谢

这本书在很大程度上要感谢乔恩·埃莱克（Jon Elek）、哈里·斯考伯（Harry Scoble）、丹尼尔·洛德尔（Daniel Loedel）和斯凯勒·W. 亨德森（Schuyler W. Henderson）的建议。感谢伊莎贝尔·曼苏伊、约亨·朗德、安德鲁·彭岑、盖伦·史卓森、鲁珀特·谢尔德雷克、保罗·弗莱彻、芭芭拉·雅各布森、马斯·坎嫩、吕西安·琼斯（Lucien Jones），以及大英图书馆的工作人员。特别要感谢依奇·曼特（Izzy Mant），我理想的读者。

参考文献

Abrahams, Marc, *This Is Improbable*(London, 2014)

Adamson, Peter, *Philosophy in the Hellenistic and Roman Worlds* (Oxford, 2015)

Albats, Yevgenia, trans. Catherine A. Fitzpatrick, *KGB*：*State Within a State* (London, 1995)

Allan, Tony, *Virtual Water*(London, 2011)

Anderson, Curtis Darrel & Anderson, Judy, *Electric and Hybrid Cars:A History* (London, 2005)

Andrew, Christopher & Mitrokhin, Vasili, *The Mitrokhin Archive*：*The KGB in Europe and the West* (London, 1999)

Aubrey, John, ed. Andrew Clark, *Brief Lives*：*Chiefly of Contemporaries* (Oxford, 1898)

Ayres, Ian, *Super Crunchers* (London, 2007)

Bacon, Francis, trans. R. Ellis & James Spedding, *Novum Organum*(New York, 1905)

Ball, Philip, *Curiosity*：*How Science Became Interested in Everything*(London, 2012)

——, *The Devil's Doctor* (London, 2006)

Benedetti, Fabrizio, *Placebo Effects*：*Understanding the Mechanisms in Health and Disease*(Oxford, 2009)

Beyer, Kurt, *Grace Hopper and the Invention of the Information Age*(London, 2009)

Bobbitt, Malcolm, *Taxi! The Story of the London Taxicab*(London, 1998)

Bohr, Niels, *Atomic Physics and Human Knowledge*(New York, 1958)

Brent, Joseph, *Charles Sanders Peirce*：*A Life*(Bloomington, 1998)

Brooks, Michael, *13 Things That Don't Make Sense*(London, 2009)

——, At the Edge of Uncertainty (London, 2014)

Burger, Edward B. & Starbird, Michael, *The 5 Elements of Effective Thinking* (Princeton, 2012)

Burns, David D., *Feeling Good*：*The New Mood Therapy*(Kindle edn, 2012)

——, *The Feeling Good Handbook*(New York, 1999)

Capri, Anton Z., *Quips, Quotes, and Quanta*：*An Anecdotal History of Physics* (London, 2011)

Chaucer, Geoffrey, ed. Larry D. Benson, *The Riverside Chaucer*(1987; Oxford, 2008)

Chomsky, Noam, *Language and Problems of Knowledge*(Cambridge, Mass., 1988)

Coué, Emile, *Self-mastery through Conscious Autosuggestion*(1920; New York, 2007)

Crick, Francis, *Of Molecules and Men*(1966; Seattle, 1967)

Dawkins, Richard, *The Extended Phenotype*(Oxford, 1982)

Diogenes Laertius, ed. R. D. Hicks, *Lives of Eminent Philosophers*(Cambridge, Mass., 1925; 1972)

Dyson, Freeman J., *Disturbing the Universe*(New York, 1979)

Eddington, Arthur S., ed. H. G. Callaway, *The Nature of the Physical World* (1928; Newcastle, 2014)

Edgerton, David, *The Shock of the Old: Technology and Global History since 1900*(2007; Oxford, 2011)

Ensmenger, Nathan, *The Computer Boys Take Over*(Cambridge, Mass., 2010)

Epictetus, trans. P. E. Matheson, *Discourses Books 1 & 2*(New York, 2004)

Epstein, Edward Jay, *Deception: The Invisible War between the KGB and CIA*(New York, 1989)

Feyerabend, Paul, *Against Method*, 4th edn (1988; London, 2010)

——, *Farewell to Reason*(London, 1987)

Firestein, Stuart, *Ignorance: How It Drives Science*(Oxford, 2012)

Freedman, Lawrence, *Strategy: A History*(2013; Oxford, 2015)

Freud, Sigmund, trans. Anthea Bell, *A Case of Hysteria (Dora)*: (Oxford, 2013)

Galton, Francis, *Inquiries into Human Faculty and Its Development*, 2nd edn (1907; Public Domain/Kindle)

Golitsyn, Anatoliy, *New Lies for Old: The Communist Strategy of Deception and Disinformation*(London, 1984)

Gould, Stephen Jay, *Ontogeny and Phylogeny*(London, 1977)

Graeber, David, The Utopia of Rules (London, 2015)

Grant, Edward, *Planets, Stars, and Orbs: The Medieval Cosmos, 1200–1687* (Cambridge, 1996)

Grof, Stanislav & Halifax, Joan, *The Human Encounter with Death*(New York, 1977)

Habermas, Jürgen, *The Future of Human Nature*(Oxford, 2003)

Harris, Sam, *Free Will*(New York, 2012)

Hawthorne,John,*Metaphysical Essays*(Oxford, 2006)

Heath, Chip & Heath, Dan, *Made to Stick: Why Some Ideas Take Hold and Others Come Unstuck*(London, 2007)

Helmholtz, Hermann von, ed. James P. C. Southall, *Helmholtz's Treatise on Physiological Optics*(New York, 1925)

——, ed. David Cahan, *Science and Culture: Popular and Philosophical Essays*(Chicago, 1995)

——, trans. E. Atkinson, *Popular Lectures on Scientific Subjects, Vol II*(1895; London, 1996)

——, trans. Alexander Ellis, *On the Sensations of Tone as a Physiological Basis for the Theory of*

Music(1875; Bristol, 1998)

Heuer, Richards J., *Psychology of Intelligence Analysis*(Virginia, 1999)

Holton, Gerald, *The Scientific Imagination*(1978; Cambridge, Mass., 1998)

Hoyle, Fred, *Home is Where the Wind Blows*(Mill Valley, Calif., 1994)

——, *The Nature of the Universe*(Oxford, 1960)

James, William, ed. Giles Gunn, *Pragmatism and Other Writings*(London, 2000)

Johnson, Scott C., *Ghost in the Cell*(Matter, 2013)

Jones, Lucien, *The Transparent Head*(Cambridge, 2007)

Keen, Andrew, *The Internet Is Not the Answer*(London, 2015)

Kerr, Margee, *Scream*(New York, 2015)

Keynes, John Maynard, *The General Theory of Employment, Interest and Money*(1936; New Delhi, 2008)

Kirk, Robert G. W. & Pemberton, Neil, *Leech*(Chicago, 2013)

Kondo, Marie, trans. Cathy Hirano, *The Life-Changing Magic of Tidying* (London, 2014)

Koyré, Alexandre, *From the Closed World to the Infinite Universe*(1957; Baltimore, 1968)

Kuhn, Thomas S., *The Structure of Scientific Revolutions*(1962; Chicago, 2012)

Lederman, Leon, *The God Particle*(London, 1993)

Levitt, Steven D. & Dubner, Stephen J., *Think Like a Freak*(London, 2014)

Levmore, Saul & Nussbaum, Martha C. (eds),*The Offensive Internet* (Cambridge, Mass., 2010)

Lewis, David, *On the Plurality of Worlds*(1986; Oxford, 2001)

Lightman, Alan P., *The Discoveries*: *Great Breakthroughs in Twentieth Century Science*(Toronto, 2005)

Livio, Mario, *Brilliant Blunders*(New York, 2013)

MacIntyre, Alasdair,*After Virtue*: *A Study in Moral Theory*(1981; London, 2011)

MacKellar, Calum & Bechtel, Christopher (eds), *The Ethics of the New Eugenics*(New York, 2014)

Malthus, Thomas Robert, *Population*: *The First Essay*(1798; Ann Arbor, 1959)

Marcuse, Herbert, *One-Dimensional Man*(1964; London, 1991)

Meulders, Michel, *Helmholtz*: *From Enlightenment to Neuroscience* (Cambridge, Mass., 2010)

Montaigne, Michel de, trans. M. A. Screech, *The Complete Essays*(London, 2003)

Morozov, Evgeny, *To Save Everything, Click Here*(2013; New York, 2014)

Mount, Ferdinand, *Full Circle*: *How the Classical World Came Back to Us* (2010; London, 2011)

Nagel, Thomas, *Mind and Cosmos*(Oxford, 2012)

Nietzsche, Friedrich, trans. Helen Zimmern, *Beyond Good and Evil*, in Manuel Komroff (ed.), *The Works of Friedrich Nietzsche*(New York, 1931)

Petersen, William, *Malthus*(London, 1979)

Plato, *Timaeus*, in Desmond Lee (ed.), *Plato*: *Timaeus and Critias*(London, 1977)

——, *Charmides*, in Robin Waterfield (ed.), *Plato: Meno and Other Dialogues*(Oxford, 2005)

Poole, Steven, *Unspeak*(London, 2007)

Quiggin, John, *Zombie Economics: How Dead Ideas Still Walk Among Us* (Princeton, 2010)

Ridley, Matt, *The Evolution of Everything*(London, 2015)

Robertson, Donald, *The Philosophy of Cognitive-Behavioural Therapy* (London, 2010)

Schelling, Thomas C., *Arms and Influence*(1966; Cambridge, Mass., 1977)

Schmidt, Eric & Rosenberg, Jonathan, *How Google Works*(London, 2014)

Schopenhauer, Arthur, trans. E. F. J. Payne, *The World as Will and Representation*(1881; New York, 1969)

Schrödinger, Erwin, *What Is Life?*(Cambridge, 1944)

Scruton, Roger, *The Uses of Pessimism* (Oxford, 2010)

Searle, John R., *Mind: A Brief Introduction*(Oxford, 2004)

Sheldrake, Rupert, *A New Science of Life*(London, 2009)

——, *The Science Delusion*(London, 2012)

Skrbina, David, *Panpsychism in the West*(Cambridge, Mass., 2005)

Smith, Andrew F., *The Oxford Companion to American Food and Drink* (Oxford, 2007)

Smith, Jon Maynard, 'The Concept of Information in Biology', in Paul Davies & Niels Henrik Gregersen (eds), *Information and the Nature of Reality*(2010; Cambridge, 2014)

Stanton, Doug, *Horse Soldiers: The Extraordinary Story of a Band of US Soldiers Who Rode to Victory in Afghanistan*(New York, 2009)

Stiglitz, Joseph, *The Great Divide*(New York, 2015)

Strawson, Galen et al., ed. Anthony Freeman, *Consciousness and its Place in Nature*(Exeter, 2006)

Sun Tzu, trans. Lionel Giles, *The Art of War*(1910; Kindle edn)

Tett, Gillian, *The Silo Effect*(London, 2015)

Unger, Peter, *Empty Ideas*(Oxford, 2014)

Vance, Ashlee, *Elon Musk: How the Billionaire CEO of SpaceX and Tesla Is Shaping Our Future*(London, 2015)

Weinberg, Gerald M., *The Psychology of Computer Programming*(1971; New York, 1998)

Weinberg, Steven, *To Explain the World: The Discovery of Modern Science* (London, 2015)

Weismann, August, trans. J. Arthur & Margaret R. Thomson, *The Evolution Theory*(2 Vols., London, 1904)

Wilczek, Frank, *A Beautiful Question: Finding Nature's Deep Design* (London, 2015)

——, *The Lightness of Being*(New York, 2009)

Wiseman, Richard, *The As If Principle*(London, 2012)

Wolstenholme, Gordon (ed.), *Man and His Future*(1963; London, 1967)

Wootton, David, *The Invention of Science*(London, 2015)

注释

引言　重新发现的时代

1. Anderson & Anderson, 27–30.
2. Bobbitt, 7–20.
3. Vance, 316.
4. Tad Friend, 'Plugged In', New Yorker, 24 August 2009.
5. Vance, 312.
6. Joe Wiesenthal, 'The Tesla Model S Just Got the Best Safety Rating of any Car in History', *Business Insider*, 20 August 2013.
7. Keen, 92.
8. Andrew Smith, 'Meet Tech Billionaire and Real-life Iron Man Elon Musk', *Telegraph*, 4 January 2014.
9. Feyerabend (1988), 116.
10. Richard Conniff, 'Alchemy May Not Have Been the Pseudoscience We All Thought It Was', *Smithsonian Magazine*, February 2014.
11. 'Recreating Alchemical and Other Ancient Recipes Shows Scientists of Old Were Quite Clever', American Chemical Society, 5 August 2015.
12. 'When Woman Is Boss', *Collier's*, 30 January 1926.
13. Helmholtz (1895), 228.
14. This passage does not occur in James's 1896 lecture 'The Will to Believe', to which it is usually credited.

第 1 章　源自古老构思的意外创意

1. Freedman, 129–30.

2. John Colapinto, 'Bloodsuckers', *New Yorker*, 25 July 2005.
3. Ibid.
4. M. Derganc & F. Zdravic, 'Venous Congestion of Flaps Treated by Application of Leeches', *British Journal of Plastic Surgery*, vol. 13 (July 1960), 187–92.
5. Kirk & Pemberton, 166–8.
6. Lawrence K. Altman, 'The Doctor's World; Leeches Still Have Their Medical Uses', *New York Times*, 17 February 1981.
7. 'FDA Approves Leeches as Medical Devices', Associated Press, 28 June 2004.
8. Mohamed Shiffa et al., 'Comparative Clinical Evaluation of Leech Therapy in the Treatment of Knee Osteoarthritis', *European Journal of Integrative Medicine*, vol. 5, no. 3 (June 2013), 261–9.
9. Andreas Michalsen et al., 'Effectiveness of Leech Therapy in Osteoarthritis of the Knee: A Randomized Controlled Trial', *Annals of Internal Medicine*, 139 (2003), 724–30.
10. Colapinto, op. cit.
11. Coué, 40.
12. Robertson, 30.
13. Robertson, 8.
14. Robertson, 250.
15. Nietzsche, 9.

第2章 缺失的一块

1. Livio, 159.
2. Ken Rosenthal, 'US Men Czech Out, without Checking In', *Baltimore Sun*, 2 February 1998.
3. Rachel Alexander, 'Czech Republic Beats Russia for Gold', *Washington Post*, 23 February 1998.
4. John Henderson, 'Boy from the Black Sea: Vladimir Kramnik in Interview', *The Week In Chess*, 313 (6 November 2000).
5. Mark Crowther, 'Kramnik Takes Kasparov's World Title', *The Week In Chess*, 313 (6 November 2000).
6. Eric Schiller, *Learn from Kasparov's Greatest Games* (Las Vegas, 2005).
7. Garry Kasparov, 'Garry's Choice', *Chess Informant* 118 (November 2013).
8. See the excellent biographical and documentary resources of the website devoted to Lamarck by the Centre national de la recherche scientifique: lamarck.cnrs.fr.
9. Christoph Marty, 'Darwin, Cuvier and Lamarck', *Scientific American*, 12 February 2009.
10. Schrödinger, 41.
11. Livio, 53.
12. Cited in Gould, 156.
13. Robin Marantz Henig, 'How Depressed Is That Mouse?', *Scientific American*, 7 March 2012.
14. Johnson, 205.
15. Helen Thomson, 'Study of Holocaust Survivors Finds Trauma Passed on to Children's Genes', *Guardian*, 21 August 2015.

16. Weismann, vol. II, 107–12.
17. Freud, 97.
18. Dawkins, 164–5.
19. Ayres, 90–96.

第 3 章　游戏的改变者

1. Emma Jay, 'Viagra and Other Drugs Discovered by Accident', BBC, 20 January 2010.
2. Davin Hiskey, 'The Shocking Story behind Playdoh's Original Purpose', *Business Insider*, 21 September 2015.
3. Sun Tzu, IX 15.
4. Ibid., III 2.
5. Freedman, 51.
6. Ibid., 509.
7. Sun Tzu, III 18.
8. Bacon, 127.
9. Aubrey, 75.
10. Janet Maslin, 'The Inventor Who Put Frozen Peas on Our Tables', *New York Times*, 25 April 2012.
11. Smith, Andrew F., 51.

第 4 章　目的地是否已在触手可及处？

1. Diogenes, 36–8.
2. Lederman, 59.
3. Bohr, 13.
4. Kuhn, 133.
5. Weinberg, S. 13.
6. Bohr, 70.
7. Holton, 82.
8. Ball (2006), 10.
9. Ibid.
10. Shane Hickey, 'Are Britain's Foodies Ready to Eat Insects?', *Guardian*, 1 February 2015.
11. Ibid.
12. Marcel Dicke, 'Nordic Food Lab to Serve Insect Snacks at First Global Conference on Edible Insects', Nordic Food Lab press release, 15 May 2014.
13. grubkitchen.co.uk.
14. Emily Anthes, 'How Insects Could Feed the World', *Guardian*, 30 October 2014.
15. Ibid.
16. 'Ants and a Chimp Stick', Nordic Food Lab, 28 June 2013.
17. Anthes, op cit.
18. Emma Bryce, 'Foodies Unite：Insects Should Be More Food than Fad', *Guardian*, 20 May

2014.

19. *Edible Insects: Future Prospects for Food and Feed Security*, FAO Forestry Paper 171, Food and Agriculture Organization of the United Nations, 2013.

20. Beyer, 242.

21. Ibid., 264.

22. Ibid., 273.

23. Philip Schieber, 'The Wit and Wisdom of Grace Hopper', *OCLC Newsletter*, no. 167 (March/April, 1987).

24. Beyer, 301.

25. Weinberg, G., 111.

26. Ensmenger, 236.

27. Julia Carrie Wong, 'Women Considered better Coders – but Only if they Hide their Gender', *Guardian*, 12 February 2016.

第5章 太阳下的新事物

1. Chaucer, 385.

2. Quoted in Wootton, 75.

3. Ibid., 207.

4. Ibid., 345.

5. J. E. McGuire & P. M. Rattansi, 'Newton and the "Pipes of Pan"', *Notes and Records of the Royal Society of London*, vol. 21, no. 2 (December 1966), 108–43.

6. Wootton, 108-9.

7. Hugo Gernsback, 'The Isolator', *Science and Invention*, July 1925.

8. Thanks to Carl Cederström.

9. Freedman, 126.

10. Ibid., 129–31.

11. Ibid., 146.

12. Ibid.

13. Alexander J. Field, 'Schelling, von Neumann, and the Event That Didn't Occur', *Games* 5 (2014), 53–89.

14. Melissa Locker, 'Stephen Hawking Has Finally Weighed in on Zayn Malik Leaving One Direction', *Vanity Fair*, 26 April 2015.

15. Hoyle (1960), 119.

16. Pius XII, 'The Proofs for the Existence of God in the Light of Modern Natural Science', Address to the Pontifical Academy of Sciences, 22 November 1951.

17. Livio, 201, 211.

18. Andrei Linde, 'A Brief History of the Multiverse', arXiv: 1512.01203.

19. Wilczek (2009), 182.

20. George Ellis & Joe Silk, 'Scientific Method: Defend the Integrity of Physics', *Nature*, 16 December 2014.

21. Lewis, 2.
22. Ibid., 110.
23. Ibid., 2.
24. Ibid., 3.
25. Wilczek, 318–19.
26. New Books In Philosophy podcast, 'Margaret Morrison, "Reconstructing Reality: Models, Mathematics, and Simulations"', 15 July 2015.

第6章 结论尚待分晓

1. Kondo, 95.
2. Ibid., 96.
3. Ibid., 86.
4. Ibid., 90.
5. Ibid., 70.
6. Ibid., 102.
7. Lucretius, trans. Martin Ferguson Smith, De rerum natura (Indianapolis, 2001), cited by Catherine Wilson, 'Commentary on Galen Strawson', in Strawson et al., 177.
8. Galen Strawson, 'Real Naturalism', *London Review of Books*, 26 September 2013.
9. Galen Strawson, 'Consciousness Myth', *TLS*, 25 February 2015.
10. Eddington, 258.
11. Chomsky, 142.
12. David Graeber, 'What's the Point if We Can't Have Fun?', *The Baffler*, no. 24 (2014).
13. Strawson et al., 248.
14. Skrbina, 88.
15. Schrödinger, 87.
16. Simon Blackburn, 'Thomas Nagel: a Philosopher Who Confesses to Finding Things Bewildering', *New Statesman*, 8 November 2012.
17. Mark Vernon, 'The Most Despised Science Book of 2012 is . . . Worth Reading', *Guardian*, 4 January 2013.
18. MacIntyre, 65.
19. Nagel, 28.
20. Ibid., 52.
21. Ibid., 6–7.
22. Ibid., 92.
23. John Hawthorne & Daniel Nolan, 'What Would Teleological Causation Be?', in Hawthorne, 265–84.
24. Galen Strawson, Panpsychism? Reply to Commentators with a Celebration of Descartes', in Strawson et al., 184–5.
25. Schopenhauer, I xvii.
26. Malthus, 148–9.

27. Steven Poole, 'Why Are We So Obsessed with the Pursuit of Authenticity?', New Statesman, 7 March 2013.

第7章 当僵尸思想来袭

1. Wootton, 120.

2. enclosedworld.com

3. José Santiago, '36 Best Quotes from Davos 2016', World Economic Forum website, 23 January 2016.

4. Quiggin, 35.

5. Ibid., 64.

6. Ibid., 36.

7. Ibid., 168.

8. Firestein, 24.

9. Ibid., 24.

10. Edgerton, 156–7.

11. Amelia Gentleman, 'UK Firms Must Show Proof They Have No Links to Slave Labour under New Rules', *Guardian*, 28 October 2015.

12. Edgerton, 182.

13. Brad Bachtel et al., 'Polar Route Operations', *Aero* magazine (Boeing), QTR_04 2001.

14. Heath & Heath, 5.

15. Cass R. Sunstein, "Believing False Rumors", in Levmore & Nussbaum, 106.

16. 'Ukraine Health Officials Fear Big Polio Outbreak', BBC, 22 September 2015.

17. Daniel D'Addario, 'The Music World's Fake Illuminati', *Salon*, 24 January 2013.

18. Suzanne Goldenberg, 'Work of Prominent Climate Change Denier was Funded by Energy Industry', *Guardian*, 21 February 2015; Douglas Fischer, '"Dark Money" Funds Climate Change Denial Effort', *Scientific American*, 23 December 2013; etc.

19. Wilczek：2009：6.

20. Helmholtz (1895), 229.

21. Aileen Fyfe, 'Peer Review：Not as Old as You Might Think', *THES*, 25 June 2015.

22. John P. A. Ioannidis, 'An Epidemic of False Claims', *Scientific American*, 17 May 2011.

23. Ed Yong, 'Nobel Laureate Challenges Psychologists To Clean Up Their Act', *Nature*, 3 October 2012.

24. Gary Gutting, 'Psyching Us Out：The Promises of "Priming"', *New York Times*, 31 October 2013.

25. 'How Science Goes Wrong', *Economist*, 19 October 2013.

26. John P. A. Ioannidis, 'Why Most Published Research Findings Are False', *PLoS* 10.1371/journal.pmed.0020124, 30 August 2005.

27. Ben Goldacre, 'Scientists Are Hoarding Data and it's Ruining Medical Research', *Buzzfeed*, 23 July 2015.

28. 'How Science Goes Wrong', *Economist*, 19 October 2013.

29. John Colapinto, 'Material Question', *New Yorker*, 22 December 2014.
30. Kuhn, 150–1.
31. Joseph Nocera, 'The Heresy That Made Them Rich', *New York Times*, 29 October 2005.

第8章 学会犯错

1. Elizabeth Howell, '"Clever Editing" Warps Scientists' Words in New Geocentrism Film', *Live Science*, 15 April 2014.
2. 'Brahe Myths Are Disproved, but Secret Remains Buried', *Copenhagen Post*, 16 November 2012.
3. Wootton, 12–13.
4. Dennis Danielson & Christopher M. Graney, 'The Case against Copernicus', *Scientific American*, January 2014.
5. Danielson & Graney, op. cit.
6. Grant, 345.
7. Wootton, 193.
8. Kuhn, 79.
9. Bohr, 56.
10. *OED*.
11. Brooks (2009), 46–55.
12. John Maddox, 'A Book for Burning?', *Nature*, 24 September 1981.
13. Rupert Sheldrake, 'A New Science of Life', *New Scientist*, 18 June 1981.
14. D.J. Bem, 'Feeling the Future: Experimental Evidence for Anomalous Retroactive Influences on Cognition and Affect', *Journal of Personal and Social Psychology*, vol. 100, no. 3 (March 2011): 407–25.
15. Benedict Carey, 'Journal's Paper on ESP Expected to Prompt Outrage', *New York Times*, 5 January 2011.
16. Ned Potter, 'ESP Study Gets Published in Scientific Journal', ABC News, 6 January 2011.
17. Carey, op. cit.
18. Daryl Bem, Patrizio Tressoldi, Thomas Rabeyron & Michael Duggan, 'Feeling the Future: A Meta-analysis of 90 Experiments on the Anomalous Anticipation of Random Future Events', *F1000Research*, 4 (2015), 1188.
19. E.J. Wagenmakers, Bem is Back: A Skeptic's Review of a Meta-Analysis on Psi, Open Science Collaboration, 25 June 2014.
20. Edgerton, 210.
21. Crick, 99.
22. Gould, 96.
23. Ewen Callaway, 'Fearful Memories Haunt Mouse Descendants', *Nature*, 1 December 2013.
24. Scott F. Gilbert, John M. Opitz & Rudolf A. Raff, 'Resynthesizing Evolutionary and Developmental Biology', *Developmental Biology* 173 (1996), 357–72, 365.

25. Ibid., 366.
26. Ellen Larsen, 'Genes, Cell Behavior, and the Evolution of Form', in Gerd B. Müller & Stuart A. Newman (eds), *Origination of Organismal Form:Beyond the Gene in Developmental and Evolutionary Biology* (Cambridge, Mass., 2003), 125.
27. Marc Kirschner, John Gerhart and Tim Mitchison, 'Molecular "Vitalism"', *Cell*, vol. 100 (7 January 2000), pp. 79–88.
28. Timothy O'Connor & Hong Yu Wong, 'Emergent Properties', *Stanford Encyclopedia of Philosophy*(Summer 2015); Scott F. Gilbert & Sahotra Sarkar, 'Embracing Complexity: Organicism for the 21st Century', *Developmental Dynamics*, 219 (2000), 1–9.
29. Livio, 241.
30. Wilczek (2015), 318.
31. Lightman, 8.
32. Montaigne, 643.
33. Kuhn, 171.
34. Firestein, 15–16.
35. Ibid., 5.
36. Loewenstein, George, 'The Psychology of Curiosity: A Review and Reinterpretation', *Psychological Bulletin*vol. 116, no. 1 (1994), 87.
37. Ibid., 91.
38. Ibid., 94.
39. Feyerabend (1988), 157.
40. Ibid., 27.
41. Ibid., 116.

第9章 安慰剂效应

1. See Steven Poole, 'Your Brain on Pseudoscience: the Rise of Popular Neurobollocks', *New Statesman*, 6 September 2012.
2. Gabrielle Glaser, 'The Irrationality of Alcoholics Anonymous', *Atlantic*, April 2015.
3. Melissa Davey, 'Marc Lewis: the Neuroscientist Who Believes Addiction is not a Disease', *Guardian*, 30 August 2015.
4. Helmholtz (1875), 181.
5. Helmholtz (1925), III 4–5.
6. Cited in Brent, 72.
7. Capri 88.
8. Jo Marchant, 'Strong Placebo Response Thwarts Painkiller Trials', *Nature*, 6 October 2015.
9. Asbjørn Hróbjartsson & Peter C. Gøtzsche, 'Is the Placebo Powerless? An Analysis of Clinical Trials Comparing Placebo with No Treatment', *New England Journal of Medicine* 344 (24 May 2001), 1594–602.
10. Luana Colloca & Fabrizio Benedetti, 'Placebos and Painkillers: Is Mind as Real as Matter?', *Nature Reviews: Neuroscience*, vol. 6 (July 2005), 545–52.

11. Brooks (2009), 170.
12. Benedetti, 195.
13. Brooks (2009), 175.
14. Plato, *Charmides*(157a–157b), 7.
15. Fabrizio Benedetti, 'How Placebos Change the Patient's Brain', *Neuropsychopharmacology*, 36 (1) (January 2011), 339–54.
16. Brooks (2009), 167.
17. T. J. Kaptchuk et al., 'Placebos without Deception: A Randomized Controlled Trial in Irritable Bowel Syndrome', *PLoS ONE 5*(12), e15591.
18. Coué, 5.
19. Ibid.
20. Luana Colloca & Fabrizio Benedetti, 'Placebos and Painkillers: Is Mind as Real as Matter?' *Nature Reviews: Neuroscience*, vol. 6 (July 2005), p. 551.
21. Oliver Burkeman, 'Therapy Wars: The Revenge of Freud', *Guardian*, 7 January 2016.
22. Nietzsche, 4–5.
23. James, 88.
24. Burns (2012), fig. 7–5.
25. Burns (1999), 113.
26. Wiseman, 11, 88–9, 244.
27. Leonard Cohen, 'That Don't Make It Junk'.
28. Wiseman 11.
29. S. Schachter & J. Singer, 'Cognitive, Social, and Physiological Determinants of Emotional State', *Psychological Review*, 69 (1962), 379–99.
30. Kate Murphy, 'The Right Stance Can Be Reassuring', *New York Times*, 3 May 2013.
31. Jones, 242.
32. See, e.g., Tim Crane, 'Ready or Not', TLS, 14 January 2005; Tim Bayne, 'Libet and the Case for Free Will Scepticism', in Richard Swinburne (ed.), *Free Will and Modern Science*(Oxford, 2011).
33. Searle, 211.
34. Daniel Dennett, 'Reflections on "Free Will"', naturalism.org, 24 January 2014.
35. Kathleen D. Vohs & Jonathan W. Schooler, 'The Value of Believing in Free Will: Encouraging a Belief in Determinism Increases Cheating', *Psychological Science*, vol. 19, no. 1 (January 2008), 49–54.
36. David Bourget & David J. Chalmers, 'What Do Philosophers Believe?' *Philosophical Studies*, vol. 170, no. 3 (2014), 465–500.
37. Schrödinger, 89.
38. Dyson, 249.

第 10 章　重回乌托邦

1. Marcuse, 154.

2. Tett, 132.
3. Ibid.
4. Thanks to Tony Yates.
5. Keynes, 142, 341.
6. Paul Krugman, 'Conservatives and Keynes', *New York Times*, 20 May 2015.
7. Ibid.
8. Paul Krugman, 'The Smith/Klein/Kalecki Theory of Austerity', *New York Times*, 16 May 2013.
9. Malthus, 4.
10. Marcuse, 4.
11. Thomas Paine, 'Agrarian Justice, Opposed to Agrarian Law, and to Agrarian Monopoly, Being a Plan for Meliorating the Condition of Man, &c.', *Eighteenth Century Collections Online*, University of Michigan.
12. John Cunliffe and Guido Erreygers, 'The Enigmatic Legacy of Charles Fourier: Joseph Charlier and Basic Income', *History of Political Economy*, vol. 33, no. 3 (Fall 2001).
13. Ibid.
14. Enno Schmidt & Paul Solman, 'How a "stupid painter from Switzerland" is Revolutionizing Work', *PBS Newshour*, 9 April 2014.
15. Lauren Smiley, 'Silicon Valley's Basic Income Bromance', *Backchannel*, 15 December 2015.
16. Evelyn Forget, 'The Town with No Poverty: The Health Effects of a Canadian Guaranteed Annual Income Field Experiment', *Canadian Public Policy*, vol. 37, no. 3 (2011) 283-305.
17. Farhad Manjoo, 'A Plan in Case Robots Take the Jobs: Give Everyone a Paycheck', *New York Times*, 2 March 2016.
18. 'Pennies from Heaven', Economist, 26 October 2013.
19. See Poole, 16–19.
20. Cited in Michael Millgate, *Thomas Hardy: A Biography*(Oxford, 1982), 266.
21. Graeber, 177.
22. Alexander Guerrero, 'The Lottocracy', Aeon, 23 January 2014.
23. Scruton, 62.
24. Guerrero, op. cit.
25. Stiglitz, 302.

第 11 章　超越善与恶

1. William Gibson, 'Talk of the Nation', National Public Radio, 30 November 1999.
2. Edwin Black, 'Eugenics and the Nazis – the California Connection', *San Francisco Chronicle*, 9 November 2003.
3. Jonathan Freedland, 'Eugenics: The Skeleton That Rattles Loudest in the Left's Closet', *Guardian*, 17 February 2012.
4. Alexander G. Bassuk et al., 'Precision Medicine: Genetic Repair of Retinitis Pigmentosa in Patient-derived Stem Cells', *Nature Scientific Reports 6*, Article number 19969 (2016).
5. Galton, 18 n. 2.
6. Ibid., 200.

7. Ibid., 199.
8. Ibid., 201.
9. Ibid., 202.
10. Ibid., 204.
11. Ibid., 214.
12. MacKellar & Bechtel, 191.
13. Habermas, 60–1.
14. 'God's little helper', *THES*, 14 March 1997.
15. Andrew J. Imparato & Anne C. Sommers, 'Haunting Echoes of Eugenics', *Washington Post*, 20 May 2007.
16. 'Depression', Fact sheet no. 369, World Health Organization, October 2015.
17. Morozov, 171.
18. Gary Marcus, 'Moral Machines', New Yorker, 24 November 2012.
19. Wolstenholme, 288.
20. Ibid., 283.
21. Ibid., 275.
22. Petersen, 69–71.
23. Malthus, 10.
24. Ibid., 22–3.
25. Ibid., 23.
26. Petersen, 71.
27. Malthus, 30.
28. Letters, New Yorker, 21 September 2015.
29. Petersen, 58.
30. Cited ibid., 219.

第12章　不要开始相信

1. Diogenes, 62.
2. Ibid., 60.
3. Ibid., 59.
4. Adamson, 102.
5. Ibid., 123.
6. Diogenes, 68.
7. Ibid., 66–7.
8. Ibid., 59.
9. Caryle Murphy, 'Most Americans believe in Heaven . . . and Hell', PewResearchCenter, 10 November 2015.
10. Unger, 221–2.
11. Ibid., 28 n. 3.
12. Ibid., 238 n. 14.
13. Heuer, 76.

14. Epstein, 75.
15. N. David Mermin, 'Could Feynman Have Said This?', *Physics Today*, May 2004, 10.
16. Levitt & Dubner, 88.
17. Firestein, 21.
18. Heuer, 104.
19. Brooks (2009), 187.
20. Yuki Nagata, Kota Usui & Mischa Bonn, 'Molecular Mechanism of Water Evaporation', *Physical Review Letters* vol. 115, no. 23 (4 December 2015), article 236102.
21. Brooks (2009), 190.
22. Ibid., 200.
23. Ibid., 200.
24. Heuer, 74–5.
25. Steven Poole, 'Not So Foolish', *Aeon*, 22 September 2014.
26. Heuer, 109.

结语　回到未来

1. 'Science on the Surface of a Comet', European Space Agency press release, 30 July 2015.
2. 'First Detection of Molecular Oxygen at a Comet', European Space Agency press release, 28 October 2015.
3. 'New Findings from NASA's New Horizons Shape Understanding of Pluto and its Moons', Nasa, 17 December 2015.
4. 'New Horizons Finds Blue Skies and Water Ice on Pluto', Nasa, 8 October 2015.
5. Vance, 226.
6. Ken Kremer, 'A City on Mars is Elon Musk's Ultimate Goal Enabled by Rocket Reuse Technology', *Universe Today*, 27 December 2015.
7. Vance, 336.
8. Ibid., 249.
9. 'Target Earth', Near Earth Object Program, nasa.gov.
10. 'Russia's Improved Ballistic Missiles to be Tested as Asteroid Killers', Tass, 11 February 2016.
11. 'Project Overview：NEOShield-2：Science and Technology for NearEarth Object Impact Prevention', neoshield.net; 'DE-STAR：Directed Energy Planetary Defense', deepspace.ucsb.edu.
12. Matt Vella, 'Yuri Milner：Why I Funded the Largest Search for Alien Intelligence Ever', *Time*, 20 July 2015.
13. Eric Berger, 'NASA's Newest Cargo Spacecraft Began Life as a Soviet Space Plane', *Ars Technica*, 18 January 2016.
14. John Ruwitch, 'China to Land Probe on Dark Side of Moon in 2018：Xinhua', Reuters, 15 January 2016.
15. *Nasa's Journey to Mars：Pioneering Next Steps in Space Exploration*, Nasa, 8 October 2015.